對本書的讚譽

《現代 *JavaScript* 實務應用》介紹了大量的新語法和語義，可以讓你的程式碼更具表達性和敘述性。Nicolás 令人驚艷，他將這些內容去蕪存菁並搭配簡單的例子，讓閱讀本書的讀者能夠快速的理解。

—*Kent C. Dodds*（*Paypal*，*TC39*）

Nicolás 用實務的觀點探討現代 JavaScript 發展所重新定義的特徵功能，使 ES6 技術規格更為淺顯易懂。

—*Rod Vagg*（*NodeSource*，*Node.js TSC*）

Nicolás 具備驚人的能力，能夠將非常複雜的技術主題拆解為易懂的文字和範例程式。

—*Mathias Bynens*（*Google*，*TC39*）

要專精 JavaScript 語言並不容易，且在西元 2015 年的版本增加了許多新的特徵。《現代 *JavaScript* 實務應用》一書能夠將它們一一拆解，並以簡單的範例說明各種使用案例、概念性的模組、和最佳應用實例—讓這些新的功能更容易被掌握。

—*Jordan Harband*（*Airbnb*，*TC39*）

ES6 為語言帶來重大的變化—即使是有經驗的 JavaScript 開發人員都需要時間才能夠掌握。在這學習的旅程中，你需要一本好書指引，而 Nicolás 的書籍就是你可以取得的最棒書籍之一。

—*Ingvar Stepanyan*（*CloudFlare*）

當我在西元 1995 年建立了 JavaScript 時，我完全沒想到它會成為網際網路上最被廣泛運用的程式語言。這套模組化 JavaScript（Modular JavaScript）系列叢書，可以滿足我用漸進和直覺簡單方法的教導 JavaScript。我鼓勵你深入地研究、發掘、擁抱 JavaScript 技術，並為更好的網際網路作出屬於你的貢獻，嘉惠世人。

—*Brendan Eich*（*JavaScript*發明人）

現代 JavaScript 實務應用

Practical Modern JavaScript

Nicolás Bevacqua 著
謝銘倫 譯

目錄

推薦序

西元 1995 年，當我在 Netscape 建立 JavaScript 時，我完全沒想到它會變成在網際網路上被廣泛運用的一種程式語言。我知道我有一點點時間可將它變成「最低限度可運作的版本」狀態，因此我讓它具備可擴充性，並可自全域物件向下調整，甚至到基礎階層的資料描述物件協議（例如：`toString` 和 `valueOf`，以 Java 相同名稱的方法命名）。

儘管它持續演進並且廣受歡迎，JavaScript 總是受惠於一種漸進式的、謹慎的指導原則，讓最重要的事情優先處理。我認為這個觀念一定是來自於匆忙的設計和有意提供的擴充性。我還多加了兩個核心元件，函式和物件，這樣程式開發人員可以在各方面運用它們，功能上作為每種特殊工具的通用替代方案。這意味著，學生必須學習哪些工具在什麼工作下是最適合使用，以及如何正確地使用它們。

Netscape 對我來說像是一陣旋風，或許對自西元 1995 年初的每一個人都是。它在首次公開募股時，透過彆腳的「Netscape ＋ Java 打倒 Windows」慣用語，誓言要與 Microsoft 競爭；在該年的 IPO 巡迴演說中，Marc Andreesen 不斷重述這句話。Java 在當時的程式語言領域是居於老大哥，類似於「蝙蝠俠」的地位，而 JavaScript 只是扮演「羅賓」角色的一個「直譯式語言」。

但是，在我撰寫初版時（代號為「Mocha」），JavaScript 被深植於 Netscape 瀏覽器，而非 Java；且在同個時間點，我建立了文件物件模型（Document Object Model）。在當時已無人可以超越 Netscape/Sun 所建立的障礙，或瀏覽器 /JVM 的程式基礎架構，將 Java 或其他技術嵌入成為一種外掛套件。

所以我的確有一種隱約的感覺，JavaScript 若不是會隨著時間成功並佔有一席之地，就是很快地消失無影蹤。我記得曾經告訴我的朋友 Jeff Weinstein，當他問我，在接下來的二十年之間會做哪些事情；我回答，「JavaScript 或破產」。儘管如此，由於我在「極短的時程」中所選擇的設計理念，和管理階層指定「讓它看起來像 Java」的方針，我感覺對 JavaScript 的使用者有一種強烈的使命感。

模組化的 JavaScript 系列書籍實現了我逐步加強和直覺操作的指導理念；從簡單可應用的程式範例，逐漸擴展至模組化的應用程式。這一系列的書籍出色地含括了最佳的測試案例，和部署 JavaScript 應用程式的決戰技巧。在 O'Reilly 的 JavaScript 領域暢銷叢書中，像是一顆閃耀的珍珠。

我非常欣喜能夠在此支持 Nicolás 的努力，因為他的書籍看起來的確就是新進入 JavaScript 領域所需要的。我初次遇見 Nicolás 是在巴黎的一頓晚宴上，並在那時對他有一些認識，後來在網路上也保持聯繫。他本身的實用主義理念，結合著為新進使用者的思考觀點和一些風趣幽默感，說服了我為他審核本書的草稿；而完成後的作品，是有趣且容易閱讀的。在此我鼓勵你深入地研究、發掘、擁抱 JavaScript 技術，並為更好的網際網路作出屬於你的貢獻，嘉惠世人。

—*Brendan Eich*
JavaScript 創始人
Brave Software 創立者與 *CEO*

前言

早在西元 1998 年前，當我還在學校使用 FrontPage 這個軟體設計所有網頁時，如果有人說我將靠這個生活，我可能會暗自竊笑。JavaScript 一路跟著我們成長，真的很難想像如果沒有 JavaScript 技術，網路將如何興盛。這本書將一步步帶給你整體的現代 JavaScript 觀念。

誰該讀這本書

這本書主要是寫給網頁開發人員、技術狂熱者和具備 JavaScript 知識的專業人士閱讀。這些開發人員和其他想要精進 JavaScript 知識的人，都可以從閱讀《現代 *JavaScript* 實務應用》這本書得到收穫。

為什麼是現代的 JavaScript

這本書的宗旨，為提供一個簡易的方式來學習 JavaScript 的最新發展功能：ES6 和後續更新。ES6 版本對這個語言來說，是一個巨大的變動。大約在此時，我在部落格上撰寫了一些文章，是有關於 ES6 所推出的各項不同特徵功能。在市面上只有少數的書探討 ES6，且與我想要在書中討論的重點有些不同。本書會嘗試說明詳細的特徵功能細節，但不鑽研規格文件、實作的細節、或一些極端案例；極端案例若真的發生，實際上也必須上網討論鑽研才行。

除了這些極端的案例之外，本書會將大部分的焦點關注於學習過程，將內容素材以漸進的方式安排呈現；再搭配上一些實務案例，《**現代** *JavaScript* **實務應用**》一書內容不僅有關於 ES6 的功能，還包括自西元 2015 年 6 月以來的變更—當 ES6 技術規格最終確立—包含非同步函式、物件解構賦值、動態匯入、`Promise#finally`、和非同步產生器。

最後，本書的目標是為閱讀其他的模組化 JavaScript 系列叢書建立基礎知識。在這本書學習完最新的語言特徵後，我們就可以準備好進一步討論模組化設計、測試、和部署，而不需要在範例程式中所使用的新特徵功能上分神討論。這樣漸進式和模組化的學習方法，會普遍運用於整個系列叢書的每一本、每一章、和每一小節中。

本書架構

第 1 章，我們從 JavaScript 的簡介開始，以及它的標準發展流程，和這些年來的進化發展；它現在所處的階段，和未來的走向。你也會初步認識 Babel 和 ESLint，這些現代化的工具可以幫助我們認識現代的 JavaScript。

第 2 章內容包含了 ES6 所有重要的變更，包含箭頭函式、解構賦值、`let` 和 `const`、字串樣板和一些語法上的潤飾。

第 3 章我們會討論一個新增 `class` 類別的語法，來宣告物件原型；還有新的基礎型別稱為 `Symbol` 符號，以及一些新的 `Object` 方法。

第 4 章則會探討 ES6 中所有新的流程控制方法。我們會詳細地討論 Promise、迭代器、產生器和非同步函式；並配合大量的範例協助解說，發掘所有不同技巧間可協同合作的特質。你將不只會學習到流程控制的技巧，還能夠推論背後的邏輯意義，這樣才能夠運用它們來簡化你的程式碼。

第 5 章描述 ES6 中新的內建集合，我們可以使用它來建立物件映射和資料項唯一的集合。這些集合類型均會有使用範例提供參考。

第 6 章涵蓋了新的 `Proxy` 代理器和 `Reflect` 反射的內建功能。我們將學習有關代理器操作的方法，以及需注意的事項。

第 7 章則討論 ES6 中其他尚未介紹到的內建功能，特別是 `Array`、`Math`、數值、字串、萬國碼、及正規表示式。

第 8 章專注於原生的 JavaScript 模組，並簡述它的歷史。接著充分地討論它們的語法意涵。

第 9 章，也就是最終章一稱為「實務操作的考量」一這部分在程式語言的書籍中較少被提及。除了在書中的內容均會傳遞個人的觀點看法之外，在最後一章的內容中我也將它們彙整在一起。在此章節中，可以找到各種選擇其背後的支持論點，如何（How）決定何時（When）應該使用何種（What）變數宣告、或字串實字的標示引號，對非同步程式碼流程的處理建議，以及採用類別或代理器是否合適，和一些分析見解。

對已經有點熟悉 ES6 的人，可以在本書中選擇適合的章節開始閱讀；我建議第 4 章可以仔細的閱讀理解，因為你會深刻理解流程控制的價值。第 7 章和第 8 章也是必讀，它們可以提供你 ES6 領域的細節知識，且這些細節很少被公開討論。最後一章將激發你深度地思考一無論你是否同意本章內容所表述的觀點一在現代化 JavaScript 新的秩序規則下，JavaScript 應用程式中可行和不可行的部分。

本書編排慣例

本書以下列各種字體來達到強調或區別的效果：

斜體字（*Italic*）

代表新名詞、網址 URL、電子郵件、檔案名稱、以及檔案屬性。中文以楷體表示。

定寬字（`Constant width`）

用於標示程式碼，或是在本文段落中標註程式片段，如變數或函式名稱、資料庫、資料型別、環境變數、陳述式、關鍵字等等。

這個圖示代表提示或建議。

這個圖示代表警告或需要特別注意的地方。

致謝

就像每個人曾經完成的工作一樣，《現代 *JavaScript* 實務應用》一書是基於這個社群中每個人點滴的貢獻，才能夠完成。我想要感謝 Nan Barber，我在 O'Reilly 的編輯，因為他在我撰寫此書時給予非常棒的支援協助。還有 O'Reilly 的另一位編輯—Ally MacDonald，在這個計畫的初期幫助我很多，而且也是模組化 JavaScript（Modular JavaScript）系列叢書誕生的重要原因，因為她提醒我可以用模組化的方式教導 JavaScript 知識。

這本書有一群傑出的技術審核人團協助。他們之中有許多人在 TC39，也就是促使 JavaScript 革新成長的技術專門委員會，他們犧牲了部分的休閒時間來協助本書的校訂。與往常一樣，Mathias Bynes（前 Opera）協助本書中有關於萬國碼標準的校勘，並讓我的程式範例保持高度的一致性。Kent C. Dodds（TC39，PayPal）很聰明地提供了錄影校稿，記錄了他認為較不足的項目，並協助改善本書。Jordan Harband（TC39，Airbnb）針對本書所討論的許多 JavaScript 特徵功能提出了很深入的見解，並和 Alex Russell（TC39，Google）產出第 1 章的 JavaScript 歷史和它的標準內容。Ingvar Stepanyan（Cloudflare）對程式碼的問題有犀利的見解，且精確地指出一些敘述上低階的錯誤。Brian Terlson（TC39 編輯，Microsoft）幫助本書時程的掌控和 TC39 的一些細節。Rod Vagg（Node.js）提供的一些精闢意見，使得本書有更好的程式碼範例，和更一致的程式風格。

Brendan Eich（TC39，Brave CEO）針對 JavaScript 早期發展和 TC39 的寶貴意見，是第 1 章內容的重要開展。當然，如果沒有他，這本書應該也不會出現在你的手中。

最後，我還想要謝謝我的妻子，Marianela，為了這系列書籍第一本書的出版，為我所做的犧牲和包容。Marian，沒有妳我是無法辦到的！

第一章

ECMAScript 和 JavaScript 的未來

JavaScript 從西元 1995 年開始，還只是一個為了取得戰略優勢的行銷策略；直到西元 2017 年才在應用程式執行端轉變為全世界廣泛運用的核心程式體驗。這個語言不僅僅在瀏覽器裡運行，同時也能夠在桌面、行動裝置、硬體設備、甚至 NASA 的太空衣設計中存在。

JavaScript 是如何辦到的，而它的下一步在哪？

1.1 JavaScript 標準的發展概述

回溯至西元 1995 年，Netscape 擘畫出一個超越 HTML 語法的網頁動態網頁技術。Brendan Eich 進入 Netscape，就是為了研發一種類似於 Scheme 的程式語言，但是能夠在瀏覽器上運作。當他加入之後，便瞭解到高層希望此程式語言類似 Java，而這想法也早已在進行中。

Brendan 在十天之內，以 Scheme 的第一階層功能和 Self 的原型為主要元素，建立出第一個 JavaScript 原型。最原始的 JavaScript 版本被稱為 Mocha，它並沒有陣列或是物件實字，且每個錯誤都以警告方式（alert）顯示。因為缺乏處理例外事件的能力，導致現在許多的運作會產生 `NaN` 或是 `undefined` 的結果。Brendan 致力於 DOM 階層 0 和初版的 JavaScript 的發展，並在此階段建立了基礎標準的階段。

西元 1995 年 9 月，修正版本的 JavaScript 以 LiveScript 之名開始推廣，並由 Netscape Navigator 2.0 的 beta 版支援。當 Navigator 2.0 的 beta 3 版本於西元 1995 年 12 月發行之後，它就被重新命名為 JavaScript（原為 Sun 的註冊商標，目前屬於 Oracle）。在這個版本發行不久後，為了在 Netscape Enterprise Server 中也能夠撰寫 JavaScript，Netscape 發表了一個伺服器端的 JavaScript 實作方法，並命名為 LiveWire[1]。JScript，是 Microsoft 的 JavaScript 反向工程的實作，在西元 1996 年由 IE3 支援。JScript 在 IIS 伺服器端的也是可以使用的。

這個語言在西元 1996 年以 ECMAScript（ES）之名開始進行標準化，並定義於 ECMA-2625 規格中，由 ECMA 的技術委員會（稱為 TC39）審核管理。Sun 並沒有將 JavaScript 註冊商標的所有權轉讓給 ECMA；而同時間 Microsoft 也提供 JScript 使用，其他會員公司並不想使用此名稱，所以 ECMAScript 的發展就暫時停滯。

由於在實作方式上的競爭爭議，Netscape 的 JavaScript 和 Microsoft 的 JScript 主導了大部分 TC39 標準的委員會議。即便如此，委員會也已擬出準則規範：需建立向下相容性，並將之視為至高優先法則，例如嚴格等於運算子（`===` 與 `!==`）的定義，並不會破壞既有使用寬鬆等於比較的程式。

ECMA-262 的初版於西元 1997 年 6 月發行。一年之後，西元 1998 年 6 月，這個規格依據 ISO/IEC 16262 的國際標準進行修正，歷經國家 ISO 機構審核之後，正式成為第二版。

西元 1999 年 12 月發表了第三版，將正規表示式標準化、`switch` 敘述、`do/While`、`try/catch`、`Object#hasOwnProperty`，以及一些其他改變。大部分的這些特徵功能都可運用在 Netscape 的 JavaScript 執行期間和 SpiderMonkey。

1　西元 1998 年的一本書籍（*https://mjavascript.com/out/livewire*）利用 LiveWire 解釋伺服器端使用 JavaScript 的複雜性。

在不久之後，TC39 很快就公佈了 ES4 的規格草稿。早期的 ES4 也影響了在西元 2000 年中期所推出的 JScript.NET[2]，至西元 2006 年的 Flash 所支援的 ActionScript[3]。

針對 JavaScript 如何發展的意見衝突，讓規格制定的發展工作停頓了下來。對於網頁標準制定來說，是個黑暗時期：Microsoft 獨佔了所有的網路資源，但對於標準的發展則興趣缺缺。

當 AOL 在西元 2003 年解雇了 50 位 Netscape 的員工[4]，此時 Mozilla 成立了；然而，在 Microsoft 掌握超過 95% 的網頁瀏覽市占率時，TC39 卻已解散。

Mozilla 的 Brendan 花了兩年的時間，讓 ECMA 在 TC39 上復活，透過 Firefox 持續成長的市占率迫使 Microsoft 改變心意。西元 2005 年中，TC39 開始再次重新舉行定期會議。討論 ES4 技術規格時，也有計畫企圖導入模型系統、分類、迭代器、產生器、解構賦值、形式註解、以及其他特徵組合的計畫。但因為這項計畫野心勃勃，也使得 ES4 不斷地延宕。

直到西元 2007 年，這個技術委員會一分為二：ES3.1 相較於 ES3 有更多持續性的改善；而 ES4 則是過度設計且定義不清。到了西元 2008 年 8 月[5]，當 ES3.1 已經確認為是標準發展的正確途徑，但後來被改名為 ES5。而雖然 ES4 被放棄了，但它的許多特徵最終也形成了 ES6（在當時被稱為 Harmony），還有一些仍在考慮中，而有些則被放棄、回絕或是被撤銷。ES3.1 的更新可以視為是 ES4 技術規格發展的基石。

在西元 2009 年 12 月，ES3 發行十週年的當時，ECMAScript 第五版也發行了。這個版本將實際上的延伸操作編寫入語言技術規格中，在瀏覽器實作普遍運用；它新增了 `get` 和 `set` 存取器、`Array` 原型的功能改善、反射等，同時也以原生方式支援 JSON 文件的解析以及嚴格模式。

2　你可以在 Microsoft 網站上看到當時的原始聲明（*https://mjavascript.com/out/jscript-net*）（西元 2000 年 7 月）。

3　Brendan Eich 在 JavaScript Jabber 播客節目（podcast）中，談到 JavaScript 的起源（*https://mjavascript.com/out/brendan-devchat*）。

4　你可以在西元 2003 年 7 月的 *The Mac Observer* 中閱讀到這篇新聞報導（*https://mjavascript.com/out/aolnetscape*）。

5　Brendan Eich 於西元 2008 年發送一封電子郵件，內容概述了當時的狀況（*https://mjavascript.com/out/harmony*），時間大約在 ES3 發行之後的 10 年。

幾年之後，於西元 2011 年 6 月，技術規格再度進行檢視，並編輯成國際標準 ISO/IEC 16262:2011 的第三版，並正規化於 ECMAScript 5.1 下。

TC39 又花了四年的時間，在西元 2015 年 6 月將 ECMAScript 6 完成正規化。第六版對此語言來說，是一次最大的更新，並進行規格出版；同時也實作了許多 ES4 的提案，這些提案部分是 Harmony 專案中被延緩的提案。透過本書的內容，我們將會深入地探討 ES6。

ES6 努力發展的同時，在西元 2012 年 *WHATWG*（一項促進網頁發展的標準）也開始從相容性（compatibility）和互用性（interoperability）的觀點，來記錄 ES5.1 和瀏覽器實作之間的差異。這項工作強制將 `String#substr` 標準化，這個方法在之前並未被具體說明；用統一的方法將字串包裹於 HTML 標籤之中，這在各瀏覽器間的方法並不一致；並記錄 `Object.prototype` 特性，例如 `__proto__` 和 `__defineGetter__`，以及其他改善[6]。這些努力成果均聚集於一個獨立出來的 Web ECMAScript 技術規格中，最終在西元 2015 年完成。其中附錄 B 的內容是一些關於核心 ECMAScript 技術規格的有用資訊，指出在技術實作上則不需要完全依照它的建議。綜合這些更新，附錄 B 也成為了規範，並提供網頁瀏覽器遵循。

第六版在 JavaScript 的歷史上是一個重要的里程碑。除了大量的新特徵功能外，ES6 帶來了一個關鍵性的影響，它讓 ECMAScript 成為一個持續更新的標準。

1.2 ECMAScript 是一個持續更新的標準

在 ES3 之後，有超過 10 年的時間在語言規格方面沒有重大變化；而 ES6 則花了約 4 年時間才具體化。明顯的是，TC39 的流程必須要再改善進化。這個版本修改流程通常要以截止期限來驅動進行。在達成共識前的任何延遲，都會造成兩個修訂版本中間漫長的等待，這會導致特徵蔓延，並產生更多的延遲。小部分的修改會受到大量加入的技術規格而延遲，而大量加入的規格需面臨最後定版的壓力，以避免爾後延遲。

6　欲瞭解完整的變更，可參考 WHATWG 部落格（*https://mjavascript.com/out/javascript-standard*）。

當 ES6 上市，TC39 簡化[7]它的提案修訂流程，同時調整流程以符合現代的期望：必須更頻繁和持續的進行，且讓規格發展更為民主化。此時，TC39 從古老的以 Word 文件為基礎的流程，轉變為使用 Ecmarkup 標示語言（一種特殊的 HTML 用來格式化 ECMAScript 文件規格）；以及運用 GitHub 拉下需求，大幅增加提案[8]建立的數量，以及擴大非會員自外部參與修訂。新的流程具連續性且更加透明：以往你必須要先從網頁下載一個 Word 或 PDF 檔案，現在最新規格的草稿均可以自線上參考（*https://mjavascript.com/out/spec-draft*）。

Firefox、Chrome、Edge、Safari、以及 Node.js 都對 ES6 技術規格有超過 95% 的相容[9]，但是我們已經能夠在這每一個瀏覽器中使用 ES6 所推出的特徵功能，而不需要等到所有功能均 100% 完成後才轉換過去。

新的流程依據成熟度共包含了四個階段[10]。提案內容越發成熟可行，越有可能進入最終技術規格。

任何對於功能變更或是新增的討論、想法、或是提案，只要尚未提交為正式提案之前，都被定義為「稻草人（strawman）」（第零階段），但只有 TC39 的會員可以提出「稻草人」提案。截至撰稿為止，已經有超過 12 個討論中的稻草人提案[11]。

在第一階段時，會將提案正式化並希望著重於跨功能的要點、與其他提案的互動性、以及實作上的考量。在此階段的提案必須將問題定義釐清，並針對問題提出具體的解決方法。在第一階段的提案通常包含一個高階的 API 描述、舉例性的使用範例、和功能內部語法和演算法的討論。第一階段提案在經過審核流程後，是有可能會進行重大的調整變更。

7 查看「後 ES6 技術規格制定流程」的簡報（*https://mjavascript.com/out/tc39-improvement*），自西元 2013 年 9 月導入簡化提案修訂流程。

8 查看所有 TC39 考量的提案（*https://mjavascript.com/out/tc39-proposals*）。

9 查看此表格，詳細記錄 ES6 在各瀏覽器之中的相容性（*https://mjavascript.com/out/es6-compat*）。

10 查看 TC39 提案流程文件（*https://mjavascript.com/out/tc39-process*）。

11 你可以追蹤稻草人提案（*https://mjavascript.com/out/tc39-stage0*）。

在第二階段時，提案會有一個初步的規格草稿。在此同時開始進行實驗性質的實作也是可行的。實作可以向下相容程式的方式發展，並遵循提案內容；在引擎上的實作，需以原生的方式對提案內容提供支援；或使用建置期間的工具來轉換原始程式碼，編譯為某些既定項目，讓引擎可以執行。

在第三階段時，提案已成為候選推薦案。技術規格編輯與指定的技術審核人，必須對進入此階段的每個提案表示意見，同意後才會進入最終的技術規格；實作人員不需要表示對提案的興趣偏好。在實務上，進入這個階段的提案都至少已在一個瀏覽器平台上完成實作，產出一個高度向下相容的程式，或由建置期間的編譯器支援，如：Babel。第三階段的提案已不太會變更，除了修正一些極端的案例。

兩個獨立的實作都必須通過驗收測試（acceptance tests），以取得該提案在第四階段的狀態。進入第四階段的提案將會被納入下一版本的 ECMAScript 中。

期望能夠從現在開始，都能夠每年釋出新的技術規格。為了達成每年更新的時程，每個釋出的版本會用它的出版年份作為參考。因此，ES6 就變成了 ES2015，後續釋出的 ES7 為 ES2017，諸如此類。但實際上，ES2015 的名稱並未被使用，因此仍然以 ES6 表示；而 ES2016 釋出時也還未有這樣的命名參考，因此有時也還是稱為 ES7。當在社群中已經普遍使用 ES6 名稱來稱呼此版本時，我們可以總結出較常使用的名稱應為：ES6、ES2016、ES2017、ES2018，後續依此類推。

提案流程會結合每年度的甄選，以將甄選出來的提案轉換為可行的標準，並轉換為一致的出版流程，這也意味著文件版本號碼變得不是那麼重要，關注的重點就會在於提案階段；而我們可以預期 ECMAScript 標準的版本號碼會變得更不常使用。

1.3 瀏覽器支援度和輔助工具

在第三階段的推薦候選提案，非常有可能被甄選出來作為定版的技術規格，最後在兩個 JavaScript 引擎獨立的實作領域中提供。第三階段提案會被視為是可於真實世界的應用程式中安全使用，透過實驗性引擎的實作、向下相容程式、或編譯器的使用測試。第二階段和更早的提案則用於 JavaScript 開發人員，透過實作人員和使用者的操作回饋，持續進行調整。

Babel 和類似功能的編譯器能夠輸入一段程式碼，產生網頁平台（HTML、CSS、或 JavaScript）可理解的輸出結果；通常稱這類的工具為**轉譯器**（*transpiler*），它可歸類於編譯器的子類別中。當我們想要在程式碼中使用一項提案，但它尚未廣泛地於 JavaScript 引擎中實作時，Babel 和類似功能的編譯器可以將這段程式碼以新提案的方式，轉換為目前 JavaScript 引擎可以支援的方式執行。

這樣的轉換可以在建置期間（build time）進行，如此使用者所取得的程式碼，就可以在 JavaScript 執行期間被完整支援。這個機制可以改善執行期間（runtime）的支援度，讓 JavaScript 開發人員能夠很快採用新的語言特徵和語法。對技術文件的撰寫者和實作人員也受益良多，因為他們就可以蒐集來自於使用者的回饋，有關於功能的可用性、期待性，甚至臭蟲或特殊案例的意見。

轉譯器能夠輸入我們所撰寫的 ES6 原始碼，並輸出 ES5 的程式碼，使得瀏覽器可以有一致性的理解。這是在目前階段運作 ES6 程式碼最可靠的方法：於建置期間產出 ES5 程式碼，可被舊版和新版瀏覽器運作執行。

相同機制也可以套用至 ES7 和後續版本。在每年新語言版本的釋出，我們也可以期待編譯器支援新的 ES2017 輸入、ES2018 輸入等等。相同地，當瀏覽器的支援度更好時，我們可以期待編譯器降低 ES6 輸出的複雜度，接著是 ES7 輸出的複雜度，依此類推。按照這樣的機制，我們可以將 JavaScript 對 JavaScript 的轉譯器視為是一個移動的視窗，它可以將最新的語言語法的程式碼輸入，並產出目前瀏覽器可支援的程式碼。

接下來讓我們來談談，如何將 Babel 運用於你的工作流程中。

1.3.1 Babel 轉譯器簡介

Babel 可以將運用 ES6 特徵功能的 JavaScript 程式碼轉譯為 ES5 版本的程式碼。它會產生人類可閱讀的程式碼，當我們無法對所使用的新特徵有穩固的操控能力時，它特別的有效且受到歡迎。

線上的 Babel REPL（讀取、求值、輸出迴圈，Read-Evaluate-Print Loop）（*https://mjavascript.com/out/babel-repl*）是一個學習 ES6 的絕佳地點，可省去安裝 Node.js 和 `babel` 工具的麻煩。

REPL 提供我們一個程式碼輸入區，它可以即時地自動將程式碼編譯；我們可以在原始碼右方的區域看到編譯後的程式碼。

那麼我們就來在 REPL 撰寫一些程式，你可以先用以下的程式碼來開始試試：

```
var double = value => value * 2
console.log(double(3))
// <- 6
```

在我們所輸入的程式碼右方，可以看到轉譯後 ES5 的相同功能程式碼，如圖 1-1 所示。當更新原始碼時，轉譯器的結果也會即時更新。

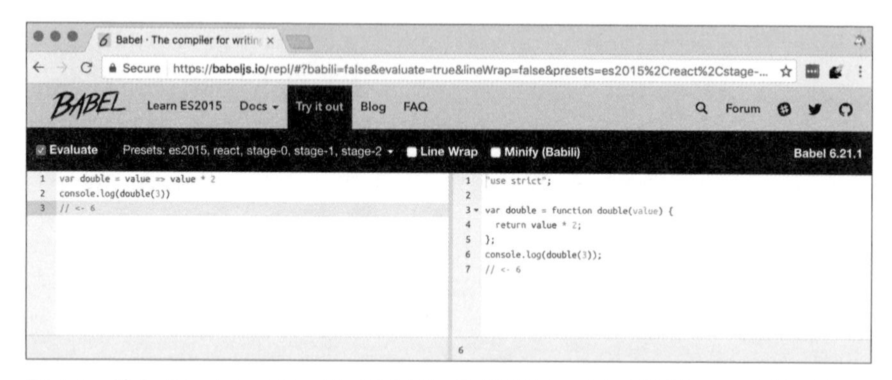

圖 1-1　線上的 Babel REPL 的實際畫面－非常棒的互動方式學習 ES6 特徵功能

Babel REPL 是一個有效的工具，可以嘗試本書所介紹的特徵功能。然而需注意的是，Babel 並不會轉譯新的內建功能，例如：`Symbol`、`Proxy` 和 `WeakMap`。對這些內建功能則不會進行轉譯，而是依據執行期間執行 Babel 的輸出，來提供這些內建功能。如果想要在執行期間支援尚未被實作的內建功能，我們可以在程式碼中匯入 `babel-polyfill` 套件。

在舊版的 JavaScript，這些特徵功能的語義更正在實作上是很難達成的，或是說幾乎不可能。向下相容程式可能減輕這個問題，但是它們通常無法涵蓋所有的案例，且在操作上必須做一些妥協。因此我們必須謹慎使用，並在釋出有使用內建功能或向下相容的轉譯程式碼之前，完整測試。

若想要使用內建功能，最好等到瀏覽器可以完整支援新的內建功能，再開始使用。通常建議你可以考慮內建功能的替代方案。同時，最重要是學習這些特徵功能，而不要讓我們的 JavaScript 語言知識落後。

現代化的瀏覽器如 Chrome、Firefox 和 Edge，現在都可支援大部分的 ES2015 以及更新的功能；當我們想要嘗試一個指定特徵功能的語義時，使用它們的開發工具更為有效。當談到了需仰賴現代 JavaScript 特徵功能的線上服務等級的應用程式，則建議需要有一個轉譯建置的步驟，這樣你的應用程式才能夠於執行期間支援較多的 JavaScript 特徵功能。

除了 REPL 之外，Babel 提供了一個以 Node.js 套件撰寫的命令列工具。你可以透過 npm 這個 Node 套件管理員程式來安裝它。

下載 Node.js（*https://mjavascript.com/out/node*）。在安裝了 node 之後，將能夠在你的終端機上使用 npm 命令列工具。

在開始之前，我們會先建立一個專案目錄，以及一個 *package.json* 檔案；此檔案是一個用來描述 Node.js 應用程式的資源配置文件。我們可以透過 npm 命令列工具建立 *package.json* 檔案：

```
mkdir babel-setup
cd babel-setup
npm init --yes
```

將 --yes 參數傳遞至 init 命令，可設定 *package.json* 使用 npm 所提供的預設值，而不需要再詢問我們任何問題。

讓我們來建立一個名稱為 *example.js* 的檔案，包含以下的 ES6 程式碼。將它儲存至方才所建立的 *babel-setup* 目錄，位於 *src* 子目錄之下。

```
var double = value => value * 2
console.log(double(3))
// <- 6
```

欲進行 Babel 安裝，請將下列指令輸入至你的控制終端中：

```
npm install babel-cli@6 --save-dev
npm install babel-preset-env@6 --save-dev
```

透過 npm 安裝的套件會放置於專案目錄下的 *node_modules* 目錄。我們接著就可以建立 npm 直譯程式，或在應用程式中使用 `require` 敘述來存取這些套件。

使用 `--save-dev` 參數，可以將這些套件加入至 *package.json* 資源配置文件中，作為程式發展的相依套件；如此當複製我們的專案至新環境時，就可以藉由執行 `npm install` 來重新安裝所有的相依套件。

`@` 符號表示我們想要安裝一個特定版本的套件。因此，`@6` 表示我們告訴 npm 需安裝 `6.x` 範圍中最新版本的 `babel-cli`。這樣的偏好設定可以方便地讓應用程式不受到未來新功能的影響，因為它將不會安裝 `7.0.0` 或更新的版本，這些新版本可能會包含一些截至撰稿為止所無法預期的變更。

在接下來的步驟，我們將 *package.json* 檔案中 `scripts` 特性的值，以如下的方式取代。`babel` 命令列工具，由 `babel-cli` 所提供，能夠取得 *src* 目錄下的所有內容，並將它們編譯為所需的輸出格式，儲存結果至 *dist* 目錄中，同時將原始目錄結構保存於不同的根目錄下。

```
{
  "scripts": {
    "build": "babel src --out-dir dist"
  }
}
```

與上一個步驟我們所安裝的套件共同運作的 *package.json* 檔案，它最少需要以下的描述內容：

```
{
  "scripts": {
    "build": "babel src --out-dir dist"
  },
  "devDependencies": {
    "babel-cli": "^6.24.0",
    "babel-preset-env": "^1.2.1"
  }
}
```

在 scripts 物件中可被列舉出的所有指令，均可透過 npm run <name> 的方式執行；它會暫時地變更 $PATH 環境變數，如此我們就可以不需要安裝 babel-cli 在系統中，亦可執行 babel-cli 中的命令列工具。

如果在控制終端中執行 npm run build，你會注意到 *dist/example.js* 檔案會被建立出來。輸出的檔案會與我們原始的檔案相同，因為 Babel 不進行猜測，我們必須先對它進行設定。於 *package.json* 旁邊建立一個 *.babelrc* 檔案，並於檔案中撰寫以下的 JSON 內容：

```
{
  "presets": ["env"]
}
```

此處 env 的預先設定，是我們稍早透過 npm 所安裝，安裝時加入了一系列的外掛程式至 Babel 以將 ES6 版本的程式碼轉換為 ES5 版本。這個預先設定可以將如 *example.js* 內容中的箭頭函式，轉換為 ES5 版本的程式碼。env 設定可以啟用 Babel 程式碼轉換的外掛程式，依據最新版的瀏覽器所支援的特徵功能。這個設定是可以調整的，意味著我們可以決定需要支援到多久以前的瀏覽器；越多瀏覽器需要支援，我們轉譯出來的程式碼就越大；支援越少瀏覽器，則可滿足的使用者就越少。如往常一般，需要深入研究才能夠正確調整 Babel 的 env 設定。在預設的狀況下，每一種轉換都是啟用的，以在執行期間提供廣泛的支援度。

一旦我們再次執行所建置的程式碼，可以觀察到現在的輸出結果是有效的 ES5 程式碼：

```
» npm run build
» cat dist/example.js
"use strict"

var double = function double(value) {
  return value * 2
}
console.log(double(3))
// <- 6
```

接下來我們再看看另一個類型的工具，稱為 eslint 程式碼靜態分析工具，它可以為我們的應用程式建立一個程式碼品質基準（quality baseline）。

1.3.2 程式碼品質和一致性與 ESLint 工具

當發展一個程式碼時，我們會分析程式碼中是否有重複的部分，或有些已不再使用；並撰寫一段新的程式碼，刪除這些不需要的部分，調整程式碼以符合新的架構。當程式碼逐漸成長時，它的開發團隊也會產生變化：一開始團隊可能有幾個成員，或甚至只有一個成員；但是當專案功能逐漸成長，團隊成員數量可能也會跟著增加。

Lint 靜態語義分析工具（稱為 linter）可用於判斷語法錯誤。現代的 linter 通常可以進行自訂，協助建立程式風格規範，讓團隊中的每個人可以使用。透過遵循一致的程式撰寫規則和一個品質基準，我們可以從程式撰寫風格層面，讓團隊成員更方便協同合作。每位團隊成員對程式撰寫風格可能都有不同的看法意見；但是當我們使用 linter 並同意它的設定後，這些意見可以被濃縮為風格規則。

除了確認程式可以被解析之外，在實務上我們可能希望避免 `throw` 敘述拋出字串實字的例外錯誤；或是不允許在上線版本的程式碼中使用 `console.log` 和 `debugger` 敘述。然而，若是定義一個規則要求每個函式呼叫只允許傳遞一個引數，這樣的規則可能太過於嚴格。

當 linter 在定義和執行一個程式風格規範是有效時，在設計這些規則時我們必須特別的謹慎小心。如果 lint 的規則過於嚴格，開發人員會感覺到挫折並影響工作產出；如果 lint 的規則過於寬鬆，則無法產生具一致性的程式碼風格。

為了達到平衡，我們應該要定義可以改善應用程式中大多數使用狀況的規則。當考量一項新的規則時，我們應該問問自己這項規則是否可以顯著地改善目前的程式碼，讓新的程式碼可以持續順暢發展。

ESLint 是一個現代的 linter，它包含了數個外掛程式，並支援各類不同的規則，可以讓我們挑選使用。我們可以決定，當程式碼未遵循定義的規則時，應該將警告訊息作為輸出訊息的一部分；或是直接中止執行並拋出錯誤。我們將使用 `npm` 安裝 `eslint`，就如上一節安裝 `babel` 一樣：

```
npm install eslint@3 --save-dev
```

接著，我們需要設定 ESLint。當安裝完 `eslint` 後，我們會在 *node_modules/.bin* 中找到它的命令列工具。執行以下指令將會進入 ESLint 設定步驟，對我們的專案進行初次設定。在開始之前，訊息會詢問你需使用何種程式風格規範，請選擇「Standard」[12]，接著為設定檔格式選擇「JSON」格式：

```
./node_modules/.bin/eslint --init
? How would you like to configure ESLint?
  Use a popular style guide
? Which style guide do you want to follow? Standard
? What format do you want your config file to be in? JSON
```

除了每個規則之外，`eslint` 允許我們繼續延伸既定的規則集合，Node.js 就是一種延伸出來的模組。當需要將設定檔於多個專案或甚至社群之間分享時，這樣的功能就非常有用。在選擇「Standard」規則集合之後，我們將會看到 ESLint 於 *package.json* 中加入了一些相依設定，就是此套件選擇的是預先定義的「Standard」規則集合，接著會建立一個設定檔。名稱為 *.eslintrc.json* 並包含以下內容：

```
{
  "extends": "standard",
  "plugins": [
    "standard",
    "promise"
  ]
}
```

查看 *node_modules/.bin* 目錄是 npm 運作的實作細節，但在實作上距離理想還有一段差距。當操作它進行初始化 ESLint 的設定時，我們無法保留這個設定檔，也無法在分析程式碼時將它輸出。為了解決這個問題，可以加入一段如下方內容的 `lint` 程式碼至 *package.json*：

```
{
  "scripts": {
    "lint": "eslint ."
  }
}
```

12 請注意，「Standard」只是一個自我識別的名稱，不是實際上任何正式官方的定義。它並不是一種特別的程式風格規則，只是要求程式撰寫能夠持續一致。程式具備一致性可以協助閱讀專案程式的效率。Airbnb 的程式風格規範是目前熱門的風格，它在預設狀況下不能夠省略分號，與「Standard」不同。

此時你可能會回憶起 Babel 的範例；當執行程式時，`npm run` 可以將 *node_modules* 加入至 PATH 中。要用 lint 分析程式碼時，我們可以執行 `npm run lint`，而 npm 會找到 ESLint 位於 *node_modules* 目錄中的命令列介面工具。

來看看以下的 *example.js* 檔案，它的內容故意排列混亂而沒有風格規範，這樣便可以試試 ESLint 可以為我們做到什麼事情：

```
var goodbye='Goodbye!'

function hello(){
  return goodbye}

if(false){}
```

當我們執行 `lint` 程式時，ESLint 會描述出檔案內容的問題，如下圖 1-2 所示。

圖 1-2 ESLint 是一個協助產生零語法錯誤程式碼及一致程式風格的好工具

ESLint 能夠自動地修正大多數的程式風格問題，如果我們有傳入 `--fix` 參數。可以將下面的內容加入至你的 *package.json* 中：

```
{
  "scripts": {
    "lint-fix": "eslint . --fix"
  }
}
```

這樣當執行 `lint-fix` 後，我們就只會得到兩個錯誤訊息：`hello` 未被使用，以及 `false` 是一個不變的常數條件。其他的錯誤都已經被修正了，最後產生如下的程式碼。剩下的錯誤無法被自動修正，是因為 ESLint 無法推論我們的程式碼的意義，所以選擇不針對語義進行變更。藉由這樣的方式，`--fix` 就成為了一個好用的工具，可以解決程式撰寫風格的問題，也不會有程式邏輯被變更的風險。

```
var goodbye = 'Goodbye!'

function hello() {
  return goodbye
}

if (false) {}
```

有一個類似的工具可於 `prettier` 中找到（*https://mjavascript.com/out/prettier*），它能夠自動地將你的程式碼排列格式。Prettier 可以設定為自動覆寫我們的程式碼，以確保程式碼依循我們喜好的格式，例如：一定數量的縮排、單引號或雙引號、尾端逗點（trailing commas）或單行最大長度。

既然你已知道如何將 JavaScript 編譯為瀏覽器可理解，以及如何使用 lint 來標準化你的程式碼，接下來就進行 ES6 特徵主題和 JavaScript 未來的討論。

1.4 ES6 中的特徵功能主題

ES6 是很巨大的：它是語言的技術規格，自 ES5.1 開始有 258 頁的文件，至 ES6 已經增加了一倍，達到共 566 頁。每次規格的變更項目都不出以下的類別：

- 語法糖（syntactic sugar）
- 新的機制
- 更好的語義
- 更多的內建功能和方法
- 對既有的限制提出相容的解決方案

語法糖是 ES6 最重要的革新動能之一。新版本中使用新的類別語法，以簡化的方式描述物件的繼承；函式，可使用簡化語法，通常稱為箭頭函式；以及特性，使用特性值指定簡化語法。我們還會看到許多的特徵功能，例如：解構賦值、其餘、和展開，也提供了撰寫程式的新方法。第 2 章和第 3 章會介紹 ES6 的這些特徵功能。

在 ES6 中我們也可以使用多種新的機制，來描述非同步程式流程：**承諾**（*promises*），它代表著一項操作的最終結果；**迭代器**（*iterators*），它代表著一系列的值；**產生器**（*generators*），它是一個特別的迭代器，可以產生一系列的值。在 ES2017，`async/await` 則建立在於這些新的觀念和建構元件之上。我們會在第 4 章說明這些迭代和流程控制機制。

在 JavaScript 中有一些常見的案例，就是開發人員會使用單純物件（plain objects）加上隨機的字串鍵，來建立出雜湊映射。如果我們沒有謹慎使用，且讓使用者輸入了既有定義的鍵，則會容易導致錯誤。ES6 推出了一些新的內建功能來管理集合和映射，使得字串鍵的使用不再受到限制。這些集合會在第 9 章進行探討。

代理器物件重新定義了 JavaScript 反射可達到的作用。代理器物件與其他領域的代理器相似，例如：網路封包的傳遞。它們可以攔截任何與 JavaScript 物件的互動，例如：定義、刪除、或存取一個特性。若瞭解代理器的運作機制，就會知道它們在功能上是無法被完整地進行向下相容：向下相容程式（polyfill）是存在，但是會有功能上的限制，使得在某些案例上是無法相容於規格定義。在第 6 章我們將會深入瞭解解代理器能為我們完成的工作為何。

除了新的內建功能之外，ES6 還針對 `Number`、`Math`、`Array`、和字串帶來多項更新。在第 7 章，我們會來看看這些內建功能的新的實例和靜態方法。

我們也可以操作 JavaScript 原生的新模組系統。在瞭解運用於 Node.js 的 CommonJS 格式之後，第 8 章將說明所期待的原生 JavaScript 模組使用語法。

因為 ES6 推出的大量改善與更新，要將新的特徵功能與我們既有的 JavaScript 知識整合，仍會感到困難。我們用整個第 9 章的內容，來分析 ES6 中每個特徵功能的優點和重要性，這樣你就會有一些實務上的概念，可以開始使用 ES6 所提供的強大功能。

1.5 JavaScript 的未來

JavaScript 語言從西元 1995 年簡陋的功能開始，一直演進成今日非常傑出的語言，ES6 是一個重要的里程碑，但並不是終點站。若我們會期待每年所推出的新規格變更，很重要的一點就是要學習如何跟上最新的技術規格。

在第 4 頁第 1.2 節「ECMAScript 是一個持續更新的標準」的討論中，我們瞭解了標準規格變更的發展流程。要跟上最新標準的最好方法，就是定期地造訪 TC39 提案的貯藏庫[13]。注意推薦的候選提案（於第三階段），這些都有可能成為最終定案的技術規格。

在標準發展流程持續更新規格的狀況下，要在一本書中完整描述一個持續演進的語言，真的是一項很大的挑戰。最有效率跟上最新 JavaScript 更版的方式，就是查看 TC39 提案的貯藏庫，訂閱每週寄送的新聞訊息郵件[14]，和閱讀 JavaScript 部落格文章[15]。

截至撰稿為止，等待已久的非同步函式提案已經正式定義於技術規格中，且預定於 ES2017 中出版。在同一個時間點還有很多個候選提案，例如：`import()` 動態匯入，它可以非同步的方式載入原生 JavaScript 模組；以及利用其餘（rest）和展開（spread）語法來描述物件特性列舉，此語法最初是在 ES6 中推出，並使用於參數串列和陣列。

而本書的主要焦點在於 ES6 的介紹，我們也會討論到一些重要的候選提案推薦，例如：非同步函式、`import()` 動態匯入、或物件其餘 / 展開，尤其會深入討論。

13 查看所有正在 TC39 審核的提案（*http://mjavascript.com/out/tc39-proposals*）。

14 有許多種新聞訊息，包含：Pony Foo Weekly（*https://mjavascript.com/out/pfw*）和 JavaScript Weekly（*https://mjavascript.com/out/jsw*）。

15 各種關於 Pony Foo 的文章（*https://mjavascript.com/out/pf*）以及 Axel Rauschmayer（*https://mjavascript.com/out/ar*）對 ECMAScript 發展的關注評論。

第二章

ES6 基礎元素

此語言的第六版帶來多種連續性的語法強化，在本章我們將會討論到大部分的這些特點。有許多的變更是屬於語法的簡化；也就是說，這些語法在 ES5 中也可以完整描述表達，只是需要使用較多複雜的程式敘述。而也有些變更不僅僅是語法的簡化，還可利用 `let` 和 `const` 以完全不同的方式達成變數宣告，這在本章的後段將會進行探討。

物件實字表示法在 ES6 中也做了一些語法上的調整，使得在操作上更為方便。

2.1 物件實字

物件實字（*Object Literals*）是利用 `{}` 簡化語法進行物件宣告，例如以下範例：

```
var book = {
  title: 'Modular ES6',
  author: 'Nicolas',
  publisher: 'O'Reilly'
}
```

ES6 為物件實字表示法帶來一些改善之處：特性值指定簡化語法、可運算取得的特性名稱、和方法定義。以下讓我們一起來瞭解這些特點，並分別以使用案例來描述說明。

2.1.1 特性值指定簡化語法

有時候我們在宣告物件時，物件的特性值所參考的變數，與物件特性名稱相同。例如：假設我們有一個名稱為 `listeners` 的集合，若希望將它指定給一個同樣具有 `listeners` 名稱的物件特性，就會需要重複的鍵入相同的名稱。以下的程式碼是以一個典型的案例，在物件實字宣告的描述中，便會出現許多重複的名稱：

```
var listeners = []
function listen() {}
var events = {
  listeners: listeners,
  listen: listen
}
```

在 ES6 版本中，當你撰寫程式發現有此種狀況時，便可利用這項新的特性值指定簡化語法，省略特性值和冒號的指派敘述。如以下範例，使用新的 ES6 語隱含地指定特性值。

```
var listeners = []
function listen() {}
var events = { listeners, listen }
```

在本書的下半部仍會繼續探討這項新功能，特性值指定簡化語法可以減少程式的重複性，並仍可保留其程式語意，維持可讀性。在下方的案例，我們再次實作了部分的 `localStorage`，它是一個瀏覽器的 API，可提供永久性的儲存，就像是存在於記憶體中的 ponyfill[1]。如果不使用特性值指定簡化語法，那麼定義 `storage` 物件便會需要冗長的敘述：

```
var store = {}
var storage = { getItem,  setItem, clear }
function getItem(key) {
  return key in store ? store[key] : null
}
function setItem(key, value) {
  store[key] = value
```

1 如 polyfills 一樣，ponyfills（*https://mjavascript.com/out/ponyfills*）是在每次 JavaScript 執行期間，針對使用者端所不足的功能特徵進行實作補足。當 polyfills 在執行期間於執行環境補足功能後，運作上就會有如該特徵功能在環境中可正確執行。ponyfills 會將所缺漏的特徵功能，以獨立模組的方式實作，可避免影響執行期間的環境。此方式的優點為不影響執行環境中其他第三方函式庫（它們並不知道 polyfills 的存在）的運作。

```
  }
  function clear() {
    store = {}
  }
```

這僅是 ES6 欲減低程式碼複雜性的多項功能之一，一旦習慣這樣的語法，你會發現程式碼的可讀性與程式設計師的產能均會有所提升。

2.1.2 運算取得的特性名稱

有時你宣告的物件所包含的特性名稱，需基於其他變數值或 JavaScript 運算結果，如下 ES5 程式案例。在此案例中，假設 expertise 作為一個函式的參數，而非你預先看到的值：

```
var expertise = 'journalism'
var person = {
  name: 'Sharon',
  age: 27
}
person[expertise] = {
  years: 5,
  interests: ['international', 'politics', 'internet']
}
```

在 ES6 中的物件實字敘述，並不會限制只能使用靜態的名稱進行宣告。利用運算取得的特性名稱功能，你可以將運算敘述以方括號標示，並將運算結果作為特性名稱。當解譯至該行宣告敘述時，便會運算該行敘述並將結果作為特性名稱。以下的範例說明，如何以一個步驟完成宣告 person 物件，且在加入人員不同的 expertise 性質時，不需要再重新描述一次。

```
var expertise = 'journalism'
var person = {
  name: 'Sharon',
  age: 27,
  [expertise]: {
    years: 5,
    interests: ['international', 'politics', 'internet']
  }
}
```

但你不能夠將特性值指定簡化語法與運算取得的特性名稱結合一起使用。特性值指定簡化是在編譯時期（compile-time）為減少重複性的便利語法，但運算取得的特性名稱則是在執行期間（runtime）才會被定義完成。若我們試著將這兩項功能特徵同時運用，如以下的案例，將會產生語法錯誤。且在大多數的情況，這樣的結合使用會導致程式碼難以被其他程式人員理解，因此建議不要將這兩項功能特徵一同使用。

```
var expertise = 'journalism'
var journalism = {
  years: 5,
  interests: ['international', 'politics', 'internet']
}
var person = {
  name: 'Sharon',
  age: 27,
  [expertise] // 語法錯誤！
}
```

通常運算取得的特性名稱這項功能的使用情境，是當我們想要將一個實體的 id 欄位，加入至一個物件中作為物件映射的鍵，如下列範例程式。我們可以直接在 groceries 物件實字中內嵌宣告敘述，而不需要再多撰寫一行程式敘述來將 grocery 加入。

```
var grocery = {
  id: 'bananas',
  name: 'Bananas',
  units: 6,
  price: 10,
  currency: 'USD'
}
var groceries = {
  [grocery.id]: grocery
}
```

另一種應用情境，是函式所接收的參數，將用於建立物件的情形。在 ES5 的程式碼中，你必須要利用一個變數來宣告物件實字，接著再將動態的特性加入，才能夠回傳一個完整定義的物件。下面的案例就是用以說明此種情況，為了 Ajax 訊息傳遞的使用，必須建立一個 envelope 信封，並遵循以下規則：信封須具備名稱為 error 的特性，和錯誤發生時的訊息資訊；以及名稱為 success 的特性，和正確傳遞時的訊息資訊：

```
function getEnvelope(type, description) {
  var envelope = {
    data: {}
  }
  envelope[type] = description
  return envelope
}
```

利用運算取得的特性名稱功能，可以幫助我們以更簡潔的方式重新撰寫上述函式，只需要利用一個敘述就可完成：

```
function getEnvelope(type, description) {
  return {
    data: {},
    [type]: description
  }
}
```

這樣的方式對函式撰寫簡化也能有一定的助益。

2.1.3 方法的定義

一般來說，要在物件中宣告方法，只要於物件中加入對應的特性即可。在下面的範例，我們要建立一個可支援多種事件的小型事件觸發器。它會具備 `emitter#on` 方法，用以註冊事件監聽器；以及 `emitter#emit` 方法，可喚起該事件。

```
var emitter = {
  events: {},
  on: function (type, fn) {
    if (this.events[type] === undefined) {
      this.events[type] = []
    }
    this.events[type].push(fn)
  },
  emit: function (type, event) {
    if (this.events[type] === undefined) {
      return
    }
    this.events[type].forEach(function (fn) {
      fn(event)
    })
  }
}
```

自 ES6 開始，你就可以利用新的方法定義語法，在物件實字中宣告方法。在此範例中，若利用新的語法，我們可以省略掉冒號和 function 關鍵字。比較起傳統使用 function 的方法宣告，新的語法則是另一種簡潔的程式碼敘述選擇。以下的程式片段示範如何在 emitter 物件中使用新的語法定義方法。

```
var emitter = {
  events: {},
  on(type, fn) {
    if (this.events[type] === undefined) {
      this.events[type] = []
    }
    this.events[type].push(fn)
  },
  emit(type, event) {
    if (this.events[type] === undefined) {
      return
    }
    this.events[type].forEach(function (fn) {
      fn(event)
    })
  }
}
```

箭頭函式是 ES6 中另一種宣告函式的方法，且它有多種不同的敘述方式。接下來我們便一起來瞭解什麼叫做箭頭函式，以及它們的宣告方式和語意行為。

2.2 箭頭函式

一般來說，在 JavaScript 程式碼中你會利用以下方式宣告一個函式，函式的定義會包含名稱、參數和函式內容。

```
function name(parameters) {
  // 函式內容
}
```

也可以藉由省略名稱定義並將函式指定給一個變數、特性或函式呼叫的方式，建立匿名函式。

```
var example = function (parameters) {
  // 函式內容
}
```

自 ES6 開始，就可以使用箭頭函式作為另一種建立匿名函式的方法。需特別注意的是，在撰寫箭頭函式時，可使用多種不同的方法，但這些方法間會有些微的差異。以下範例呈現出，箭頭函式的描述方式，其實與上述我們討論的匿名函式相當類似。唯一的差別是省略 function 關鍵字並加入 => 箭頭符號至參數串列的右方。

```
var example = (parameters) => {
// 函式內容
}
```

箭頭函式看起來與一般的匿名函式非常相像，但是它們本質上是不同的：箭頭函式無法被給定一明確的名稱；即使現行技術上，在執行期間是可以依據它被指定的變數來賦予一函式名稱。它無法使用建構子，也沒有 prototype 特性，這代表著你無法對箭頭函式使用 new 關鍵字；並且，它受限於變數作用域，所以無法變更 this 關鍵字所代表的內容。

以下我們再進一步探究它和傳統函式在語義上的差異、宣告箭頭函式的各種方式、以及實際的使用案例。

2.2.1 語彙範圍

在箭頭函式的內容中，this、arguments 和 super 所指向的是目前所處的語彙範圍，因為箭頭函式並不會於其中建立一個新的語彙範圍。參考下面的範例，在這裡我們看到一個 timer 物件，其中有 seconds 計數器和一個名稱為 start 的方法，並以稍早我們所學過的語法描述。接著程式會啟動這個計時器，並在等待數秒後，將所花費的 seconds 秒數記錄下來：

```
var timer = {
  seconds: 0,
  start() {
    setInterval(() => {
      this.seconds++
    }, 1000)
  }
}
timer.start()
setTimeout(function () {
  console.log(timer.seconds)
}, 3500)
// <- 3
```

如果在 setInterval 中我們使用的是一般的匿名函式，而非箭頭函式，那麼 this 會屬於該匿名函式的環境範圍之中，而不是 start 方法的範圍。我們可以在 start 方法開始時，先宣告如 var self = this 來實作 timer 物件；接著以 self 取代 this 的使用。在使用箭頭函式時，只要能夠注意參考至正確作用的語彙範圍，就可以方便程式碼的功能開發。

相同的原理，在 ES6 箭頭函式的語彙範圍定義也就代表著，當呼叫 .call、.apply、.bind 等函式時，將不能夠變更 this 的內容。這樣的限制其實是非常有用的，因為它可確保這樣的內容是會被保存著且固定不變的。

接著讓我們繼續探討以下的範例程式，並思考一下 console.log 敘述將會印出什麼資訊呢？

```
function puzzle() {
  return function () {
    console.log(arguments)
  }
}
puzzle('a', 'b', 'c')(1, 2, 3)
```

正確答案是，arguments 會參考至匿名函式的語彙範圍，因此傳遞至該匿名函式的引數將會被印出。在此範例，這些引數是 1, 2, 3。

那麼在下面的案例中，若我們以箭頭函式取代上一個例子的匿名函式，結果會如何呢？

```
function puzzle() {
  return () => console.log(arguments)
}
puzzle('a', 'b', 'c')(1, 2, 3)
```

在這個案例，arguments 物件會參考至 puzzle 函式的語彙範圍，因為箭頭函式並不會建立一個函式閉包（closure）。因此，被印出的引數會是 'a', 'b', 'c'。

之前曾經提到箭頭函式可以有不同的描述方式，但到目前為止我們討論到的是完整描述的方式。那麼還可以有哪些方法來定義一個箭頭函式呢？

2.2.2 描述箭頭函式的其他方式

讓我們再看一次目前我們學到的箭頭函式描述語法：

```
var example = (parameters) => {
  // 函式內容
}
```

當箭頭函式僅有一個參數時，在描述上便可以省略掉小括號的撰寫；此方式是選用的，並非必要。當需要將另一個函式傳遞給箭頭函式時，以此方式描述是較為方便的；因為它可減少小括號的數量，方便讓程式開發人員閱讀理解：

```
var double = value => {
  return value * 2
}
```

箭頭函式也經常大量使用於簡易的函式，例如上述的 `double` 函式。以下箭頭函式的描述方式可運用於簡化函式內容。取而代之的是，你可以直接描述一個程式敘述，例如：`value * 2`；當函式被呼叫時，便會執行此敘述並直接回傳結果。其中 `return` 的回傳值敘述已隱性地描述於其中，因此也不再需要以大括號標示函式的內容，你只需要撰寫單一行程式敘述即可：

```
var double = (value) => value * 2
```

請注意，你可以將小括號和函式回傳值均以隱性的方式描述，使得箭頭函式的描述更為簡潔：

```
var double = value => value * 2
```

隱性地（Implicitly）回傳物件實字

當你需要隱性地回傳一個物件實字時，你必須要將該物件實字描述以小括號標示起來；否則，編譯器會將物件實字的大括號視為函式區塊的起始括號和結束括號。

```
var objectFactory = () => ({ modular: 'es6' })
```

在下面程式碼中，JavaScript 會將大括號裡的敘述視為箭頭函式的內容主體。此外，number 會被解讀為一個 label[2]，並認為它具有一個 value 的運算式，而這個運算式並不會做任何事。按照這樣對程式碼的解譯後，在該區塊的內容並不會回傳任何值，故所對應的值將為 undefined：

```
[1, 2, 3].map(value => { number: value })
// <- [undefined, undefined, undefined]
```

如果要隱性地回傳具有多個特性的物件實字，且未以小括號標示的話，如下案例；此時編譯器則無法理解第二個特性的意義，便會產生 SyntaxError：

```
[1, 2, 3].map(value => { number: value, verified: true })
// <- SyntaxError
```

將正確將程式運算敘述包裹於小括號中，便可避免發生這樣的錯誤，因為編譯器就不會再將物件實字視為一個函式的內容區塊。此時物件的宣告便成為一段運算敘述式，並可正確地將物件實字隱性地回傳。

```
[1, 2, 3].map(value => ({ number: value, verified: true
}))
/* <- [
  { number: 1, verified: true },
  { number: 2, verified: true },
  { number: 3, verified: true }]
*/
```

現在你應該瞭解如何運用箭頭函式了，接著便可以再進一步探討它們的優點和使用的時機。

2 label（*https://mjavascript.com/out/label*）是用以辨識指令敘述的方法。label 可以於 goto 敘述中使用，以指示程式下一個要跳抵的指令位置；若使用於 break 敘述中，則可指示程式碼需中斷的位置；若於 continue 敘述中使用，則指示下一段應接續執行的程式碼。

2.2.3 優點和使用情境

根據過往的經驗，你並不需要一味地套用所有 ES6 所提供的新功能；反之，應該要能夠理解每一個功能特徵，並知道如何將新的功能運用於適當之處，以改善程式碼的可讀性及可維護性。ES6 的新功能並不一定就比既有的功能好，故也不需要將新功能視為最佳方式。

箭頭函式在某些情況下就不適合使用，例如：若你有一個大型函式，內容包含了數行程式敘述，那麼以 `=>` 符號取代 `function` 關鍵字並不會改善程式碼的可讀性。箭頭函式適合使用於簡短的函式，因為在這類的函式若仍使用傳統的 `function` 關鍵字和語法來描述，對函式的定義便顯得冗長而累贅。

為函式取一個適合且有意義的名稱，可讓程式人員更容易理解其功能意義。箭頭函式無法為函式定義一個正式的名稱，但能夠隱性地命名，也就是將函式指派給一個變數。在以下範例，箭頭函式會被指派給名稱為 `throwError` 變數；當呼叫函式發生錯誤，在堆疊追蹤時便會以 `throwError` 作為箭頭函式識別：

```
var throwError = message => {
  throw new Error(message)
}
throwError('this is a warning')
<-Uncaught Error：this is a warning
  訊息發生於 throwError
```

當需要定義一些匿名函式，且這些匿名函式須依循某種語法規則時，利用箭頭函式可讓程式看起來更為整齊；在大多數函式編程（Functional programming）的領域中，使用箭頭函式會特別顯得有效，例如：針對集合使用 `.map`、`.filter`、或 `.reduce`，如下範例：

```
[1, 2, 3, 4]
  .map(value => value * 2)
  .filter(value => value > 2)
  .forEach(value => console.log(value))
// <- 4
// <- 6
// <- 8
```

2.3 解構賦值

這是一個在 ES6 中最具彈性且極富意義的功能特徵，也是一個最簡單使用的特徵。它可將一項特性繫結至多個你所需要的變數上，可運用於物件、陣列、甚至函式的參數串列上。接下來我們會逐步的介紹這項功能，並先從物件的運用開始說明。

2.3.1 物件解構賦值

假設你撰寫一個與漫畫人物相關的應用程式，蝙蝠俠布魯斯韋恩是其中之一，且你需要參考物件中其他的特性以描述此角色。這裡就是一個範例物件，將用以描述蝙蝠俠：

```
var character = {
  name: 'Bruce',
  pseudonym: 'Batman',
  metadata: {
    age: 34,
    gender: 'male'
  },
  batarang: ['gas pellet', 'bat-mobile control', 'bat-cuffs']
}
```

如果你想以名稱為 pseudonym 的變數參考至 character.pseudonym，在 ES5 中你可以用以下方式撰寫。例如：這是一個經常發生的狀況，當你需要在程式碼多個地方參考至 pseudonym 這個特性時，會希望能夠避免每次參考都要完整輸入 character.pseudonym：

```
var pseudonym = character.pseudonym
```

利用解構賦值的功能，語法上會變得較為簡潔。如以下範例所示，你不需要輸入兩次 pseudonym 變數名稱，但仍然可以清楚地表示並達成目的。下方的敘述和上方 ES5 的敘述均可達到相同功能：

```
var { pseudonym } = character
```

就像你可以用一個 var 配合逗號分隔變數名稱，來達到一次宣告多個變數的方式；在物件解構賦值中，你也可以在大括號中宣告並賦值多個變數：

```
var { pseudonym, name } = character
```

相同的概念，你也可以將解構賦值與一般的變數宣告均置於相同的 var 敘述中。這可能乍看之下有點混亂，因此你需要遵循一些 JavaScript 的程式編寫原則，來決定是否適合於單一行敘述中宣告多個變數。但此方式也顯示了解構賦值語法所提供的運用彈性：

```
var { pseudonym } = character, two = 2
```

若欲擷取的特性名稱為 pseudonym，但你想要將它指定給名稱為 alias 的變數，那麼可以利用以下的解構賦值語法，稱為**別名**（*aliasing*）。請注意，你可以使用名稱 alias 或其他任何合法的變數名稱：

```
var { pseudonym: alias } = character
console.log(alias)
// <- 'Batman'
```

看起來這樣的別名使用方式似乎並不會較傳統 ES5 的方式簡單，alias = character.pseudonym；但是當你考量較深層物件結構的解構時，這樣的方式才會顯得較有意義，例如以下範例：

```
var { metadata: { gender } } = character
```

這個範例類似前一個範例，是對一個巢狀的特性進行解構賦值；如果要使用別名，你可能會需要更清楚的描述特性名稱。參考下一段範例程式，在此處有一個名稱為 gender 的特性，但是以名稱 characterGender 作為別名則較能夠完整表達其意義：

```
var { metadata: { gender: characterGender } } = character
```

第二個情況我們已多次反覆的看到其應用，因為特性名稱通常會依據它所歸屬的物件命名。例如：palette.color.code，便可完整地描述該特性；若名稱僅有 code，那麼它字面上就有廣泛的意義，無法直覺地理解此處所代表的事物；若以 colorCode 命名，那麼當使用物件解構賦值時，於變數的名稱中亦加入物件性質的描述，便可直觀的瞭解其意義。

當你以 ES5 的方式存取一個不存在的特性時，會得到 undefined 值：

```
console.log(character.boots)
// <- undefined
console.log(character['boots'])
// <- undefined
```

即使利用物件解構賦值的方式，也會得到相同結果。當為一個不存在的特性宣告一個變數時，你存取該變數時也會得到 undefined 值。

```
var { boots } = character
console.log(boots)
// <- undefined
```

以解構賦值的方式存取一個物件中的巢狀特性，且該特性的父物件為 null 或 undefined 時，會得到 Exception 的結果。就如一般存取 null 或 undefined 的特性值時，也會得到 Exception 的情況相同。

```
var { boots: { size } } = character
// <- Exception
var { missing } = null
// <- Exception
```

若以相同意義的 ES5 的程式碼來看，如下所示，就會理解敘述式必須拋出例外的原因；也讓解構賦值的功能更加簡潔有效率。

```
var nothing = null
var missing = nothing.missing
// <- Exception
```

在解構賦值所定義的功能中，你可以為這些未定義的變數均設定一個初始的預設值。初始值的設定可以是任何形式：數值、字串、函式、物件、或參考至其他變數等。

```
var { boots = { size: 10 } } = character
console.log(boots)
// <- { size: 10 }
```

初始值也可以在解構賦值敘述的巢狀特性中進行設定，如下所示：

```
var { metadata: { enemy = 'Satan' } } = character
console.log(enemy)
// <- 'Satan'
```

若要同時使用別名（alias）的敘述，則必須先敘述別名，再接著設定該特性的初始值，如下範例：

```
var { boots: footwear = { size: 10 } } = character
```

在解構賦值的敘述中，也可以將運算取得的特性名稱運用於語句中。然而，在這種情況下，你需要使用一個別名作為變數名稱；因為運算取得的特性名稱是可由任意的運算式計算而得，編譯器此時便無法參考至一個確切的變數。以下的例子，我們利用 value 作為此變數的別名，並運算特性名稱，便可自 character 物件中取得 boots 特性。

```
var { ['boo' + 'ts']: characterBoots } = character
console.log(characterBoots)
// <- true
```

這種解構賦值的方式看起來似乎不太實用，因為若以 characterBoots = character[type] 的方式敘述，會比 { [type]: characterBoots } = character 更加簡單直覺。故這樣的敘述方式，通常是適用於想要在物件實字中宣告一個特性的情況。

以上便是解構賦值以物件的面向進行探討，那麼運用於陣列會如何呢？

2.3.2 陣列解構賦值

陣列解構賦值的語法與物件解構賦值類似。下面範例將示範將 coordinates 物件解構賦值於兩個變數：x 和 y。請注意語法中是使用方括號標記，而非大括號；使用方括號代表我們將使用陣列解構賦值，而非物件解構賦值。利用陣列解構賦值敘述，在程式碼中就不需要敘述每一個實際動作的細節，如 x = coordinates[0]；你不需要重複地指定變數名稱與陣列的索引對應，也能夠利用語句清楚地表達陣列值的指派動作。

```
var coordinates = [12, -7]
var [x, y] = coordinates
console.log(x)
// <- 12
```

當進行陣列解構賦值時，是可以省略參考至一些你不感興趣或不需要使用的值，如下方式：

```
var names = ['James', 'L.', 'Howlett']
var [ firstName, , lastName ] = names
console.log(lastName)
// <- 'Howlett'
```

陣列解構賦值也可如物件解構賦值一樣，為變數設定初始值。

```
var names = ['James', 'L.']
var [ firstName = 'John', , lastName = 'Doe' ] = names
console.log(lastName)
// <- 'Doe'
```

在 ES5 中，當你需要交換兩個變數的值時，通常會透過第三個變數來暫存變數值，以達成交換變數值的目的，如下：

```
var left = 5
var right = 7
var aux = left
left = right
right = aux
```

若利用解構賦值，便不需要使用上述的 aux 變數，並更專注於達成目的。解構賦值可以協助我們在撰寫程式上能夠更簡潔、更有效率地表達敘述，使語句更具意義。

```
var left = 5
var right = 7
[left, right] = [right, left]
```

在解構賦值的最後一個部分，我們將會針對函式的參數進行討論。

2.3.3 函式參數指定初始值

在 ES6 中，函式參數也加入了設定初始值的特徵功能。以下範例為 exponent 參數指定一最常使用的值作為其初始值。

```
function powerOf(base, exponent = 2) {
  return Math.pow(base, exponent)
}
```

初始值的設定也可運用於箭頭函式的參數。若要為箭頭函式的參數設定初始值，則必須將參數以小括號標記，即便僅有一個參數需設定。

```
var double = (input = 0) => input * 2
```

不像部分程式語言，僅允許將需設定初始值的參數置於函式參數列的最右方；在此你可以為函式中任何位置的參數均設定初始值。

```
function sumOf(a = 1, b = 2, c = 3) {
  return a + b + c
}
console.log(sumOf(undefined, undefined, 4))
// <- 1 + 2 + 4 = 7
```

在 JavaScript 中，一般不常會在函式中傳遞一個如 options 般包含多個特性的物件。你可以先為此參數提供一初始預設的 options 物件，當函式未被提供指定的物件時，仍能夠使用預設所指定的物件，如下範例。

```
var defaultOptions = { brand: 'Volkswagen', make: 1999 }
function carFactory(options = defaultOptions) {
  console.log(options.brand)
  console.log(options.make)
}
carFactory()
// <- 'Volkswagen'
// <- 1999
```

但這樣的方式會產生一個問題，就是當一個 options 物件傳遞給 carFactory 函式後，便會失去了物件中各個特性的初始值。

```
carFactory({ make: 2000 })
// <- undefined
// <- 2000
```

我們可以將函式參數初始值的指定，與解構賦值敘述一同運用，以發揮兩項特徵功能的優勢，這在下一節內容繼續討論。

2.3.4 函式參數解構賦值

承上節討論，比起僅提供一初始物件，更好的做法是將 options 物件完全解構，並為每一個特性均分別指定對應的初始值。這個方法可讓你不需要透過 options 物件，就可以參考至每一個物件中的特性；但是會無法直接參考至 options 物件，這可能在某些情境下會造成一些問題。

```
function carFactory({ brand = 'Volkswagen', make = 1999 }) {
  console.log(brand)
  console.log(make)
}
carFactory({ make: 2000 })
// <- 'Volkswagen'
// <- 2000
```

然而，當未指定任何 options 特性時，我們又會再次失去所設定的初始值；也就是 carFactory() 將會印出未提供任何特性值的 options 物件。這樣的情況，可透過運用以下範例程式碼的語法解決，它可將一空物件均設定特性與對應之初始值；如此便可將空物件以解構賦值的方式，將每個特性逐步填入並設定初始值。

```
function carFactory({
  brand = 'Volkswagen',
  make = 1999
} = {}) {
  console.log(brand)
```

```
  console.log(make)
}
carFactory()
// <- 'Volkswagen'
// <- 1999
```

除了預設初始值之外，也可以將解構賦值應用於函式參數，以描述函式可以處理的物件輪廓。參考以下範例，在此程式中有一個 car 物件，它具備多項特性；car 物件可定義它的擁有人、車輛的類型、製造商、製造日期、和擁有人在購買此車輛時的需求偏好。

```
var car = {
  owner: {
    id: 'e2c3503a4181968c',
    name: 'Donald Draper'
  },
  brand: 'Peugeot',
  make: 2015,
  model: '208',
  preferences: {
    airbags: true,
    airconditioning: false,
    color: 'red'
  }
}
```

如果你要撰寫一個函式，此函式只需要擷取所傳入物件的某一部分特性，那麼其實可以在物件傳入時便將物件解構，清楚地將所需要的特性指定傳遞即可。這樣的優點是，只要瞭解函式的使用方式，就能夠得知其所需要的物件特性。

若我們能夠在函式參數傳遞時，便進行解構賦值的動作；這樣當所傳遞的參數值不符合函式定義時，便能夠很快地查知。以下範例說明如何將函式所需要的特性，描述於函式參數串中；可顯示出在 getCarProductModel 函式中，所需操作使用的物件輪廓。

```
var getCarProductModel = ({ brand, make, model }) => ({
  sku: brand + ':' + make + ':' + model,
  brand,
  make,
  model
})
getCarProductModel(car)
```

接下來我們再來看看解構賦值還能為我們做些什麼。

2.3.5 解構賦值的使用情境

當函式需要回傳一個物件或陣列時，運用解構賦值的技巧可以讓此動作更加簡潔。下面的範例顯示一個函式可以回傳一個含有座標資訊的物件；而我們若在運用上僅需擷取 x 與 y 的資訊時，可以利用此方式避免使用一個中繼暫存的 point 變數，提高程式的可讀性。

```
function getCoordinates() {
  return { x: 10, y: 22, z: -1, type: '3d' }
}
var { x, y } = getCoordinates()
```

而以下的案例，則說明運用函式參數初始值功能，可減少重複的動作執行。想像一下，這裡有一個名稱為 random 的函式，它會亂數地產生介於 min 和 max 之間的整數值；而其預設值分別為 1 與 10。這也提供使用強型別定義函式參數的語言一種可行的方案，如 Python 和 C 語言。利用這樣的模式，你就能夠為參數分別定義初始的預設值，並在後續仍能夠將它們的值覆蓋使用，提供更多的彈性。

```
function random({ min = 1, max = 10 } = {}) {
  return Math.floor(Math.random() * (max - min)) + min
}
console.log(random())
// <- 7
console.log(random({ max: 24 }))
// <- 18
```

解構賦值也非常適用於正規表示式。利用解構賦值，可讓你為符合條件的資料集合命名，而不需要再重新將資料集合依索引排序。以下 RegExp 的範例用以剖析簡單的日期格式，另一個範例可將日期資料解構並賦值至每一個對應的變數。在儲存結果的陣列中，第一個項目是保留給原始輸入的字串，我們可以忽略它。

```
function splitDate(date) {
  var rdate = /(\d+).(\d+).(\d+)/
  return rdate.exec(date)
}
var [ , year, month, day] = splitDate('2015-11-06')
```

你可能想知道當正規表示式敘述無法找到符合條件的集合，並回傳 null 時，應如何處理？較好的實作方式應是在進行解構賦值之前，先針對錯誤的案例情境進行測試，如下範例所示。

```
var matches = splitDate('2015-11-06')
if (matches === null) {
  return
}
var [, year, month, day] = matches
```

接下來，我們會將討論主題專注於其餘和展開運算子。

2.4 其餘參數和展開運算子

在 ES6 推出之前，要對不定量參數的函式進行操作是很困難的。你必須使用 `arguments` 物件，它並不是一個陣列但是具有 `length` 特性。一般來說，使用完畢後通常會將 `arguments` 物件，透過 `Array#slice.call` 轉換為陣列型態，如以下程式案例。

```
function join() {
  var list = Array.prototype.slice.call(arguments)
  return list.join(', ')
}
join('first', 'second', 'third')
// <- 'first, second, third'
```

在 ES6 中有更好的解決方案，也就是利用其餘參數的功能。

2.4.1 其餘參數

你現在就可以在任何 JavaScript 函式中的最後一個參數之前，加上三個句點，來將它轉換為特殊的「其餘參數」。當其餘參數是函式中唯一的參數時，它便會取得所有傳遞至函式的參數值：它運作的方式就像是之前我們看到的 `.slice` 方式，但並不會如操作 `arguments` 般繁複，且它可在函式的參數列中定義。

```
function join(...list) {
  return list.join(', ')
}
join('first', 'second', 'third')
// <- 'first, second, third'
```

在其餘參數之前的已命名的參數均不會被包含於 `list` 中。

```
function join(separator, ...list) {
  return list.join(separator)
```

```
}
join('; ', 'first', 'second', 'third')
// <- 'first; second; third'
```

請注意，在箭頭函數中使用其餘參數，則必須以小括號標記，即使函式只有一個參數；否則會拋出 SyntaxError 錯誤。以下程式範例展示如何結合箭頭函式與其餘參數，產生正確的函式運算式。

```
var sumAll = (...numbers) => numbers.reduce(
  (total, next) => total + next
)
console.log(sumAll(1, 2, 5))
// <- 8
```

上述程式碼與 ES5 版本相同功能的函式相比較，便會發現函式複雜度上的差異。若以簡潔敘述的 ES6 版本來看，sumAll 函式對不習慣使用 .reduce 方法的讀者便會造成困惑；兩個箭頭函式的使用，於程式編寫上雖然較有效率，但亦會較難解讀。程式碼複雜度與撰寫便利性之間的取捨，也是本書在後半段會繼續探討的主題。

```
function sumAll() {
  var numbers = Array.prototype.slice.call(arguments)
  return numbers.reduce(function (total, next) {
    return total + next
  })
}
console.log(sumAll(1, 2, 5))
// <- 8
```

下一節我們將討論展開運算子，它也同樣是以三個句點標示，但在功用上有些許的不同。

2.4.2 展開運算子

展開運算子可將任何可迭代物件（iterable object）轉換為陣列。利用展開運算可有效率地將敘述展開至標的物，例如：陣列或函式呼叫。下面範例示範如何使用 ...arguments 敘述，將函式參數轉換為陣列。

```
function cast() {
  return [...arguments]
}
cast('a', 'b', 'c')
// <- ['a', 'b', 'c']
```

我們也可以使用展開運算子，將字串分割為一個個字元組成的陣列。

```
[...'show me']
// <- ['s', 'h', 'o', 'w', ' ', 'm', 'e']
```

在展開運算的左方和右方，也都仍然可以加入其他的陣列元素，且取得如預期般的結果。

```
function cast() {
  return ['left', ...arguments, 'right']
}
cast('a', 'b', 'c')
// <- ['left', 'a', 'b', 'c', 'right']
```

利用展開運算可以有效的結合多個陣列。以下範例展示如何將任意位置的陣列，透過展開運算將陣列元素一一展開，並合併至最外層的陣列中。

```
var all = [1, ...[2, 3], 4, ...[5], 6, 7]
console.log(all)
// <- [1, 2, 3, 4, 5, 6, 7]
```

請注意，展開運算子並不僅侷限運用於陣列和 `arguments` 物件。展開運算子可以運用於任何可迭代物件。可迭代性（Iterable）在 ES6 中屬於一種協議，可允許你將任何物件轉換為具備可迭代的性質。在第 4 章我們會持續討論迭代協議。

遞移回傳（Shifting）與展開（Spreading）

當你想要擷取陣列的第一個或第二個元素時，通常會使用 `.shift` 方法。這樣的方式運用在以下的程式碼中，對初次閱讀此程式的讀者很難理解其意義；因為它同樣使用 `.shift` 方法，但取得的卻是不同的陣列元素。在 ES6 推出之前，這樣的作法主要是為了讓程式語言去執行我們所希望的動作。

```
var list = ['a', 'b', 'c', 'd', 'e']
var first = list.shift()
var second = list.shift()
console.log(first)
// <- 'a'
```

在 ES6 中，你可以將展開運算與陣列解構賦值結合運用。下面的程式範例與上一個類似，只是以一行程式碼就能夠達到相同的目的，但這一行程式碼比較起上一個範例重複呼叫 `list.shift()` 的方式，顯得較具描述意義。

```
var [first, second, ...other] = ['a', 'b', 'c', 'd', 'e']
console.log(other)
// <- ['c', 'd', 'e']
```

利用展開運算子，你可以專注於程式的功能面，而非以語言的角度思考。優化語言的描述性，並減低受限於語言功能支援而耗損的時間，是 ES6 新特徵功能一致的共同目標。

在 ES6 推出之前，若要將一個動態的參數串列於函式中應用，則必須使用 `.apply` 方法。這樣的操作方式並不優雅，因為 `.apply` 方法會取得 `this` 所參考的內容；在此情境下，通常並不需要如此的參考方式。

```
fn.apply(null, ['a', 'b', 'c'])
```

除了展開陣列元素之外，也可以於呼叫函式時於展開所傳入的引數。以下範例示範如何運用展開運算子，將任意數量的引數傳遞給 `multiply` 函數。

```
function multiply(left, right) {
  return left * right
}
var result = multiply(...[2, 3])
console.log(result)
// <- 6
```

必要的話，函式呼叫時將引數展開的功能，也可與一般傳遞引數的方式結合使用；就如同使用展開運算於陣列的情境。下面的案例會呼叫 `print` 函式，並以一般方式傳遞多個引數，及一些陣列引數以展開運算傳遞至對應參數串列。在此你可以看到 `list` 其餘參數如何與所傳入的引數對應。

```
function print(...list) {
  console.log(list)
}
print(1, ...[2, 3], 4, ...[5])
// <- [1, 2, 3, 4, 5]
```

在使用 .apply 方法時會有一個限制因素，即當需要建立一個物件時，若要將它與 new 關鍵字一同使用，則敘述上會變得非常冗長。下面的範例呈現出同時使用 new 和 .apply 建立一個 Date 物件的敘述，此處 JavaScript 的月份是以 0 起始，11 則代表 12 月。我們可以看到，為了建立一個物件則必須撰寫冗長的敘述，在程式描述上較為繁複。

```
new (Date.bind.apply(Date, [null, 2015, 11, 31]))
// <- Thu Dec 31 2015
```

若以下面範例方式進行，透過展開運算子可減低敘述的複雜度，僅針對重點項目敘述即可。範例中使用 new 關鍵字來建立物件，並使用 ... 運算子來展開函式呼叫時所傳入的引數，而所欲建立的物件為 Date，如此就足夠達成目的了。

```
new Date(...[2015, 11, 31])
// <- Thu Dec 31 2015
```

以下的表格彙整我們所討論過的展開運算子的使用情境。

使用情境	ES5	ES6
字串連接	`[1, 2].concat(more)`	`[1, 2, ...more]`
將元素置入陣列	`list.push.apply(list, items)`	`list.push(...items)`
解構賦值	`a = list[0], other = list.slice(1)`	`[a, ...other] = list`
new 與 apply 並用	`new (Date.bind.apply(Date, [null,2015,31,8]))`	`new Date(...[2015,31,8])`

2.5 字串樣板

字串樣板功能對 JavaScript 字串處理方式進行了大幅度的改善。不同於使用單引號和雙引號宣告字串，字串樣板使用反引號進行宣告，如下所示。

```
var text = `This is my first template literal`
```

由於字串樣板使用反引號標示，那麼在字串中若需要使用單引號（'）和雙引號（"）時，就不需要再進行字元跳脫，如下範例。

```
var text = `I'm "amazed" at these opportunities!`
```

字串樣板其中一項吸引人的特性，就是它能夠於字串中插入 JavaScript 運算式。

2.5.1 字串插值

利用字串樣板功能，就可以在你的字串樣板中插入 JavaScript 運算式。當編譯器進行至字串樣板敘述時，便會先執行運算，並將運算結果返回字串中得到最終結果。以下範例示範將 name 變數插入至字串樣板中。

```
var name = 'Shannon'
var text = `Hello, ${ name }!`
console.log(text)
// <- 'Hello, Shannon!'
```

我們也已提到不僅可以在字串樣板中填入變數，也可以是任何的 JavaScript 運算式。你可以把字串樣板中的每一個運算式均視為變數；當運算完成後，每個變數的結果均會與其他的字串進行連接。如此程式的敘述就變得相當簡潔易維護，因為不需要再手動連結字串與 JavaScript 運算式所得到的結果。不管是運算式中所使用的變數、或是函式呼叫等等，都可以運用於字串樣板敘述中。

至於要將多少運算邏輯置於字串樣板中，則取決於你自己的程式編寫風格。舉例來說，以下的程式敘述會建立一個 Date 物件，並於字串樣板中將它格式化為一般人可閱讀的格式。

```
`The time and date is ${ new Date().toLocaleString() }.`
// <- 'the time and date is 8/26/2015, 3:15:20 PM'
```

你也可以插入數學運算式，如下：

```
`The result of 2+3 equals ${ 2 + 3 }`
// <- 'The result of 2+3 equals 5'
```

甚至可以使用巢狀字串樣板，這也視為是有效的 JavaScript 運算式。

```
`This template literal ${ `is ${ 'nested' }` }!`
// <- 'This template literal is nested!'
```

字串樣板的另一項特徵，支援多行文字內容描述方式。

2.5.2 多行文字字串樣板

在此功能推出之前，如果想要在 JavaScript 程式中表達多行文字內容，就必須要求助於換行字元、字串連接、陣列等方式。以下程式片段概述，在 ES6 版本推出之前，經常使用的幾種多行文字內容描述方式。

```
var escaped =
'The first line\n\
A second line\n\
Then a third line'

var concatenated =
'The first line\n' `
'A second line\n' `
'Then a third line'

var joined = [
'The first line',
'A second line',
'Then a third line'
].join('\n')
```

在 ES6 中，就不需要再使用那麼多繁複的方式，均可用反引號取而代之；字串樣板預設便可支援多行文字內容描述。注意，在此已不需要使用 \n 換行字元、不需要字串連接、也不需要使用陣列。

```
var multiline =
`The first line
A second line
Then a third line`
```

多行文字字串描述的功能非常有效，特別是當你需要在一段 HTML 碼中插入一些變數的情況。如果你需要在 HTML 樣板中顯示一個列表，通常會利用迴圈以迭代的方式將每個項目填入至對應的 HTML 標籤中，並將產出的結果與既有的字串連接，產出最終的 HTML 內容。但利用字串樣板便可以大幅簡化複雜度，只需要在樣板中定義好需使用的變數與運算式，如下程式範例所示。

```
var book = {
  title: 'Modular ES6',
  excerpt: 'Here goes some properly sanitized HTML',
  tags: ['es6', 'template-literals', 'es6-in-depth']
}
var html = `<article>
```

```
    <header>
      <h1>${ book.title }</h1>
    </header>
    <section>${ book.excerpt }</section>
    <footer>
      <ul>
        ${
          book.tags
            .map(tag => `<li>${ tag }</li>`)
            .join('\n      ')
        }
      </ul>
    </footer>
  </article>`
```

這個字串樣板敘述會產出如下頁的結果。請注意，每一行的縮排間隔仍被保留[3]，且 **<li>** 標籤也如排版的格式，整齊地印出每一行。

```
  <article>
    <header>
      <h1>Modular ES6</h1>
    </header>
    <section>Here goes some properly sanitized HTML</section>
    <footer>
      <ul>
        <li>es6</li>
        <li>template-literals</li>
        <li>es6-in-depth</li>
      </ul>
    </footer>
  </article>
```

多行文字字串樣板的一個缺點，就是換行字元。以下範例是一段經過縮排調整的程式碼，在其中定義的函式包含著一個字串樣板。我們可能會預期函式的回傳文字並不包含換行字元，但實際上得到的結果會包含四個換行字元。

```
  function getParagraph() {
    return `
      Dear Rod,

      This is a template literal string that's indented
      four spaces. However, you may have expected for it
      to be not indented at all.
```

3 當使用字串樣板時，空白字元並不會被自動保留。然而，在大部分的情況下，我們可以使用縮排，適當地讓排版格式被保留下來。需注意的是，若有巢狀的程式區塊，程式敘述的縮排可能會造成非預期的縮排格式。

```
      Nico
    `
}
```

我們可以利用一些工具函式，將所回傳的文字結果去除換行字元，儘管這並不是一個理想的方法，如下所示。

```
function unindent(text) {
  return text
    .split('\n')
    .map(line => line.slice(4))
    .join('\n')
    .trim()
}
```

有時候，預先針對運算式的結果進行處理，再將處理過後的內容安插至你的字串樣板中，這可能會是一個較好的方法。針對這種情況，便可以使用字串樣板的另一項特徵功能，稱為**標籤樣板**。

2.5.3 標籤樣板

在預設的情況下，JavaScript 直譯器會將 \ 視為跳脫字元，它具有特殊的意義。舉例來說：`\n` 會視為換行字元、`\u00f1` 會視為 ñ，諸如此類。若你想要忽略這樣的解譯，便可以使用 `String.raw` 標籤樣板。下方的範例展示一個使用 `String.raw` 的字串樣板，可避免 `\n` 被自動解譯為換行字元。

```
var text = String.raw`"\n" is taken literally.
It'll be escaped instead of interpreted.`
console.log(text)
// "\n" is taken literally.
// It'll be escaped instead of interpreted.
```

在字串樣板之前所加入的 `String.raw` 是一個標籤樣板，它可用來剖析整個字串樣板。標籤樣板會將字串樣板中靜態的文字部分，視為是一個陣列引數；其他運算式動態所得到的結果，則分別視為獨立的引數，傳遞至對應的參數中。

以下方的標籤樣板為例：

```
tag`Hello, ${ name }. I am ${ emotion } to meet you!`
```

實際上，此標籤樣板會被轉譯為如下的函式呼叫方式。

```
tag(
  ['Hello, ', '. I am ', ' to meet you!'],
  'Maurice',
  'thrilled'
)
```

最終所產生的文字結果，是將樣板中的靜態文字逐一取出，並連接與其索引相鄰的動態運算結果，直至樣板靜態文字取出完畢為止。若沒有參考一個實際的案例，這樣的文字說明可能仍難讓你理解 tag 字串樣板的運作；那麼，我們就試著以此方式進行實作看看。

下方的程式碼展示了 tag 字串樣板可能的實作方式。當無法支援標籤樣板功能時，利用這個函式可達到與它相同的效果。它會將 parts 陣列中的元素，轉換為一個單一結果值。此結果值最初先設定為陣列第一個元素，即 part；接著依序每一個陣列中的 part 元素前方均會連接一個 values 的值。此處我們對 ...values 使用其餘參數語法，以方便取得字串樣板中每一個動態運算結果值；並使用一個箭頭函式內含隱性 return 回傳敘述，以讓函式的描述看起來相對簡潔。

```
function tag(parts, ...values) {
  return parts.reduce(
    (all, part, index) => all + values[index - 1] + part
  )
}
```

可以如以下程式片段，嘗試使用 tag 標籤樣板；你會發現所取得的結果與省略 tag 相同，因為我們已經將它設定為預設的樣板行為了。

```
var name = 'Maurice'
var emotion = 'thrilled'
var text = tag`Hello, ${ name }. I am ${ emotion } to meet you!`
console.log(text)
// <- 'Hello Maurice, I am thrilled to meet you!'
```

標籤樣板可以運用於多種情境；一種可能會使用的情境是，將使用者輸入的文字轉換為大寫字母，讓文字表達看起來有諷刺的意味。下面的程式碼便可以達到這樣的目的。我們可以將 tag 稍作調整，將動態插入的文字字串轉換為大寫字母。

```
function upper(parts, ...values) {
  return parts.reduce((all, part, index) =>
    all + values[index - 1].toUpperCase() + part
  )
}
var name = 'Maurice'
var emotion = 'thrilled'
upper`Hello, ${ name }. I am ${ emotion } to meet you!`
// <- 'Hello MAURICE, I am THRILLED to meet you!'
```

另一個更有效的運用，就是利用標籤樣板功能將動態運算的結果淨化處理之後，再插入至字串樣板中。若有一個字串樣板，動態運算的部分均由使用者輸入；我們使用一個假定的函式稱為 `sanitize`，來移除輸入字串中含有 HTML 標籤和有害的字元符號，避免使用者輸入惡意 HTML 碼至網站中，執行跨網站指令碼（XSS）攻擊。

```
function sanitized(parts, ...values) {
  return parts.reduce((all, part, index) =>
    all + sanitize(values[index - 1]) + part
  )
}
var comment = 'Evil comment<iframe src="http://evil.corp">
    </iframe>'
var html = sanitized`<div>${ comment }</div>`
console.log(html)
// <- '<div>Evil comment</div>'
```

瞧！以此方式便可以將使用者輸入的內容過濾掉惡意植入 `<iframe>` HTML 標籤。接下來最後一個部分，我們要介紹 `let` 和 `const` 敘述句。

2.6 let 和 const 敘述

`let` 敘述是 ES6 中最為人知的功能特性，它的功用就像是 `var` 敘述，但是有不同的作用域定義。

當談論到變數的作用域時，JavaScript 複雜的規則，總讓初次碰觸的程式設計師發狂。最後，你會瞭解變數的提升和 JavaScript 運作的原理。**變數提升**（*Hoisting*）代表的意義是，在程式碼中無論變數宣告的位置為何，均提升至該區域內最高作用域，使變數的作用域為最高。例如以下範例：

```
function isItTwo(value) {
  if (value === 2) {
    var two = true
  }
  return two
}
isItTwo(2)
// <- true
isItTwo('two')
// <- undefined
```

這樣的 JavaScript 程式碼仍可以正確運作，即使變數 two 是宣告於程式的分支區塊，並於分支區塊外進行存取。運作的行為是因為 var 的變數宣告必定受限於一個封閉的作用域，屬於函式或全域的範圍。以變數提升的概念說明，上面的程式碼會被解譯並以如下範例運作。

```
function isItTwo(value) {
  var two
  if (value === 2) {
    two = true
  }
  return two
}
```

不管我們是否喜歡這個運作方式，變數提升的定義比較起區塊作用（block-scoped）變數更為複雜難懂。區塊作用域以大括號階層界定，不僅止是函式階層。

2.6.1 區塊作用域與 let 敘述句

若我們想要一個較深層的變數有效階層，除了宣告一個新的 function 之外，利用區塊作用域可將既有的程式分支結構發揮效用，例如：if、for、或 while 敘述。你也可以任意的建立新的 {} 區塊。你可能不知道，只要我們有需要，在 JavaScript 語言中可允許建立無限制的區塊。

```
{{{{{ var deep = 'This is available from outer scope.'; }}}}}
console.log(deep)
// <- 'This is available from outer scope.'
```

因為語法作用域（lexical scoping）的因素，利用 var 關鍵字進行變數宣告，在區塊外部仍可存取至 deep 變數，且不會發生錯誤。但有時候，在這樣的情況下若會發生錯誤可能會非常有用，特別是當一或多個下列狀況存在時：

- 存取內層變數某種程度是違背程式的封裝（encapsulation）原則
- 內層變數完全不屬於外層的作用域
- 該區塊有許多的兄弟區塊也想要使用相同的變數名稱
- 父區塊已經具有需使用的變數，但在子區塊中仍適合使用相同名稱的變數

let 敘述句是 var 的另一種替代方案。它依循區塊作用域，而非預設的語法作用域規則。利用 var 敘述，要取得較深層的作用域就必須建立巢狀函式；但若使用 let 敘述，就可以直接建立一對大括號區塊。這代表著你不需要建立新的函式就可以取得新的作用域，只要簡單的利用 {} 區塊就可以達成目的。

```
let topmost = {}
{
  let inner = {}
  {
    let innermost = {}
  }
  // 在此處嘗試存取 innermost 則會拋出錯誤
}
// 在此處嘗試存取 inner 則會拋出錯誤
// 在此處嘗試存取 innermost 則會拋出錯誤
```

let 敘述句的常用情境，就是運用在宣告 for 迴圈時，如此可將變數的作用域限制於迴圈之中，如下範例：

```
for (let i = 0; i < 2; i++) {
  console.log(i)
  // <- 0
  // <- 1
}
console.log(i)
// <- i 未定義
```

以 let 敘述在迴圈中宣告變數，其變數作用於迴圈的每次遞增；這樣的變數繫結方式能夠與非同步函式完美的結合運作，若以 var 變數宣告的方式則無法達成。看看以下幾個具體案例。

首先，讓我們看看一個典型的範例，說明 var 變數宣告的作用域運作方式。變數 i 的作用域為 printNumbers 函式，且它的值在每次執行回呼函式時，已遞增至 10。故當每次執行回呼函式時一每 100 毫秒執行一次一變數 i 的值已為 10，因此每次所印出的值均為 10。

```
function printNumbers() {
  for (var i = 0; i < 10; i++) {
    setTimeout(function () {
      console.log(i)
    }, i * 100)
  }
}
printNumbers()
```

相反的，若是使用 let 宣告變數，則變數屬於區塊作用域。當迴圈每次遞增變數值時，每次的遞增都會建立新的變數繫結，這表示每次執行的回呼函式都可以參考至當下該變數所繫結的 i 變數值，就可以如預期般將 0 至 9 印出。

```
function printNumbers() {
  for (let i = 0; i < 10; i++) {
    setTimeout(function () {
      console.log(i)
    }, i * 100)
  }
}
printNumbers()
```

let 敘述還有一項需要探討的觀念，稱為「暫時性死區」。

2.6.2 暫時性死區

直接了當的說：如果你的程式碼有如以下程式片段的敘述，它便會拋出錯誤。一旦執行時進入了一個作用域，且在尚未抵達 let 變數宣告敘述時就針對該變數進行存取，便會拋出錯誤。這樣的狀況就稱為一個暫時性死區（Temporal Dead Zone，TDZ）。

```
{
  console.log(name)
  // <- ReferenceError：name 未被定義
  let name = 'Stephen Hawking'
}
```

若你的程式碼嘗試在 let 宣告 name 變數之前就存取 name 變數，則程式會拋出錯誤。但若是在 name 變數宣告之前定義一個函式，而其內容會參考至 name 變數，這樣是可行的，只要在執行函式時需讓 name 變數離開 TDZ。在 let name 敘述抵達前，變數 name 都是一直處於 TDZ 中。以下程式將不會拋出錯誤，因為在變數 name 離開 TDZ 前，return name 敘述都還未被執行。

```
function readName() {
  return name
}
let name = 'Stephen Hawking'
console.log(readName())
// <- 'Stephen Hawking'
```

但以下的程式就會產生錯誤，因為程式在變數 name 仍在 TDZ 中就進行存取。

```
function readName() {
  return name
}
console.log(readName())
// ReferenceError：name 未被定義
let name = 'Stephen Hawking'
```

請注意，這兩個例子的語義在 name 變數初始宣告後尚未指定值時，都不會改變。下面的程式碼也會拋出錯誤，因為它也企圖在 name 變數離開 TDZ 前就進行存取。

```
function readName() {
  return name
}
console.log(readName())
// ReferenceError：name 未被定義
let name
```

而以下的程式碼就可正確執行，因為它在 name 變數離開 TDZ 後才進行存取。

```
function readName() {
  return name
}
let name
console.log(readName())
// <- undefined
```

唯一需要記住的重點就是，即使在函式中會存取位於 TDZ 中的變數，但只要在 let 宣告之後，才撰寫存取該變數的敘述或函式呼叫，這樣就可以正確運作。

TDZ 的重點是要讓使用者能夠較簡單的捕捉到程式碼中變數存取早於變數宣告的錯誤。這樣的錯誤在 ES6 之前經常發生，這是因為變數提升和不良的程式碼編寫習慣所造成。在 ES6 中，則可較容易避免發生此類錯誤。請記住，變數提升也仍然可以套用於 let 敘述。這也就是說，當程式進入一個作用域並建立變數，此時就產生了 TDZ，但變數必須等到程式執行至變數宣告之後，離開了 TDZ，才可進行存取。

至此我們應已瞭解何謂暫時性死區的觀念！接下來會探討 const 敘述，它與 let 敘述類似，但仍有些許的差異性。

2.6.3 Const 敘述

const 敘述與 let 敘述相同，是屬於區塊作用域，它也遵循 TDZ 的語義規範。事實上，TDZ 的語義規範是為了 const 敘述所實作出來的，接著才將它套用至 let 敘述，以維持運用的一致性。const 敘述需要 TDZ 語義規範的原因，是可避免程式在抵達 const 變數宣告前，就將值指定給一個已提升作用域的 const 變數，使得宣告錯誤。暫時性死區的機制提供了一個方案，可讓 const 敘述只允許在變數宣告之處指定變數值的問題獲得解決。它也協助避免了在使用 let 敘述時可能發生的潛在問題，也讓其他的功能特徵實作，透過 TDZ 語義規則更為簡化。

以下程式碼可以呈現出 const 敘述如何依循區塊作用域，就如 let 敘述一樣。

```
const pi = 3.1415
{
  const pi = 6
  console.log(pi)
  // <- 6
}
console.log(pi)
// <- 3.1415
```

我們曾經探討過 const 和 let 敘述的主要差異：第一個差異是，const 變數必須使用初始器（initializer）進行宣告。一個 const 宣告敘述必須搭配一個初始器，如下範例所示：

```
const pi = 3.1415
const e // SyntaxError：缺少初始器
```

除了在初始化一個 const 變數時需指派變數值之外，利用 const 敘述所宣告的變數不能再被指派其他數值；也就是說，一旦 const 變數完成初始化後，它的內容值就不能再被變更。在嚴格模式（strict mode）下，若要企圖變更 const 變數值便會拋出錯誤；若非嚴格模式，則會變更失敗但並不會拋出錯誤，如以下程式碼所呈現的結果。

```
const people = ['Tesla', 'Musk']
people = []
console.log(people)
// <- ['Tesla', 'Musk']
```

注意，建立一個 const 變數並不代表所指定的內容值是永久不變的。這是一個經常會造成困擾的問題來源；所以強力地建議，需仔細閱讀理解下面所探討的注意事項。

以 const 所宣告的變數並非無法變更內容值

使用 const 敘述只是代表該變數必定會參考至相同的物件或值，因為這樣的參考並不能夠被變更。參考無法變更，但並非變數所擁有的內容值就無法變更。

下面的案例顯示，即使 people 變數的參考並不能夠改變，但陣列本身是可以被變更的。除非陣列的型態是不可被變更的，才可能維持一致，但這是不可能的。

```
const people = ['Tesla', 'Musk']
people.push('Berners-Lee')
console.log(people)
// <- ['Tesla', 'Musk', 'Berners-Lee']
```

const 敘述僅能夠避免變數繫結至不同的參考。下面是另一個案例，可說明一般以 var 敘述和 const 敘述進行變數宣告的差異；我們利用 const 敘述建立了一個名稱為 people 的變數，並在後續將它指派給一個以 var 敘述建立的 humans 變數。而在此我們能夠將 humans 變數參考至其他的值，因為它並不是以 const 敘述進行宣告。然而，people 是以 const 敘述進行宣告，故無法再參考至其他的值。

```
const people = ['Tesla', 'Musk']
var humans = people
humans = 'evil'
console.log(humans)
// <- 'evil'
```

如果我們的目的是要使變數值無法變更，那麼必須使用如 Object.freeze 這類的函式。使用 Object.freeze 可避免所指定的物件繼續延伸，如以下範例所示。

```
const frozen = Object.freeze(
  ['Ice', 'Icicle', 'Ice cube']
)
frozen.push('Water')
// Uncaught TypeError：無法於位置 3 加入特性
// 物件不可延伸
```

接著我們花些時間來探討 const 與 let 的優點。

2.6.4 const 與 let 敘述的優點

我們並不需要因為新功能的推出，而不明究理的套用新功能。ES6 所推出的新特徵功能，應該要在可改善程式碼的可讀性與可維護性的前提下，再行使用。在許多狀況下，let 敘述可以讓一般於函式頂端以 var 敘述進行變數宣告的程式碼簡化，使得變數作用域提升不會產生無法預期的錯誤。利用 let 敘述，可以將你的變數宣告置於程式區塊的頂端，而不是整個函式的頂端，較容易理解變數的意義及使用範圍。

利用 const 敘述是可以避免意外狀況發生的一個好方法。以下程式碼是一個看起來可能會發生錯誤的案例，此處會將 items 變數的參考傳遞給 checklist 函式，此函式會回傳一個物件實字，其中包含一個 API 會操作 items 所參考的值。若當 items 變數改為參考至其他值時，就可能會讓程式發生無法預期的錯誤—todo API 雖然仍是針對 items 所參考的值進行操作，但是此時 items 變數已經參考至不同的值了。

```
var items = ['a', 'b', 'c']
var todo = checklist(items)
todo.check()
console.log(items)
// <- ['b', 'c']
items = ['d', 'e']
todo.check()
console.log(items)
// <- ['d', 'e'], would be ['c'] if items had been constant
function checklist(items) {
  return {
    check: () => items.shift()
  }
}
```

類似的問題可能會難以除錯，因為你可能需要花費一些時間才會發現該變數的參考已經被變更了。利用 const 敘述，可以讓程式在執行期間避免這樣的錯誤情況發生（於嚴格模式下）。此功能的推出讓程式較不容易發生這樣的問題，以方便程式其他問題的解決。

使用 const 敘述的另一個優點，是於閱讀程式時，視覺上可容易地判斷出這些無法被變更參考的變數。看到 const 關鍵字就能夠瞭解，所宣告的變數僅能夠讀取而無法變更；故在理解程式內容時，就會減少一項可能的變因了。

如果我們撰寫程式時，預設對變數以 const 進行宣告，對需要變更內容的變數以 let 進行宣告，那麼所有的變數就都會遵循相同的作用域規則，這會使程式碼較容易被理解推論。const 變數宣告有時會被提出作為「預設」的變數宣告方式，是因為它可作為最低的基礎標準：const 敘述不允許變數重新指派、遵循區塊作用域、在宣告敘述被執行前是無法存取變數所繫結的內容值。

而 let 敘述可允許變數重新指派，但其他特性均與 const 相同，因此若我們所使用的變數運用上會被變更，那麼就應該使用 let 敘述宣告變數。

相對來說，var 敘述則是較為複雜的宣告方式，因為遵循函式作用域規則，使它難以於程式的分支情況下運用。它允許變數重新指派，並且允許在變數宣告前就可以存取該變數。相較於 const 與 let 敘述，並不推薦使用，且在現代的 JavaScript 程式技術已逐漸失去效用。

後續在本書中的程式範例，我們會預設以 const 敘述宣告變數，並以 let 宣告可能進行重新指派的變數。在第 9 章你會學習到更多這種變數宣告的基礎原理。

第三章

類別、符號、物件和修飾器

至目前為止，我們已經探討了語法上基本的精進特徵，接著就可以學習一些其他的附加功能：類別（classes）和符號（symbols）。類別提供了語法以描述原型的繼承，它是基於以類別為基礎的程式設計規範。符號則是 JavaScript 中新創的原生資料型態，就如字串、布林值和數值一般。它們可以被運用於定義一些規範協議，在此章節中我們會深入研究其所代表的意義。當我們瞭解類別和符號後，就可以討論 ES6 中一些 `Object` 物件新增加的靜態方法。

3.1 類別

JavaScript 是一種以原型為基礎（prototype-based）的語言，而類別在原型繼承之上通常視為語法糖，也就是可以更容易地操作使用。原型繼承和類別的差異在於，類別是可以延伸自其他的類別，因此若要將 `Array` 類別的內建方法再進行延伸，這是可行的一但在 ES6 推出之前是非常複雜的。

關鍵字 `class` 的功用就像是一個連接裝置，它可以讓專精其他語言，卻不熟悉原型鍊（prototyp chains）的程式人員，更容易進入 JavaScript 領域。

3.1.1 類別基本元素

當學習新語言的特徵功能時，一個好的方法是先檢視既有的基本組成元素，再瞭解新的特徵功能如何改善原有的使用情境。以下我們將會先從檢視一個簡單的以原型為基礎的 JavaScript 建構子開始，接著將它與 ES6 中新的類別語法進行比較。

下面的程式範例表示一個水果，可以利用一個建構子函式並在原型中加入一系列的方法。建構子函式需要傳遞 name 和 calories 參數，來表示該水果的名稱以及卡路里的總量；建構子中水果切片數量，以 pieces 記錄，預設為 1。而在此處定義了一個 .chop 方法，可將水果切出另外一片；一個 .bite 方法需要傳遞 person 參數，表示一個人吃掉了一片水果，並計算取得的卡路里數量，也就是將水果的剩餘的卡路里數除以剩餘的水果片數。

```
function Fruit(name, calories) {
  this.name = name
  this.calories = calories
  this.pieces = 1
}
Fruit.prototype.chop = function () {
  this.pieces++
}
Fruit.prototype.bite = function (person) {
  if (this.pieces < 1) {
    return
  }
  const calories = this.calories / this.pieces
  person.satiety += calories
  this.calories -= calories
  this.pieces--
}
```

非常簡單的範例，但有幾項要點需注意。這裡我們看到有一個建構子函式，它需要幾個參數，也定義了一些方法和幾項特性。以下的程式碼示範如何建立一個 Fruit 和一個 person，這個人會將水果切為四片並吃掉其中三片。

```
const person = { satiety: 0 }
const apple = new Fruit('apple', 140)
apple.chop()
apple.chop()
apple.chop()
apple.bite(person)
```

```
apple.bite(person)
apple.bite(person)
console.log(person.satiety)
// <- 105
console.log(apple.pieces)
// <- 1
console.log(apple.calories)
// <- 35
```

若是使用 class 語法描述此類別，如下案例所示，constructor 函式被宣告為 Fruit 類別的顯性成員，而接下來的方法描述則遵循物件實字的定義語法。當我們比較 class 語法和以原型為基礎的語法時，你會發現減少許多重複性的樣板程式碼，如 Fruit.prototype 都可以省略了。整個類別的宣告定義都描述於 class 區塊中，也可幫助讀者瞭解這段程式的作用範圍，使類別的目的更為清楚。最後，有一個顯性的建構子函式作為 Fruit 類別的成員函式，比起既有的方式，可讓 class 語法更為明瞭易懂。

```
class Fruit {
  constructor(name, calories) {
    this.name = name
    this.calories = calories
    this.pieces = 1
  }
  chop() {
    this.pieces++
  }
  bite(person) {
    if (this.pieces < 1) {
      return
    }
    const calories = this.calories / this.pieces
    person.satiety += calories
    this.calories -= calories
    this.pieces--
  }
}
```

還有一個你可能未注意到的細節，也就是在 Fruit 類別中各個方法的定義之間並未使用逗號分隔。這並不是編輯排版上遺漏的錯誤，而是 class 語法的一部分。這個物件與類別定義上的差異，可以避免我們描述二者時產生混淆的錯誤，且讓類別語法更適合在未來語法上的改善強化，例如公開（public）和私有（private）的定義。

上述兩個以類別為基礎的程式與以原型為基礎的程式，在功能上均相同；吃水果的動作一點都沒有改變，也就是 Fruit 中的 API 均未變更。在上一個案例情境中，我們建立了一個蘋果，切為多片，並吃掉了大部分的蘋果切片；這些動作行為，若以類別為基礎所定義的 Fruit 類別，也可以達到相同功能。

值得注意的是，類別的宣告是無法提升至最高作用域，與函式宣告不同。這代表的意義是，在編譯器尚未抵達和執行類別的宣告之前，你將無法建立或存取類別。

```
new Person() // ReferenceError：Person 未被定義
class Person {
}
```

除了類別宣告的語法之外，類別也能夠以運算式的方式進行宣告，就像是函式宣告和函式運算式一般。使用 class 運算式時，你也可以省略對它的命名，如下範例所示。

```
const Person = class {
  constructor(name) {
    this.name = name
  }
}
```

類別運算式可以很容易地自函式回傳，能夠以最少的成本建立類別製造工廠。在下面的範例中，我們會在一個箭頭函式中動態地建立一個 JakePerson 類別，箭頭函式需要傳遞一名稱為 name 的參數，並利用 super() 函式將它傳遞至父類別 Person 的建構子中。

```
const createPersonClass = name => class extends Person {
  constructor() {
    super(name)
  }
}
const JakePerson = createPersonClass('Jake')
const jake = new JakePerson()
```

接下來我們將更進一步的瞭解特性和方法，類別的繼承觀念後續會再有更深入的探討。

3.1.2 類別中的特性與方法

值得注意的是，constructor 方法的宣告在 class 的定義中是選用，非絕對必要。以下的程式碼呈現一個有效的 class 宣告，和一個相同名稱的建構子函式，互相比較其中的異同。

```
class Fruit {
}
function Fruit() {
}
```

傳遞至 new Log 的引數可視為 Log 類別建構子函式的參數，如下所示。你可以用這些參數來初始化類別的實體。

```
class Log {
  constructor(...args) {
    console.log(args)
  }
}
new Log('a', 'b', 'c')
// <- ['a' 'b' 'c']
```

下方的範例顯示，在類別的建構子中，可為每一個實體建立和初始化 count 特性。get next 方法的宣告，表示所定義的 Counter 類別的實體，將具有一個名稱為 next 的特性；當存取這個特性時，其值就是呼叫與它同名的方法取得。

```
class Counter {
  constructor(start) {
    this.count = start
  }
  get next() {
    return this.count++
  }
}
```

在此案例中，你可以如下程式碼的方式使用 Counter 類別。每當 .next 特性被存取時，計數器便會增加 1。這樣的運用方式，會比定義 get 特性操作器（property accessor）的函式較佳；且特性操作器需注意不被過度濫用，否則會令人感到困惑。

```
const counter = new Counter(2)
console.log(counter.next)
// <- 2
```

```
console.log(counter.next)
// <- 3
console.log(counter.next)
// <- 4
```

若是與設定器（setter）一同搭配，擷取器便可以作為物件和其下的資料儲存區的橋梁。參考以下範例，我們定義了一個類別，可透過指定的儲存區鍵 key 來儲存和自 localStorage 擷取資料。

```
class LocalStorage {
  constructor(key) {
    this.key = key
  }
  get data() {
    return JSON.parse(localStorage.getItem(this.key))
  }
  set data(data) {
    localStorage.setItem(this.key, JSON.stringify(data))
  }
}
```

接著，你可以運用 localStorage 類別，如下個範例所示。任何指定予 ls.data 的值均會被轉存為 JSON 物件的字串格式，並儲存於 localStorage。後續當需要存取特性時，就利用相同的儲存鍵 key 來擷取出之前所儲存的資料，以 JSON 格式剖析為一個物件並回傳。

```
const ls = new LocalStorage('groceries')
ls.data = ['apples', 'bananas', 'grapes']
console.log(ls.data)
// <- ['apples', 'bananas', 'grapes']
```

除了擷取器（getter）和設定器（setter）之外，也可以定義一些方法，就如稍早我們建立的 Fruit 類別一樣。以下的程式範例，示範建立一個 Person 類別，它會以之前討論過的方式，食用 Fruit 實體。接著，我們會建立一個水果和一個人員的實體，並使人員執行吃水果的動作。最後，人員吃掉了整顆水果，並達到 40 的飽足度。

```
class Person {
  constructor() {
    this.satiety = 0
  }
  eat(fruit) {
    while (fruit.pieces > 0) {
      fruit.bite(this)
    }
  }
```

```
}
const plum = new Fruit('plum', 40)
const person = new Person()
person.eat(plum)
console.log(person.satiety)
// <- 40
```

有時會需要在類別階層加入一些靜態方法，而非在實體階層使用成員方法。在 ES6 之前的語法，實體成員必須明確地加入至原型鍊，而靜態方法必須直接於建構子中定義。

```
function Person() {
  this.hunger = 100
}
Person.prototype.eat = function () {
  this.hunger--
}
Person.isPerson = function (person) {
  return person instanceof Person
}
```

JavaScript 類別可使用 `static` 關鍵字定義靜態方法，如：`Person.isPerson`，就如於方法之前使用 `get` 或 `set` 關鍵字，以描述該方法為擷取器或設定器。

以下範例定義一個 `MathHelper` 類別，其中包含一個靜態方法 `sum`，它會藉由使用 `Array#reduce` 方法，計算所有傳遞至函式中的數值總和。

```
class MathHelper {
  static sum(...numbers) {
    return numbers.reduce((a, b) => a + b)
  }
}
console.log(MathHelper.sum(1, 2, 3, 4, 5))
// <- 15
```

最後值得一提的是，你也可以定義靜態的特性操作器，例如：擷取器或設定器（`static get`、`static set`）。當維護一些類別裡全域的設定狀態、或在單例模式（singleton pattern）下使用類別時，這些特性操作器多少都可以派上用場。當然，或許你還是習慣使用舊的 JavaScript 物件，而非操作這些你未曾使用過、或僅使用過少數幾次的方式來建立類別。無論何種方式，這就是 JavaScript，一種高度彈性的語言。

3.1.3 延伸 JavaScript 類別

你可使用單純的 JavaScript 自 Fruit 類別延伸出新類別，但在閱讀完下面的程式碼後，你會注意到，要宣告一個子類別會涉及到一些艱深的知識，例如：Parent.call(this)，可將參數傳遞至父類別中，以為子類別進行初始化，並將子類別的原型設定為父類別原型的一個實體。你可以在網路上找到一堆有關原型繼承的資訊，在此我們便不會深入探討原型繼承的一些細節原理。

```
function Banana() {
  Fruit.call(this, 'banana', 105)
}
Banana.prototype = Object.create(Fruit.prototype)
Banana.prototype.slice = function () {
  this.pieces = 12
}
```

此程式碼僅有一個地方需要注意，就是 Object.create 只能夠於 ES5 中使用；JavaScript 開發人員為了解決原型繼承的議題，已經發展了許多函式庫提供使用。其中一個例子就是 Node.js 中的 util.inherits，若除去一些舊版支援需使用 Object.create 的因素，這會是較佳的方法。

```
const util = require('util')
function Banana() {
  Fruit.call(this, 'banana', 105)
}
util.inherits(Banana, Fruit)
Banana.prototype.slice = function () {
  this.pieces = 12
}
```

操作 Banana 建構子的方式與操作 Fruit 大致相同，除了香蕉類別具有已事先指定的 name 水果名稱和卡路里總量；且多了一個 slice 方法，可用它將香蕉切為 12 片。以下的程式碼展示一位人員取用香蕉的操作描述。

```
const person = { satiety: 0 }
const banana = new Banana()
banana.slice()
banana.bite(person)
console.log(person.satiety)
// <- 8.75
console.log(banana.pieces)
// <- 11
console.log(banana.calories)
// <- 96.25
```

類別整併了原型繼承，並逐漸被廣泛運用，直到近期出現數種函式庫，嘗試提供更簡化 JavaScript 的原型繼承機制。

`Fruit` 類別也適合使用於繼承。在以下的程式碼，我們建立一個 `Banana` 類別，它延伸自 `Fruit` 類別。在此處，程式語法就可以清楚地表達我們的目的，完全不需瞭解原型繼承的觀念也能夠得到所需要的結果。當我們需要將參數向上傳遞至父類別的 `Fruit` 建構子時，可以利用 `super`。關鍵字 `super` 可用於呼叫父類別的函式，例如：`supre.chop`，並不是只能呼叫父類別的建構子而已。

```
class Banana extends Fruit {
  constructor() {
    super('banana', 105)
  }
  slice() {
    this.pieces = 12
  }
}
```

即便關鍵字 `class` 是靜態的，我們仍然可以在宣告類別時，發揮 JavaScript 極富彈性的特性。任何回傳一個建構子函式的運算式都可以提供給 `extends` 使用。舉例來說，我們可以建立一個建構子函式工廠（constructor function factory），並以它作為基礎類別。

以下程式碼包含一個 `createJuicyFruit` 函式，允許傳入水果的名稱和卡路里數量，並透過呼叫 `super` 傳遞給父類別 `Fruit`。接著，我們會建立一個 `Plum` 類別，它會繼承自中繼的 `JuicyFruit` 類別。

```
const createJuicyFruit = (...params) =>
  class JuicyFruit extends Fruit {
    constructor() {
      this.juice = 0
      super(...params)
    }
    squeeze() {
      if (this.calories <= 0) {
        return
      }
      this.calories -= 10
      this.juice += 3
    }
  }
class Plum extends createJuicyFruit('plum', 30) {
}
```

接下來我們將探討符號（`Symbol`）。它不是一個迭代或流程控制的機制，但學習符號的使用是為了建立迭代規則的重要觀念，這在本章後段會繼續討論。

3.2 符號

符號在 ES6 中是一個新的基礎型別，是 JavaScript 中的第七種資料型別。它是一個獨一無二的資料型別，如字串和數值一樣。符號並沒有一個字面上的表示法，例如：`'text'` 是字串，或 `1` 是數值。符號的目的主要是為了實作一些協議。舉例來說，迭代協議是使用符號去定義物件進行迭代的方法，就如我們將在第 109 頁第 4.2 節「迭代器協議（Iterator Protocol）和可迭代協議（Iterable Protocol）」所討論的。

以下會介紹三種符號類型，分別是：區域符號，利用 `Symbol` 內建的封裝物件建立並藉由儲存其參考，或透過反射（reflection）進行存取；全域符號，利用 API 建立並可於程式碼間分享使用；以及「通用（well-known）」符號，內建於 JavaScript 中並可用以定義內部的語言行為。

我們會分別介紹每一種類型及探究可能運用的情境，那麼就先從區域符號開始學習吧。

3.2.1 區域符號

符號可以利用 `Symbol` 封裝物件建立，在下面的程式碼中，我們建立一個名稱為 `first` 的符號。

```
const first = Symbol()
```

你可以用 `new` 關鍵字於 `Number` 和 `String`，但若用於 `Symbol` 則會拋出 `TypeError` 的錯誤。這是為了避免一些錯誤和令人混淆的行為發生，例如：`new Number(3) !== Number(3)`。以下的程式碼便會拋出錯誤訊息。

```
const oops = new Symbol()
// <- TypeError：Symbol 不是一個建構子
```

為了方便除錯，你可以利用敘述句的方式建立符號。

```
const mystery = Symbol('my symbol')
```

如數值和字串一樣，符號是不可改變的。然而，不像其他的資料型態，符號是具有唯一性的。如下面的程式範例，敘述句並不會影響它的唯一性；以相同的敘述句所建立的符號實際上並不相同，每個符號均是獨一無二的。

```
console.log(Number(3) === Number(3))
// <- true
console.log(Symbol() === Symbol())
// <- false
console.log(Symbol('my symbol') === Symbol('my symbol'))
// <- false
```

符號的型態是 `symbol`，這在 ES6 是新的資料型態。下面的程式碼顯示 `typeof` 如何回傳符號這個新的型態。

```
console.log(typeof Symbol())
// <- 'symbol'
console.log(typeof Symbol('my symbol'))
// <- 'symbol'
```

符號可以作為物件的特性鍵。注意，過去你使用運算取得的特性名稱簡化敘述的方法，利用符號只需要加入一個 `weapon` 符號鍵於 `character` 物件即可達成，如以下範例。為了存取一個符號特性，你會需要一個參考至符號的變數，並用以建立該特性。

```
const weapon = Symbol('weapon')
const character = {
  name: 'Penguin',
  [weapon]: 'umbrella'
}
console.log(character[weapon])
// <- 'umbrella'
```

請記住，若使用傳統自物件擷取鍵的方式，是無法擷取到符號鍵的。下面範例呈現出，不管使用 `for..in`、`Object.keys`、和 `Object.getOwnPropertyNames` 都無法取得符號特性。

```
for (let key in character) {
  console.log(key)
  // <- 'name'
}
console.log(Object.keys(character))
// <- ['name']
console.log(Object.getOwnPropertyNames(character))
// <- ['name']
```

以此層面來看待符號，意味著在 ES6 之前尚未使用符號來撰寫的程式，並不會因為符號的出現而產生無法預期的結果。相同的概念，如下所示，當以 JSON 描述一個物件時，符號特性會被忽略掉。

```
console.log(JSON.stringify(character))
// <- '{"name":"Penguin"}'
```

也就是說，符號無疑地是一個安全的機制可以用來隱藏物件特性。即使當你使用映射或序列化方法時，都不會被符號特性所干擾影響；符號只能夠被以下程式碼所敘述的特定方法，才能夠存取。換句話說，符號並不是不可列舉的，只是隱藏於一般範圍之外。利用 `Object.getOwnPropertySymbols`，我們就可以擷取任何物件的符號特性鍵。

```
console.log(Object.getOwnPropertySymbols(character))
// <- [Symbol(weapon)]
```

至此我們已經介紹完符號的作用原理，那麼該如何使用它呢？

3.2.2 符號的實際案例

符號的使用，可以透過一個函式庫將物件對應至 DOM 元件。例如：建立一個函式庫，它可以將日曆功能的 API 物件與指定的 DOM 元件連結起來。在 ES6 之前，並未有一個清楚的方式可以將 DOM 元件對應至物件；你僅能於 DOM 元件中加入一個特性，並將它指向 API，但是這樣的自訂特性會影響到原有的 DOM 元件結構，故不是一個好的方法。特性鍵在使用上必須謹慎，需注意它不會被其他函式庫所使用，或甚至在未來也不能被語言本身所使用。這就限制了你只能使用陣列查詢表（array lookup table）的方式，記錄著每一對 DOM/API 的配對資訊。然而，這樣的方式在大型的程式可能會較慢，因為陣列查詢表會隨著資料的增多而越來越龐大，造成查詢速度的緩慢。

相反地，若是使用符號，則不會發生此問題。它可以作為一種特性，且不會因為語言在未來所推出的新功能特徵造成程式毀壞，因為它具備唯一性。以下的程式碼顯示如何運用符號將 DOM 元件對應至日曆 API 物件。

```
const cache = Symbol('calendar')
function createCalendar(el) {
  if (cache in el) { // 符號是否存在於元件中？
    return el[cache] // 使用 cache 避免重新初始化
  }
  const api = el[cache] = {
```

```
    // 日曆 API 的內容
  }
  return api
}
```

這裡使用了一個 ES6 內建功能—WeakMap—它可以將物件一對一對應至其他的物件，而不需要使用陣列，或透過物件的標的特性進行查找。比照起陣列查詢表，WeakMap 在執行查詢動作所花費的時間為常數，或 O(1)。在第 5 章我們將會學習 WeakMap 和其他 ES6 的內建功能。

透過符號定義協議

稍早之前，我們曾說過符號的其中一個用途是運用於協議的定義。協議是一種溝通方式的規定，或定義行為規範。某些深奧的術語或規範需要描述定義時，函式庫可以利用符號，繼承函式庫中所定義的溝通規範，並提供給物件使用。

參考以下範例程式碼，此處我們使用一個特別的 toJSON 方法，決定物件是否需用 JSON.stringify 進行資料序列化。如你所見，將 character 物件進行 stringify 操作，會產生物件的序列化版本，並自 toJSON 方法回傳。

```
const character = {
  name: 'Thor',
  toJSON: () => ({
    key: 'value'
  })
}
console.log(JSON.stringify(character))
// <- '"{"key":"value"}"'
```

相反地，如果 toJSON 不是一個函式，而是一個特性或有其他定義，那麼這個 character 物件便會進行序列化，包括 toJSON 特性，如下範例所示。這種不一致性的防護，需依賴標準的常規特性，才能夠正確定義反應的行為動作。

```
const character = {
  name: 'Thor',
  toJSON: true
}
console.log(JSON.stringify(character))
// <- '"{"name":"Thor","toJSON":true}"'
```

較好的方式是將 toJSON 以符號的方式進行實作，因為它不會受到其他的物件鍵值所影響。符號是具有唯一性的，無法被序列化，且唯有清楚明確地使用 Object.getOwnPropertySymbols，才能夠使用它。因此，當需要定義 JSON.stringify 和物件序列化的規則兩者間的互動規則時，這會是較佳的解決方案。參考以下使用符號實作 toJSON 的另一種替代方案，它將定義 stringify 函式的運作行為。

```
const json = Symbol('alternative to toJSON')
const character = {
  name: 'Thor',
  [json]: () => ({
    key: 'value'
  })
}
stringify(character)
function stringify(target) {
  if (json in target) {
    return JSON.stringify(target[json]())
  }
  return JSON.stringify(target)
}
```

使用符號意謂著，我們會需要利用運算取得的特性名稱，以直接在一個物件實字中定義 json 的行為。這也表示此行為將不能夠與其他自訂的特性，或未來各種無法預知的語言新功能特徵產生衝突。另一個特點是，符號 json 仍可提供給 stringify 函式的操作者使用，如此就可以自訂其行為。只要簡單地加上以下一行程式敘述，便可將 json 符號透過 stringify 函式提供使用。如此當符號變更其行為時，也能夠與 stringify 函式同步變更。

```
stringify.as = json
```

藉著提供 stringify 函式使用，stringify.as 符號便也可以提供使用，允許操作者利用自訂的符號微調物件，達成調整行為定義的目的。

當談及以符號描述行為，相較於額外傳遞一個參數至 stringify 函式，其優點在於，第一：額外加入一個函式參數會影響 API 已公開運用的方式，若是於函式內部支援符號的行為定義，便不會影響公開 API 的操作。運用 options 物件為每一個選項定義不同的特性，也可以降低對 API 的影響幅度，但並不是每一個函式呼叫的情境都適合使用 options 物件。

運用符號定義行為的好處，就是當加強自訂物件的行為時，不會影響或變更其他程式碼或邏輯，除了定義符號特性內容值。透過函式內部程式碼的實作改善來優化行為定義。另一個好處是，當新的語言功能推出時，也不會因為無法預期的名稱衝突影響程式運作。

除了區域符號外，還有全域符號註冊，使跨越程式範圍存取使用成為可能，接下來我們來看看該如何操作使用。

3.2.3 全域符號註冊表

程式領域（code realm）的定義，就是任何 JavaScript 的執行環境，例如：應用程式所執行的頁面、頁面裡的 `<iframe>`、透過 `eval` 執行的程式碼、或是任何類型的背景程式工作員（workers）—如：網頁背景程式工作員、服務工作員或共用程式工作員等[1]。每一個執行環境都有屬於它自己的全域物件。舉例來說，定義於頁面 `window` 物件中的全域變數，就無法被 `ServiceWorker` 服務工作員所取用。相反地，若透過全域符號註冊表的機制，就能夠在所有的程式領域中分享，共同使用。

這裡介紹兩種方法，可與執行期間範圍的全域符號註冊表進行互動：`Symbol.for` 和 `Symbol.keyFor`。它們能為我們做些什麼呢？

運用 Symbol.for(key) 取得符號

`Symbol.for(key)` 方法能夠利用 `key` 符號鍵於執行期間範圍（runtime-wide）的全域符號註冊表中進行查詢。如果 `key` 符號鍵所對應的符號存在於全域符號註冊表中，便會回傳該符號；反之，若 `key` 符號鍵不存在對應的符號，則會新建一個符號並加入至符號註冊表中與之對應。這也就是說，`Symbol.for(key)` 是等冪的（idempotent）：它依據所提供的 `key` 符號鍵搜尋對應的符號，如果該符號不存在，則建立一個新的符號，並將該符號回傳。

在以下的程式碼中，第一句敘述呼叫 `Symbol.for` 建立一個符號，以 `'example'` 作為識別名稱，將它加入至註冊表中並回傳。第二句敘述也會回傳相同的符號，因為 `key` 符號鍵已經存在於註冊表中—並且與第一句敘述所回傳的符號相連結。

---

1 工作員（Workers）的定義，是在瀏覽器中執行背景程式工作的一種實作方式。創建者可以透過訊息（messaging）的方式，與其他位於不同執行環境的工作員溝通（*https://mjavascript.com/out/workers*）。

```
const example = Symbol.for('example')
console.log(example === Symbol.for('example'))
// <- true
```

全域符號註冊表藉由 key 符號鍵來掌握符號。值得注意的是，當建立符號並加入至註冊表時，key 符號鍵也可以被作為一種 description，也就是符號的描述。考量這些符號於執行期間階段都具備全域有效範圍，你可能會於符號的鍵值加入字首（prefix），作為你所使用的函式庫或元件的辨識名稱，減少可能發生的名稱衝突。

運用 Symbol.keyFor(symbol) 擷取符號鍵

若給定一個符號 symbol，Symbol.keyFor(symbol) 會回傳該符號於全域符號註冊表中相對應的 key 符號鍵。下面範例顯示我們如何利用 Symbol.keyFor 擷取一個 symbol 符號的 key 符號鍵。

```
const example = Symbol.for('example')
console.log(Symbol.keyFor(example))
// <- 'example'
```

請注意，如果符號並不存在於全域符號註冊表中，那麼此方法便會回傳 undefined。

```
console.log(Symbol.keyFor(Symbol()))
// <- undefined
```

須謹記在心的是，欲於全域符號註冊表中使用區域符號找到對應的符號鍵，這是不可能發生的，即使它們具有相同的描述，因為區域符號並不屬於全域符號註冊表的一部分。可參考以下範例程式碼。

```
const example = Symbol.for('example')
console.log(Symbol.keyFor(Symbol('example')))
// <- undefined
```

至此你已經瞭解如何與全域符號註冊表進行互動的 API 了，接下來我們會討論一些使用上需考量的因素。

最佳實務案例與考量因子

執行期間範圍的註冊表，意味著符號的存取使用可跨越程式領域。全域註冊表在所有的程式領域中，相同的物件都會回傳一樣的參考。在以下的範例中，說明 Symbol.for 的 API 如何在一個頁面和一個 <iframe> 框架中，均回傳相同的符號。

```
const d = document
const frame = d.body.appendChild(d.createElement('iframe'))
const framed = frame.contentWindow
const s1 = window.Symbol.for('example')
const s2 = framed.Symbol.for('example')
console.log(s1 === s2)
// <- true
```

要廣泛地運用符號，需要一些取捨。也就是說，函式庫能夠簡單地將它們所使用的符號提供使用；但相對地，它也可能會在 API 介面中，將區域符號暴露於外界。當符號必須跨越兩個程式碼間分享使用時，使用符號註冊表是明顯有效的。例如：於 ServiceWorker 服務工作員和一個網頁。當你不想為儲存符號和參考困擾時，使用 API 也是非常便利的。你可以直接使用註冊表，因為若提供予相同的 key 符號鍵，是可以保證取得相同的 symbol 符號。請記得，這些符號於執行階段是可分享的；但是如果你使用一些廣泛使用的符號名稱，如 each 或 contains，可能會導致一些非預期的結果發生。

接下來還有另一種符號要介紹：內建的通用符號。

3.2.4 通用符號

到目前為止，我們已經含括了兩種符號建立的方式；以 Symbol 函式建立的符號，和利用 Symbol.for 所建立的符號。第三種也是最後一種符號，稱為通用符號。這是內建於語言之中，而非由 JavaScript 開發人員所建立；並且它可與內部語言的行為掛鉤，讓你可延伸或自訂語言的各層面，這在 ES6 之前是無法達成的。

以下是一個非常好的範例，說明如何利用 Symbol.toPrimitive 通用符號，將語言功能延伸且不需要破壞既有的程式碼。它可以指定給一個函式，使函式可以決定如何將物件轉換為一個基礎型別的值。函式會接收一個名稱為 hint 的參數，內容值可以是 'string'、'number'、或 'default'，指示出期望取得的值所隸屬的基礎型別。

```
const morphling = {
  [Symbol.toPrimitive](hint) {
    if (hint === 'number') {
      return Infinity
    }
    if (hint === 'string') {
      return 'a lot'
    }
```

```
      return '[object Morphling]'
    }
  }
  console.log(+morphling)
  // <- Infinity
  console.log(`That is ${ morphling }!`)
  // <- 'That is a lot!'
  console.log(morphling + ' is powerful')
  // <- '[object Morphling] is powerful'
```

另一個通用符號的範例是 Symbol.match。將 Symbol.match 設定為 false 的正規運算式，會被視為一個字串，以配合 .startsWith、.endsWith 與 .includes 使用。這三個函式是 ES6 中新的字串方法。第一個方法，.startsWith 方法可用於判斷字串是否以所指定的字串起始；第二個方法，.endsWith 方法可判斷字串是否以所指定的字串結束；第三個方法，.includes 方法可判斷字串是否包含所指定的字串，若有則回傳 true。下面的範例說明，Symbol.match 如何用於將字串與正規運算式所描述的字串進行比較。

```
const text = '/an example string/'
const regex = /an example string/
regex[Symbol.match] = false
console.log(text.startsWith(regex))
// <- true
```

若未透過符號變更正規運算式，那麼程式便無法正確運作，因為 .startsWith 方法需要傳入的是一個字串，而非一個正規運算式。

不透過註冊表於程式領域進行分享

通用符號可於程式領域間分享使用，透過以下範例可瞭解，Symbol.iterator 的參考與 <iframe> 視窗中所取得的參考相同。

```
const frame = document.createElement('iframe')
document.body.appendChild(frame)
Symbol.iterator === frame.contentWindow.Symbol.iterator
// <- true
```

請注意，即使通用符號可於程式領域間分享使用，但它們並不存在於全域註冊表中。下面程式碼說明，當我們欲在註冊表中擷取該符號的 key 鍵時，Symbol.iterator 會產生 undefined 的結果，這表示符號並不存在於全域註冊表中。

```
console.log(Symbol.keyFor(Symbol.iterator))
// <- undefined
```

`Symbol.iterator` 也是一個非常好用的通用符號，在一些其他的語言中它都被作為依序迭代的工具；可利用函式定義其行為，並指定予物件中以符號所定義的特性。在下一節的內容，我們會進一步探討 `Symbol.iterator` 的操作細節，並廣泛地將它與迭代器和迭代協議搭配使用。

3.3 物件的內建功能強化

在第 2 章我們已經討論過物件實字的一些語法功能強化項目，此處還有一些 `Object` 物件新推出的內建靜態方法。現在就來看看這些方法可以帶給我們什麼樣的好處與便利吧。

我們已經看過了 `Object.getOwnPropertySymbols`，接下來先探討 `Object.assign`、`Object.is` 與 `Object.setPrototypeOf`。

3.3.1 運用 Object.assign 延伸物件

對組態物件（configuration object）來說，為每個特性均設定預設值是經常需要進行的動作。傳統上，函式庫和完整設計的物件介面都會連帶定義一些合理的預設值，以符合最常使用的操作情境。

舉例來說，一個 Markdown 語言標記函式庫，可以將 Markdown 文字標記轉換為 HTML，只要提供一個 `input` 參數即可。這是最常見的使用案例，剖析 Markdown 語言標記，因此函式庫不需要向使用者要求任何其他的功能選項。然而，函式庫可能還會支援其他不同的功能選項，以調整剖析語言標記的行為。例如，它提供了一個選項可允許剖析 `<script>` 或 `<iframe>` 標籤，或是利用 CSS 將程式碼中的關鍵字進行強調標記的選項。

舉例來說，想像一下你想要提供一系列如下的功能預設值。

```
const defaults = {
  scripts: false,
  iframes: false,
  highlightSyntax: true
}
```

一個可行的方式是使用 defaults 物件，利用解構賦值作為 options 參數的預設值。在這樣的情境中，無論是否需要使用該選項，使用者每次都必須對每一個選項均提供設定值。

```
function md(input, options=defaults) {
}
```

預設值必須和使用者所提供的設定值合併後才可正確運作，此時便是使用 Object.assign 的時機，如下範例所示。我們以一個空的物件 {} 開始一它將會被 Object.assign 變更與回傳一先將預設的設定值複製並加入其中，接著再將所設定的功能選項值加於其上。產生的最終 config 物件將會具備所有的預設值，並含有使用者所提供的設定值。

```
function md(input, options) {
  const config = Object.assign({}, defaults, options)
}
```

瞭解 Object.assign 的目的

使用 Object.assign 函式可以改變它的第一個引數內容。函式的使用方式是 (target, ...sources)。每個來源物件都會套用至目標物件，每個物件與特性逐一套用。

看看以下的使用情境，此處我們並未傳遞一個空物件作為 Object.assign 的第一個引數，而是僅提供 defaults 和 options 物件。如此會將 defaults 物件的內容進行變更，這樣就會失去原本既定的預設值一得到錯誤的內容一在變更物件內容的過程。第一次的內容套用會產生與上一個範例相同的結果，但是在過程中它會將預設值的內容改變，使得後續呼叫 md 函式會產生不同的結果。

```
function md(input, options) {
  const config = Object.assign(defaults, options)
}
```

因此，在使用此函式時，通常每次的使用都會在第一個引數位置提供一個全新的空物件。

對每一個已設定預設值的特性，若使用者提供了指定值，則該指定值會將特性的原預設值覆蓋，下面我們來看看 Object.assign 如何運作。首先，它會取得所傳入的第一個引數，稱為 target 目標物件；接著開始逐次擷取其他傳入的引數，稱為 sources 來源物件。對 sources 來源物件中的每一個物件，它們的特性會逐次指定給 target 目標物件，最後合併的結果會是最右方的物件資料一在此範例中，就是 options 物件一覆寫掉之前所有已指定的值，如下範例所示。

```
const defaults = {
  first: 'first',
  second: 'second'
}
function applyDefaults(options) {
  return Object.assign({}, defaults, options)
}
applyDefaults()
// <- { first: 'first', second: 'second' }
applyDefaults({ third: 3 })
// <- { first: 'first', second: 'second', third: 3 }
applyDefaults({ second: false })
// <- { first: 'first', second: false }
```

在 JavaScript 支援 Object.assign 之前，也有很多種類似的方式可以達成這樣的動作，例如：使用延伸（extend）或指定（assign）的方式。支援了 Object.assign 之後，就可以將這些不同的語言功能整合為單一的方法。

需注意的是，Object.assign 僅會將可列舉的（enumerable）特性視為有效，包含字串和符號的特性。

```
const defaults = {
  [Symbol('currency')]: 'USD'
}
const options = {
  price: '0.99'
}
Object.defineProperty(options, 'name', {
  value: 'Espresso Shot',
  enumerable: false
})
console.log(Object.assign({}, defaults, options))
// <- { [Symbol('currency')]: 'USD', price: '0.99' }
```

然而，Object.assign 無法滿足所有的需求。當大多數的使用者端的自訂方式可以執行更複雜的指定值的動作時，Object.assign 就無法支援遞迴式的物件處理方式。物件的值會直接指定給 target 目標物件的特性，而非以遞迴的方式，依照鍵進行指定。

在下面的範例中，你可能預期 f 特性會被加入至 target.a，並仍然保有 b.c 和 b.d；但實際上，使用 Object.assign 會使 b.c 和 b.d 特性消失不見。

```
Object.assign({}, { a: { b: 'c', d: 'e' } }, { a: { f: 'g' } })
// <- { a: { f: 'g' } }
```

相同的道理，使用陣列也是一樣的結果。如果你期待在 Object.assign 中使用遞迴的行為模式，可參考下面的程式碼；以此方式你便可以在最終的物件中，得到 'd' 位於該陣列中的第三個位置。

```
Object.assign({}, { a: ['b', 'c', 'd'] }, { a: ['e', 'f'] })
// <- { a: ['e', 'f'] }
```

截至撰稿為止，在 ECMAScript 第三階段[2] 已提案可於物件中實作展開（spread）動作，類似 ES6 中將可迭代物件展開至陣列的功能。將物件展開至另一個物件的功能可呼叫 Object.assign 函式。

以下的程式碼，說明將一個物件的特性展開至另一個物件中，並對應比較使用 Object.assign 方式。如你所見，使用物件的展開功能會使程式碼更為簡潔，若有需要的話應優先採用。

```
const grocery = { ...details }
// Object.assign({}, details)
const grocery = { type: 'fruit', ...details }
// Object.assign({ type: 'fruit' }, details)
const grocery = { type: 'fruit', ...details, ...fruit }
// Object.assign({ type: 'fruit' }, details, fruit)
const grocery = { type: 'fruit', ...details, color: 'red' }
// Object.assign({ type: 'fruit' }, details, { color: 'red' })
```

相對於物件展開，提案內容還包含了物件其餘特性（object rest properties），使用的方式類似陣列其餘的描述方式。當需要解構一個物件時，我們可以使用物件的其餘特性。

---

2 在 GitHub 中有提供提案的草稿（*https://mjavascript.com/out/proposal-promise-finally*）。

下面範例說明，如何發揮物件的其餘特性取得一個物件，其中包含我們未於參數串列中清楚指定的特性。請注意，物件其餘特性必須置於解構的最後一個參數位置，就如同陣列其餘的描述方式。

```
const getUnknownProperties = ({ name, type, ...unknown }) =>
  unknown
getUnknownProperties({
  name: 'Carrot',
  type: 'vegetable',
  color: 'orange'
})
// <- { color: 'orange' }
```

當需要在變數宣告的敘述中進行物件解構，我們也可以採取類似的方法。在以下的範例中，未被清楚指定解構的特性均會置於 `meta` 物件中。

```
const { name, type, ...meta } = {
  name: 'Carrot',
  type: 'vegetable',
  color: 'orange'
}
// <- name = 'Carrot'
// <- type = 'vegetable'
// <- meta = { color: 'orange' }
```

在第 9 章我們會針對物件的其餘運算有更深入的討論。

3.3.2 運用 Object.is 比較兩物件

要比較兩物件，使用 `Object.is` 方法與使用嚴格比較運算子 `===` 有些不同。在大部分的情況，`Object.is(a,b)` 和 `a === b` 是相同的；只有在兩種案例下會不同：`NaN` 案例，和 `-0` 與 `+0` 案例。它的演算法需參考至 ECMAScript 規格所定義的 `SameValue` 值。

當 `NaN` 與 `NaN` 進行比較時，嚴格運算子會回傳 `false`，因為 `NaN` 並不會等於它自己。然而，在這個特殊案例，`Object.is` 會回傳 `true`。

```
NaN === NaN
// <- false
Object.is(NaN, NaN)
// <- true
```

類似情況，當 `-0` 與 `+0` 以嚴格運算子 `===` 進行比較，會回傳結果值 `true`；但 `Object.is` 則回傳 `false`。

```
-0 === +0
// <- true
Object.is(-0, +0)
// <- false
```

這些差異性可能看起來不重要，但是當需要處理 `NaN` 時總是相當惱人，因為它本身特殊的性質，例如：`typeof NaN` 為 `'number'`，且與自己比較所取得的結果為不相等。

3.3.3 Object.setPrototypeOf

`Object.setPrototypeOf` 方法的功能就如其名稱所描述：設定物件的原型（prototype）參考至另一個物件。相對於使用傳統的 `__proto__`，利用此方式設定物件的原型是較好的方法。

在 ES5 中，我們可以使用 `Object.create` 建立物件，它能夠基於任何傳入至 `Object.create` 的原型以建立一個物件，如下範例所示。

```
const baseCat = { type: 'cat', legs: 4 }
const cat = Object.create(baseCat)
cat.name = 'Milanesita'
```

然而，`Object.create` 方法僅能使用於建立一個新物件。相較之下，`Object.setPrototypeOf` 可以用來改變一個既有物件的原型，如以下範例：

```
const baseCat = { type: 'cat', legs: 4 }
const cat = Object.setPrototypeOf(
  { name: 'Milanesita' },
  baseCat
)
```

注意，當使用 `Object.setPrototypeOf` 時，相對於使用 `Object.create`，執行效率較差；因此在你決定全面在程式碼中使用 `Object.setPrototypeOf` 之前，還是需要考量功能實作的各項細節。

執行效能議題

使用 `Object.setPrototypeOf` 變更物件的原型是一件耗費效能的操作。以下是 Mozilla 開發人員群組中，文件記錄有關此操作的評論：

> 不管在哪一個瀏覽器和 JavaScript 引擎，按照目前 JavaScript 引擎對特性存取的優化原則，變更一個物件的原型會是一個非常耗時的操作。變更繼承對效能的影響是廣泛且細微的，且並不僅只於 `obj.__proto__ = …` 敘述句，影響性還可能延伸至程式碼中有存取到原型變更物件的敘述。如果你需要考量執行效能，應該盡量避免設定物件的原型。取而代之，應使用 `Object.create()` 建立一個新物件並設定所需要的物件原型。
>
> —Mozilla 開發人員群組（Mozilla Developer Network）

3.4 修飾器

修飾器，如程式語言中大部分的原則，它並不是一個新的概念。這個功能在現代的程式語言相當常見：在 C# 中的 *attributes*、Java 中的 *annotations*、Python 中的 *decorators* 等等。而 JavaScript 的修飾器功能提案正在進行中[3]，目前正處於第二階段的 TC39 流程。

3.4.1 初談 JavaScript 修飾器

JavaScript 修飾器的語法與 Python 非常相似。它也可以運用於類別和靜態特性的定義，例如：在物件實字中，或在 `class` 宣告裡的特性定義—不管是 `get` 特性操作器、`set` 特性操作器、或 `static` 特性。

在提案中定義修飾器的語法為以 `@` 符號起始，並跟著一連串以句號連接的識別名稱[4]，和一個非必要的引數串列。以下是一些參考範例：

3 在 GitHub 中有提供提案的草稿（*https://mjavascript.com/out/decorators*）。

4 修飾器透過 [ ] 方括號標示來存取特性是不允許的，因為在編譯的階段會造成一些語義不清的問題。

- `@decorators.frozen` 是有效的修飾器
- `@decorators.frozen(true)` 是有效的修飾器
- `@decorators().frozen()` 語法錯誤
- `@decorators['frozen']` 語法錯誤

在 `class` 類別宣告和類別成員宣告處，可選擇加入多個修飾器，或不加入亦可。

```
@inanimate
class Car {}

@expensive
@speed('fast')
class Lamborghini extends Car {}

class View {
  @throttle(200) // 最多每隔 200ms 便會呼叫 reconcile 一次
  reconcile() {}
}
```

修飾器是以函式的方式實作。成員修飾器函式（member decorator functions）需要傳入一個成員描述器（member descriptor），並回傳一個成員描述器。成員描述器與特性描述器（property descriptors）類似，但外觀上看起來不同。

以下的程式碼是一個成員描述器介面，如修飾器提案的定義。`finisher` 是一個非必要的函式，它會接收類別的建構子，讓我們可以執行該類別中需利用修飾特性的操作。

```
interface MemberDescriptor {
  kind: "Property"
  key: string,
  isStatic: boolean,
  descriptor: PropertyDescriptor,
  extras?: MemberDescriptor[]
  finisher?: (constructor): void;
}
```

下面的範例中，我們定義了一個 `readonly` 的成員修飾器函式，它會設定修飾的成員特性為不可變更。藉由使用物件其餘參數和物件展開的便利性，我們可將特性描述器設定為唯讀且不影響其他的成員描述器的設定。

```
function readonly({ descriptor, ...rest }) {
  return {
    ...rest,
    descriptor: {
      ...descriptor,
      writable: false
    }
  }
}
```

下方的類別修飾器函式需要傳遞一個參數 `ctor`，它是一個修飾類別建構子；而 `heritage` 參數，包含著它的父類別，如果該類別是繼承自其他類別；`members` 是一個陣列，包含一系列的該修飾類別的成員描述器。

我們可以實作一個類別範圍的 `readonlyMembers` 修飾器，藉由重複使用上述的 `readonly` 成員修飾器於修飾類別中的每一個成員描述器上，如下程式碼所示。

```
function readonlyMembers(ctor, heritage, members) {
  return members.map(member => readonly(member))
}
```

3.4.2 修飾器堆疊和不可變更性的警示

在各項唯讀與否的繁雜設定，你可能會想要自你的修飾器回傳一個新的特性描述器，而不需要變更原始的描述器。即便設計上非常的小心，仍會造成無法預期的影響，因為它可能會對相同的 `class` 類別或類別成員多次進行修飾。

如果在程式碼中有修飾器回傳了一個完全新的 `descriptor` 修飾器，而不是該函式所接收的 `descriptor` 修飾器，那麼在這個全新的修飾器回傳之前，就已經會失去所有的修飾功能了。

因此我們必須將所提供的 `descriptor` 修飾器非常小心的處理，一般通常會基於所傳入的原始修飾器，再建立一個新的進行調整。

3.4.3 使用案例：C# 的 Attributes

我開始接觸到 C# 語言，是因為很久以前的 Ultima Online[5] 遊戲的伺服器模擬器是以開放原始碼的 C# 撰寫的—RunUO。RunUO 是我曾使用過最好的程式基礎架構之一，它是以 C# 語言發展的。

它們將伺服器軟體分散儲存，包含一系列的可執行檔和 `.cs` 檔案。`runuo` 執行檔會於執行期間將這些 `.cs` 程式碼進行編譯，並動態地加入至應用程式中。這些動作不需要使用像 Visual Studio 這類的 IDE 工具（也不需要 `msbuild`），只需要足夠的程式撰寫知識來編輯這些 `.cs` 程式「腳本」檔案。上述的這些特性，使得 RunUO 對新進的程式開發人員來說，是一個非常友善的學習環境。

RunUO 非常仰賴反射（reflection）技術。RunUO 的開發人員花費許多心力，讓不熟悉程式設計的玩家也能夠自訂遊戲，但無疑地需要對遊戲的細節設定變更感興趣；例如：飛龍的火焰所造成的損害值、或火球發射的頻率。友善的開發人員體驗是該團隊的宗旨之一，且使用者可以輕易地建立新的 `Dragon` 飛龍類型，藉由簡單的複製怪獸的檔案、繼承 `Dragon` 類別、覆寫一些特性以設定牠的顏色、攻擊力等等。

就如開發團隊所設計的非常友善的怪獸建立機制—或「非玩家角色」（遊戲術語為 *NPC*）—他們也非常依賴使用反射來提供功能予遊戲中的管理員。管理員能夠執行一些遊戲中的指令，和點選物品或怪獸以顯示或變更各項屬性，且不需要離開遊戲。

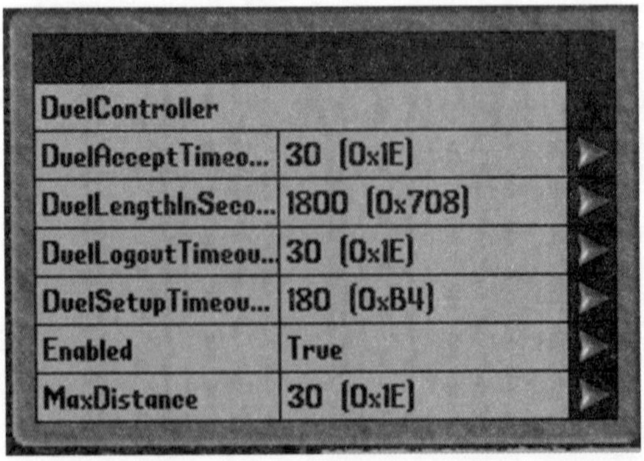

DuelController	
DuelAcceptTimeo...	30 (0x1E)
DuelLengthInSeco...	1800 (0x708)
DuelLogoutTimeou...	30 (0x1E)
DuelSetupTimeou...	180 (0xB4)
Enabled	True
MaxDistance	30 (0x1E)

圖 3-1　自 Ultima Online 的客戶端程式於遊戲中調整 RunUO 物品的各項屬性

5　Ultima Online 是一個數十年前，以 Ultima 宇宙為背景的幻想角色扮演遊戲。

並非所有在類別中的特性都可允許在遊戲中存取，一些特性只提供程式內部使用，而不允許在執行階段變更。RunUO 有一個 CommandPropertyAttribute 修飾器[6]，它定義了屬性是否可於遊戲中變更，和讓使用者指定是否可讀寫。這個修飾器也在整個 RunUO 程式基礎架構中廣泛地運用[7]。

PlayerMobile 類別，負責管理一個玩家的角色，可以方便的瀏覽角色的屬性。PlayerMobile 有多項特性可讓遊戲管理員和主席於遊戲中存取使用[8]。以下列出一些擷取器和設定器，但只有第一個具有 CommandProperty 屬性—使得特性可於遊戲裡的「Game Masters」中存取。

```
[CommandProperty(AccessLevel.GameMaster)]
public int Profession
{
  get{ return m_Profession }
  set{ m_Profession = value }
}

public int StepsTaken
{
  get{ return m_StepsTaken }
  set{ m_StepsTaken = value }
}
```

C# 的屬性（attributes）和 JavaScript 的修飾器（decorators）之間有一個有趣的差異點，就是 C# 中的反射可允許我們自物件中透過 MemberInfo#getCustomAttributes 取得所有自訂的屬性。RunUO 將此功能發揮出效果，可以將所有可於遊戲中存取的特性均擷取出來，使得在呈現的屬性列表中，遊戲管理員可以檢視和修改各項遊戲中的物件特性。

6 RunUO 的 Git 貯存庫中有 CommandPropertyAttribute 的定義（*https://mjavascript.com/out/runuo-attributes*）。

7 它在整個程式基礎架構中都被大量使用，單就 RunUO 的核心程式就記錄了超過 200 項特性（*https://mjavascript.com/out/runuo-commandprops*）。

8 你可以在 PlayerMobile.cs 類別中找到一些 CommandProperty 屬性的使用範例（*https://mjavascript.com/out/runuo-playermobile*）。

3.4.4 於 JavaScript 中標記特性

在 JavaScript 中，並沒有一項機制—在既定的提案草稿中也沒有—於一項特性中取得自訂的屬性。但 JavaScript 是一個高度彈性的語言，且建立這類的「標籤（labels）」並不至於太困難。將 Dog 類別加入一個「指令特性（command property）」進行修飾，並不會與 RunUO 和 C# 有太大差異。

```
class Dog {
  @commandProperty('game-master')
  name;
}
```

commandProperty 函式比起 C# 會稍微複雜一些。在 JavaScript 修飾器沒有反射[9]的情況下，我們可以使用執行期間件用域的符號，於陣列中記錄所有指定類別的指令特性。

```
function commandProperty(writeLevel, readLevel = writeLevel) {
  return ({ key, ...rest }) => ({
    key,
    ...rest,
    finisher(ctor) {
      const symbol = Symbol.for('commandProperties')
      const commandPropertyDescriptor = {
        key,
        readLevel,
        writeLevel
      }
      if (!ctor[symbol]) {
        ctor[symbol] = []
      }
      ctor[symbol].push(commandPropertyDescriptor)
    }
  })
}
```

Dog 類別可以依我們需要，不計數量的擁有指令特性，且每一個均可於符號特性中列出。對指定的類別要找出指令特性，我們所需要做的就是使用下列的函式，並於方括號 [] 中提供預設值。習慣上，我們總是回傳原始串列的副本，以避免使用者不小心將原始的資料變更，影響程式功能。

9 JavaScript 修飾器的反射機制目前為止並未被採納，因為它牽涉到語言引擎於記憶體中保存資料定義的層面。然而，我們還是可以使用符號和串列來取代反射的功能。

```
function getCommandProperties(ctor) {
  const symbol = Symbol.for('commandProperties')
  const properties = ctor[symbol] || []
  return [...properties]
}
getCommandProperties(Dog)
// <- [{ key: 'name', readLevel: 'game-master',
// writeLevel: 'game-master' }]
```

接著，我們便可以巡訪每個已知的指令特性，並在執行期間透過一個簡單的操作介面，對這些特性進行變更。為避免總是維護一個冗長的特性列表，可以嘗試隨著時間僅記錄目前需使用的特性，或使用某種限制性的命名規範以便於擷取；在某些特殊案例需標記特性的情境，使用修飾器實作是一種最完善的方法。

在下一章我們會看到更多 ES6 的特徵功能，並瞭解如何運用這些特徵功能巡訪 JavaScript 物件，也同時學習如何使用 Promises 和產生器控制程式流程。

```
function getCommandProperties(ctor) {
  const symbol = Symbol.for('commandProperties');
  const properties = ctor[symbol] || [];
  return [...properties];
}

getCommandProperties(Sql);
// [ { name: 'name', ... 'master' ... },
// ... ]
```

[illegible]

[illegible]

第四章

迭代和流程控制

在第 2 章已經含括了 ES6 各項必要的功能面向，以及第 3 章的符號；現在我們已具備足夠的知識來瞭解承諾（promises）、迭代器（iterators）、和產生器（generatos）。承諾提供了一個不同的方法來撰寫非同步程式；迭代器則定義物件迭代的方式，產生一系列的值並逐次進行迭代；產生器則以序列化的方式撰寫程式，但以非同步的方式於背景運作，在本章的尾端將會進行討論。

本章一開始會先聚焦於承諾的討論。承諾的機制已存在使用者端許久，但自 ES6 開始將內建為語言的一部分。（譯註：Promise 一詞後續均以原文表示，較易閱讀理解）

4.1 Promise

Promise 可大略定義為「一個等待回傳值的代理器」。當我們在 Promise 中撰寫非同步程式時，以 Promise 為基礎的程式會按照嚴格的非同步運作流程執行。利用 Promise 可以使非同步的流程較容易理解與推論——一旦你融會貫通 Promise 的機制。

4.1.1 開始學習 Promise

參考以下範例，我們來看看瀏覽器所支援的新的 fetch API。這個 API 是一個簡化版的 XMLHttpRequest，旨在提供使用者一個非常簡單的方式來處理經常使用的案例：也就是以 HTTP 資源發送 GET 請求。它還有提供了一個延伸的 API 可以滿足進階的使用情境，但這不在我們目前的討論範圍中。它基本的使用方式，可建立一個 GET /items 的 HTTP 請求，只要使用如下的程式指令即可達成。

```
fetch('/items')
```

只看這個 fetch('/items') 敘述句似乎還不過癮，它會對 /items 建立一個「開始並遺忘」的 GET 請求，這代表不管所送出的請求是否成功，你可以忽略回覆並繼續向下執行。fetch 方法會回傳一個 Promise 物件。你可以於該 Promise 物件利用 .then 方法鏈結一個回呼函式，當 /items 資源完成載入並接收到 response 物件，便會執行指定的回呼函式。

```
fetch('/items').then(response => {
  // 執行某些動作
})
```

以下的程式碼展示以 Promise 為基礎的 API，利用它便可以將 fetch 於瀏覽器端完整實際地實作。呼叫 fetch 函式會取得一個 Promise 物件，就如事件一般，你可以利用 .then 和 .catch 方法，將該情境下應進行的動作進行繫結。

```
const p = fetch('/items')
p.then(res => {
  // 處理回應
})
p.catch(err => {
  // 處理錯誤
})
```

在 .then 區塊中的動作，是用以處理 Promise 請求完成後的情況，它在完成後會提供一個履行完畢的值；而 .catch 區塊中的動作，是用以處理請求錯誤的情況，它會提供一個錯誤的原因 reason，可讓你瞭解詳細的錯誤細節並加以處理。你也可以將錯誤的捕捉與處理置於 .then 區塊中，那麼上述的程式碼則改寫如下。

```
const p = fetch('/items')
p.then(
  res => {
    // 處理回應
  },
  err => {
    // 處理錯誤
  }
)
```

另一種替代方案，是忽略對 `.then(fulfillment, rejection)` 的處理，這會與呼叫 `.then` 時，發生請求被拒絕的狀況但忽略不處理的情形類似。`.then(null, rejection)` 與 `.catch(rejection)` 在使用上有相同的效果，如以下範例所示。

```
const p = fetch('/items')
p.then(res => {
  // 處理回應
})
p.then(null, err => {
  // 處理錯誤
})
```

以 Promise 作為回呼函式與事件的替代方案

傳統上，JavaScript 較為仰賴回呼函式，而非 Promise 和鏈結（chaining）。如果 `fetch` 函式需要一個回呼函式，那麼你則須加入一個函式，且此函式在 `fetch` 執行完畢後必定會被執行。在 Node.js 中，典型的非同步程式流程慣例，會將回呼函式的的第一個參數保留給錯誤物件使用—即使錯誤不一定會發生—在執行 `fetch` 的流程中，其餘的參數便可用以擷取非同步操作的結果。最常被使用的，是單一個資料參數的狀況。下面的程式碼示範，若 `fetch` 具有一個回呼函式 API，它應如何被操作使用。

```
fetch('/items', (err, res) => {
  if (err) {
    // 處理錯誤
  } else {
    // 處理回應
  }
})
```

在 /items 資源取得之後，回呼函式才會被執行；或是 fetch 操作發生錯誤時。指令仍然為非同步執行且非阻塞式（nonblocking）。注意，在這個模型下，你只能夠指定一個回呼函式，而此函式需負責處理所有的回覆情況；且仰賴使用者建立一種機制，可將各種不同面向的回應處理整合於一個單一的回呼函式中。

除了傳統的回呼函式之外，另一種 API 設計可選擇使用事件驅動的模型。在此情境下，自 fetch 回傳的物件必須能夠為不同種類的事件註冊回呼函式，為各種事件盡可能地繫結對應的事件處理器—就如將事件監聽器繫結至瀏覽器的 DOM 物件上。基本上，當運作發生問題時，便會喚起 error 事件；且當其他可被偵測到的錯誤也發生時，對應的事件也會被喚醒。在下面的程式碼，可說明當 fetch 函式具有以事件為基礎的 API 時，程式的撰寫方式也會不同。

```
fetch('/items')
  .on('error', err => {
    // 處理錯誤
  })
  .on('data', res => {
    // 處理回應
})
```

對每一種事件類別繫結多個事件監聽器，可去除稍早前我們所討論於單一回呼函式集中處理所有的回應的議題。然而，這也讓事件難以鏈結回呼函式，且當另一個非同步工作完成也會讓事件觸發；而這也就是 Promise 可以協助之處。除此之外，事件較適合用於一連串的值的處理，使得它在某些特殊的情況下不適合使用。在第 304 頁第 9.7 節「非同步程式流程」，會更深入的探討非同步程式流程的設計細節，並說明建構子類型與程式流程類型之間的關係。

當談到 Promise 物件時，鏈結常會是一個頭痛的問題。在以事件為基礎的 API 中，藉由 .on 方法的使用，可與事件處理器鏈結，並接著回到事件本體。但 Promise 則不同，.then 和 .catch 方法每次均會回傳一個新的 Promise 物件。這個觀念是很重要的，因為依據所鏈結的方法是 .then 或 .catch，鏈結會產生完全不同的結果。

視覺化 Promise 鏈結：理解常見的觀念混淆問題

`.then` 和 `.catch` 方法每次均會回傳一個新的 Promise 物件，因此會建立了一個類似樹的資料結構。如果你具有名稱為 `p1` 的 Promise 物件，以及 `p1.then` 所回傳的 `p2` 物件，那麼可將 `p1` 和 `p2` 視為連接至 `p1.then` 回應處理器的節點。這樣的回應處理器會建立新的 Promise，並連接至樹結構中，作為它回應的 Promise 節點的子節點。

當鏈結 Promise 物件時，我們必須瞭解 `p1.then(r1).then(r2)` 會建立兩個新的 `p2` 和 `p3` 的 Promise 物件；第二個回應處理，`r2`，會於 `p2` 完成後被啟動；而 `r1` 則是於 `p1` 完成後啟動。若是我們的敘述是以 `p1.then(r1); p1.then(r2)` 的方式撰寫，那麼當 `p1` 完成時，`r1` 與 `r2` 均會啟動執行。比較上述兩情境，當 `p1` 完成而 `p2` 尚未完成時，就會發生不一致的狀況了。

釐清 Promise 物件的類樹狀結構的本質，是更進一步理解 Promise 物件運作的關鍵點。最後，我建立了一個線上的工具，稱為 Promisees（*https://mjavascript.com/out/promisees*），你可以使用它來將所撰寫的 Promise 鏈結轉換為其所代表的樹狀結構圖，如圖 4-1 所示。

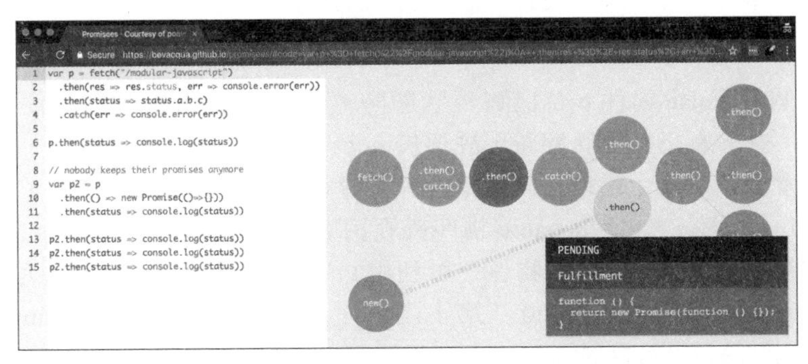

圖 4-1　Promisees 可允許你撰寫程式碼並轉換為對應的視覺化樹狀圖，它會隨著 Promise 的狀態為完成或拒絕而展開

要建立一個 Promise 物件，需要傳遞一個解析器（resolver）至 `Promise` 建構子中，解析器可決定該 Promise 如何與何時完成確認（settled）；它會藉由呼叫 `resolve` 方法將 Promise 物件確認為已實現狀態（fulfillment）；或是呼叫 `reject` 方法將 Promise 物件確認為已拒絕狀態（rejection）。在這兩個函式之一被呼叫之前，它會處於一個暫停（pending）的狀態，且所有與之繫結的回應都不會被執行。以下的程式碼將示範如何從頭開始建立一個 Promise 物件，但會先以亂數的方式將 Promise 物件確認為已實現或已拒絕的狀態。

```
new Promise(function (resolve, reject) {
  setTimeout(function () {
    if (Math.random() > 0.5) {
      resolve('random success')
    } else {
      reject(new Error('random failure'))
    }
  }, 1000)
})
```

Promise 物件也可以利用 `Promise.resolve` 和 `Promise.reject` 建立。用這些方法建立 Promise 物件，可立即確認具有一個實現值（fulfillment value），或是具有一個拒絕原因的物件。

```
Promise
  .resolve({ result: 123 })
  .then(data => console.log(data.result))
// <- 123
```

當一個 Promise 物件 `p` 為已實現狀態時，註冊於 `p.then` 的回應便會被執行；當 `p` 為已拒絕狀態時，註冊於 `p.catch` 的回應便會被執行。這些回應會依順序產生三種不同的情況，根據它們的回傳值為一個值、一個 `Promise` 物件、一個 thenable 物件或利用 `throw` 拋出錯誤。*Thenables* 物件被視為是類 Promise 的物件，可利用 `Promise.resolve` 將它轉換為一個 `Promise` 物件。於第 100 頁第 4.1.3 節「從頭開始建立一個 Promise」中，我們將會進行探討。

一個回應可能會回傳一個值，它藉由 `.then` 回傳一已實現的 Promise 物件並附帶一實現值。在此狀況下，Promise 物件可以被鏈結，以將上一個 Promise 物件的實現值進行轉換，依此類推反覆進行，如下面程式碼所示。

```
Promise
  .resolve(2)
  .then(x => x * 7)
  .then(x => x - 3)
  .then(x => console.log(x))
// <- 11
```

一個回應也會回傳一個 Promise 物件，對比上一個範例程式，下面的程式碼等待呼叫第一個 .then 所回傳的物件，須至它的回應已實現後，才能夠取得；因為 setTimeout 的函式呼叫，大約需要兩秒鐘後才會確認為已實現的狀態。

```
Promise
  .resolve(2)
  .then(x => new Promise(function (resolve) {
    setTimeout(() => resolve(x * 1000), x * 1000)
  }))
  .then(x => console.log(x))
// <- 2000
```

一個回應也可能以 throw 拋出錯誤，它會使 .then 所回傳的 Promise 物件成為已拒絕狀態，並接著進入 .catch 的分支區塊，以 error 物件作為拒絕的原因。以下程式範例展示如何於 fetch 操作加上一個已實現的回應；當 fetch 為已實現狀態時，在回應中會拋出一個錯誤，並產生一個已拒絕的回應，繫結於執行 .then 後所回傳的 Promise 物件上。

```
const p = fetch('/items')
  .then(res => { throw new Error('unexpectedly') })
  .catch(err => console.error(err))
```

在接下來的內容，讓我們先緩下腳步，多看看幾個特別案例。

4.1.2 Promise 物件的再開始和鏈結

在上一節的內容，我們已經瞭解在 Promise 物件是可以鏈結任意數量的 .then 方法，且每一個呼叫都會回傳新的 Promise 物件。但，這到底是如何進行的呢？如何正確建立 Promise 觀念？當錯誤發生時會有什麼結果？

當在 Promise 的解析器中發生了錯誤時，可利用 p.catch 捕捉到錯誤，如下方範例。

```
new Promise((resolve, reject) => reject(new Error('oops')))
  .catch(err => console.error(err))
```

當 Promise 的解析器呼叫了 reject 後，便會確認成為已拒絕狀態；但是若在解析器中有拋出錯誤時，也會進入已拒絕狀態，如下範例所示。

```
new Promise((resolve, reject) => { throw new Error('oops') })
  .catch(err => console.error(err))
```

當執行一個已實現或已拒絕的回應時發生了錯誤，也會有相同的行為：會自 .then 中回傳一個已拒絕的 Promise 物件，或自發生錯誤進入 .catch 方法後回傳。看完以下的程式範例應會較容易瞭解。

```
Promise
  .resolve(2)
  .then(x => { throw new Error('failed') })
  .catch(err => console.error(err))
```

將一連串的鏈結方法拆解為多個變數說明，會較容易理解其觀念，如下方程式碼所示。這段程式可幫助你視覺化以下觀念：若將 .catch 回應繫結至 p1，你就不需要於 .then 回應中捕捉可能發生的錯誤。當 p1 已確認實現時，p2—不同於 p1 的 Promise 物件，回傳自 p1.then—因拋出錯誤故成為已拒絕狀態；而繫結於 p2 的已拒絕的回應，則會捕捉到所拋出的錯誤。

```
const p1 = Promise.resolve(2)
const p2 = p1.then(x => { throw new Error('failed') })
const p3 = p2.catch(err => console.error(err))
```

此處另一種情境可協助你以類樹狀的資料結構去思考 Promise 概念。透過圖 4-2 的呈現，可以很清楚地瞭解若在 p2 節點發生了錯誤，繫結於 p1 節點上的已拒絕狀態的回應是不會捕捉到的。

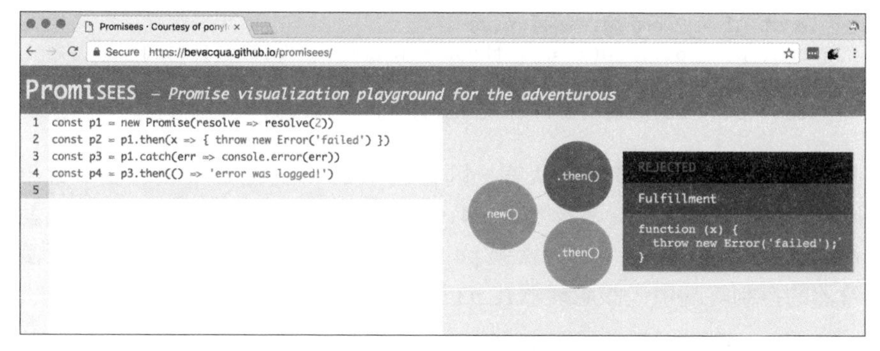

圖 4-2　透過對 Promise 樹狀結構的理解，可得知已拒絕的回應只能夠捕捉到來自於相同分支的 Promise 物件的錯誤

為了針對 p2 的已拒絕狀態進行回應，我們將回應調整至繫結於 p2 上，如圖 4-3 所呈現。

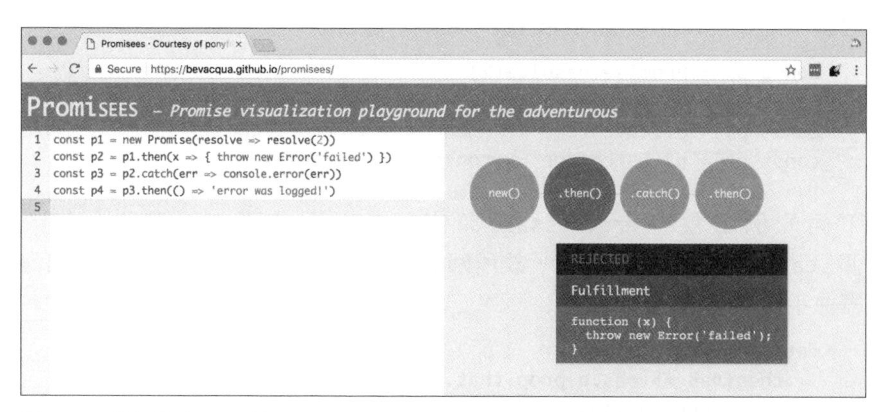

圖 4-3　將拒絕處理器繫結於錯誤發生之處，便可以針對拒絕狀態進行處理

我們已經瞭解，將回應繫結於正確的 Promise 物件上是很重要的，因為它會影響到是否可正確地捕捉到所發生的錯誤。值得注意的是，只要是在 Promise 物件鏈結上有未捕捉到的錯誤，拒絕處理器都可以捕捉到。在以下的例子中，我們在 p2 和 p4 中間插入了一個 .then 呼叫；p2 是錯誤發生之處，p4 是繫結拒絕處理器的位置。當 p2 確認為已拒絕時，p3 便也確認為已拒絕狀態，因為它直接與 p2 的結果相關連；當 p3 為已拒絕時，在 p4 的拒絕處理器便會啟動。

```
const p1 = Promise.resolve(2)
const p2 = p1.then(x => { throw new Error('failed') })
const p3 = p2.then(x => x * 2)
const p4 = p3.catch(err => console.error(err))
```

基本上，p4 會是已實現的狀態，因為在 .catch 的拒絕處理器並不會再產生其他錯誤。這表示若加入 p4.then 的實現處理器，便一定會被執行。以下的範例說明，如何透過 p4 的實現處理器，將文字敘述輸出至瀏覽器的控制終端中，該處理器在 p3 確認為已實現的狀態後便會執行。

```
const p1 = Promise.resolve(2)
const p2 = p1.then(x => { throw new Error('failed') })
const p3 = p2.catch(err => console.error(err))
const p4 = p3.then(() => console.log('crisis averted'))
```

同理，如果在 p3 的拒絕處理器中發生錯誤，我們也可利用 .catch 捕捉到該錯誤。下面的程式碼說明如何使用 p3.catch 捕捉到自 p3 所拋出的錯誤，就像是在前幾個捕捉錯誤的範例一樣。

```
const p1 = Promise.resolve(2)
const p2 = p1.then(x => { throw new Error('failed') })
const p3 = p2.catch(err => { throw new Error('oops') })
const p4 = p3.catch(err => console.error(err))
```

下面的例子會將 err.message 印出一次，而非兩次；因為在第一個 .catch 中並未發生錯誤，故所回傳的 Promise 物件其繫結的拒絕處理器並不會被執行。

```
fetch('/items')
  .then(res => res.a.prop.that.does.not.exist)
  .catch(err => console.error(err.message))
  .catch(err => console.error(err.message))
// <- 'Cannot read property "prop" of undefined'
```

相反的，下方的例子則會將 err.message 印出兩次；程式會先儲存 .then 所回傳的 Promise 物件的參考，接著將兩個 .catch 繫結於物件上；在上一個範例中，第二個 .catch 會處理第一個 .catch 所回傳的 Promise 物件拋出的錯誤；但在此範例中，這兩個拒絕處理器都會處理 p 所拋出的錯誤。

```
const p = fetch('/items').then(res =>
  res.a.prop.that.does.not.exist
)
```

```
p.catch(err => console.error(err.message))
p.catch(err => console.error(err.message))
// <- 'Cannot read property "prop" of undefined'
// <- 'Cannot read property "prop" of undefined'
```

所以，Promise 物件是能夠任意地鏈結方法；就如前面我們所看到的例子，在 Promise 物件的方法鏈結中，可於任何的位置儲存 Promise 物件的參考，並於該物件上附加產生更多的 Promise 物件。這是一個瞭解 Promise 運作的重要觀念。

下面的範例列出事件啟動的順序，自 Promise 物件的建立和鏈結，讓我們一起看看以下的程式碼。

```
const p1 = fetch('/items')
const p2 = p1.then(res => res.a.prop.that.does.not.exist)
const p3 = p2.catch(err => {})
const p4 = p3.catch(err => console.error(err.message))
```

下面逐步說明程式碼執行的過程：

1. `fetch` 回傳一個全新的 `p1` 物件。
2. `p1.then` 回傳一個全新的 `p2` 物件，當 `p1` 為已實現狀態時便會執行。
3. `p2.catch` 回傳一個全新的 `p3` 物件，當 `p2` 為已拒絕狀態時便會執行。
4. `p3.catch` 回傳一個全新的 `p4` 物件，當 `p3` 為已拒絕狀態時便會執行。
5. 當 `p1` 物件為已實現時，便會執行 `p1.then` 的回應敘述。
6. 因為 `p1.then` 的回應中拋出錯誤，故 `p2` 物件為已拒絕狀態。
7. 因為 `p2` 物件為已拒絕狀態，便會執行 `p2.catch`，若有 `p2.then` 的回應處理器則會被略過不執行。
8. `p2.catch` 所回傳的 `p3` 物件為已實現狀態，因為在一個已拒絕狀態的 Promise 物件不會再產生錯誤，或回傳一個已拒絕的物件。
9. 因為 `p3` 物件為已實現，便不會執行 `p3.catch`，若有 `p3.then` 的回應處理器則便會執行。

你可以將 Promise 物件的產生以樹狀結構看待，再強調一次：可用樹狀結構看待 Promise 物件的關係[1]，圖 4-4 可協助你更具體瞭解這個觀念。

1 我自行撰寫了一個名稱為 Promisees 的線上視覺化工具，可以瞭解 Promise 串列背後的樹狀結構關係（*https://mjavascript.com/out/promisees*）。

```
1 const p1 = fetch('/items')
2 const p2 = p1.then(res => res.a.prop.that.does.not.exist)
3 const p3 = p2.catch(err => {})
4 const p4 = p3.catch(err => console.error(err.message))
5
```

fetch() .then() .catch() .catch()

圖 4-4 從圖中的樹狀結構，我們可以瞭解 p3 是已實現的，所以它不會再拋出例外，也不會是已拒絕狀態。因此，p4 在它的父節點必為已實現的狀態下，一定不會進入拒絕處理器的程式分支敘述

這些狀況都是起始於單一的 Promise 物件，接下來我們會學習如何建立它，如此才能夠加入 `.then` 或 `.catch` 這些分支敘述。你可以在分支敘述中依使用的需要，再加入 `.then` 或 `.catch` 方法呼叫，建立新的分支敘述。

4.1.3 從頭開始建立一個 Promise

我們已經知道，Promise 物件可以透過函式，如 `fetch`、`Promise.resolve`、`Promise.reject`、或 `Promise` 建構子來建立。在之前的範例我們也廣泛地使用 `fetch` 來建立 Promise 物件。接下來，我們要更進一步地看看另外三種用來建立 Promise 物件的方法。

利用 `new Promise(resolver)` 的方式，可以從頭開始建立一個新的 Promise 物件。所傳遞的參數 `resolver` 解析器是一個函式，用以確認 Promise 物件的狀態。`resolver` 解析器需要傳入兩個引數：`resolve` 解析函式和 `reject` 拒絕函式。

下面範例的兩個 Promise 物件分別確認為已實現和已拒絕狀態。此處第一個 Promise 物件設定為已實現具有 `'result'` 值，而第二個 Promise 物件設定為已拒絕並具有 `Error` 物件，指定 `'reason'` 作為它的內容訊息。

```
new Promise(resolve => resolve('result'))
new Promise((resolve, reject) => reject(new Error('reason')))
```

物件在已實現與已拒絕狀態時，是可以不需要具備值的，但這樣通常並不好用。已實現的 Promise 物件通常會附帶一個 `result` 結果值，例如：Ajax 呼叫後所回應的結果值，就如我們曾看到 `fetch` 函式一般。而你也一定會希望在你拋出拒絕時，描述 `reason` 拒絕原因—通常包裹於 `Error` 物件中，以將錯誤向上回報。

如你所猜想，解析器的操作並不需要同步。已實現和已拒絕的狀態確認都是以非同步的方式進行；即使解析器立即呼叫 resolve 函式，其結果也不會立刻喚起後續的回應，這就是 Promise 的特性！以下範例會建立一個 Promise 物件，它在兩秒過後才會確認轉為已實現狀態。

```
new Promise(resolve => setTimeout(resolve, 2000))
```

請注意，只有第一個呼叫這些函式的才會產生效果——旦 Promise 物件已確認狀態後，它的結果就無法再被改變。以下程式碼示範，建立一個 Promise 物件，並設定它在指定的 delay 時間後確認為已實現，或在三秒鐘後確認為已拒絕狀態。如此我們會看到，在 Promise 物件已確認狀態後，再呼叫這些函式，都無法產生對應的效果。如此便產生一種競賽的情況，讓第一個執行的函式就可以確認 Promise 物件的最終結果。

```
function resolveUnderThreeSeconds(delay) {
  return new Promise(function (resolve, reject) {
    setTimeout(resolve, delay)
    setTimeout(reject, 3000)
  })
}
resolveUnderThreeSeconds(2000) // 2 秒後變為已實現狀態
resolveUnderThreeSeconds(7000) // 3 秒後變為已拒絕狀態
```

當建立一個新的 Promise 物件 p1 時，你還可以在呼叫 resolve 函式時傳入另一個 Promise 物件 p2—而非只能於呼叫 resolve 時傳入一般值。在這類的情況中，p1 的建立會暫停，需等待 p2 的結果確認；當 p2 已確認狀態結果後，p1 便可接續進行，並確認它的狀態結果和值。下面的程式碼與簡單的執行 fetch('/items') 具有相同的結果。

```
new Promise(resolve => resolve(fetch('/items')))
```

請注意，這樣的方式只能夠在呼叫 resolve 函式時使用。如果你在呼叫 reject 時也想要使用相同的方式，那麼 p1 物件的建立會被拒絕，並回傳 p2 物件作為 reason 拒絕原因。當 resolve 呼叫可能產生已實現或已拒絕的 Promise 物件，reject 呼叫則只會回傳拒絕狀態的 Promise 物件。如果在呼叫 resolve 函式時，所傳入的是已拒絕的 Promise 物件，或最終會成為拒絕狀態的 Promise 物件；那麼所建立的 Promise 物件也會是已拒絕狀態。而呼叫 reject 則不同，所取得的 Promise 物件必為已拒絕狀態，無論所傳入至 reject 的值為何。

在某些狀況，你已知道所期望的 Promise 物件的值，如此就可以從頭自行建立一個 Promise 物件，如下範例所示。當你希望運用 Promise 物件鏈結的優點時，以這樣的方式進行是很方便的，除了使用簡單回傳 Promise 的函式或方法之外一例如呼叫 fetch 函式。

```
new Promise(resolve => resolve(12))
```

當不需要建立一個可事先確認狀態的 Promise 物件時，使用這樣的語句則較為冗長。此時，可用 Promise.resolve 取代，作為一種簡便的快捷方法。下面的敘述所產生的結果會與上述相同，這兩句敘述的差異僅在於語法的不同：下方的敘述並未宣告 resolver 函式，且自可讀性的觀點考量，在 Promise 物件的連續性和鏈結操作，使用上較為友善。

```
Promise.resolve(12)
```

就像是不久前我們看到的 resolve(fetch) 情境，你可以使用 Promise.resolve 將另一個 Promise 物件包裹起來，或是將一個 Thenable 物件轉換為適合的 Promise 物件。以下的程式碼說明，如何使用 Promise.resolve 將一個 Thenable 物件轉換為 Promise 物件並進行操作，就如使用一般的 Promise 物件方式。

```
Promise
  .resolve({ then: resolve => resolve(12) })
  .then(x => console.log(x))
// <- 12
```

當你已經知道 Promise 物件欲設定的拒絕原因時，可以利用 Promise.reject 方法。下面的程式範例會建立一個 Promise 物件，確認為已拒絕並附帶指定的 reason 拒絕原因。你可以在回應中使用 Promise.reject，作為 throw 敘述的替代方式。另一種使用 Promise.reject 的情況，是作為箭頭函式的隱性回傳值，有些值的回傳是用 throw 敘述無法達到的。

```
Promise.reject(reason)
fetch('/items').then(() =>
  Promise.reject(new Error('arbitrarily'))
)
fetch('/items').then(() => { throw new Error('arbitrarily')})
```

你大概不會需要經常地呼叫 new Promise。其實在支援 Promise 物件的函式庫或原生函式，如 fetch，都已在內部經常地呼叫 Promise 建構子。在單純的呼叫 new Promise 建立一個原始根物件，透過 .then 和 .catch 方法的鏈結，便可自原始物件開展出樹狀結構的多個子孫物件。無疑地，要充分運用以 Promise 物件為基礎的流程控制，瞭解 Promise 物件的建立方法是很重要的。

4.1.4 Promise 狀態和結果

Promise 物件會有三種不同的狀態：暫停（pending）、已實現（fulfilled）、已拒絕（rejected），預設狀態為暫停，接著可移轉至已實現或已拒絕其中之一個狀態。

一個 Promise 物件可被操作解析（resolved）或拒絕（rejected）一次。欲進行第二次的 Promise 物件的解析或拒絕操作則不會有任何的效果。

當 Promise 物件被解析為非 Promise 物件、或非 Thenable 值時，它便被確認為已實現狀態；當物件被拒絕時，此時物件狀態也已確認完成，不會再變更。

一個 Promise 物件 p1 解析出另一個 Promise 物件或 Thenable 物件 p2 時，它便處於暫停狀態，但無疑地已解析完成：也就是說它無法再次解析，也不會被拒絕。當 p2 已確認狀態後，結果會回覆給 p1，使得 p1 可完成狀態確認。

一旦 Promise 物件已確認為實現狀態，那麼在 p.then 中的回應便會立刻執行；同理，若確認為拒絕狀態，便會立即執行 p.catch 中的回應。在 Promise 物件狀態完成確認後，所繫結的回應都會立即被執行。

下面的範例說明如何建立一個 fetch 請求，並在此請求的 .then 回應中繼續建立第二個 fetch 請求；而第二個請求只會於第一個 Promise 物件確認為已實現狀態後才會被執行。而 console.log 敘述只會於第二個 Promise 物件確認為已實現狀態後，才會執行並印出 done 的訊息。

```
fetch('/items')
  .then(() => fetch('/item/first'))
  .then(() => console.log('done'))
```

另一個範例則加入一些額外的步驟。在以下的程式碼中，我們依據第一個 fetch 請求的結果來處理第二個請求。為達到此目的，我們使用了 res.json 方法，它會剖析 JSON 回傳結果而得一物件，以解析出一 Promise 物件回傳。接著我們使用該物件建構一個節點，以在第二個 fetch 呼叫中發送請求，最後將第二個回應結果所取得的 item 物件輸出至控制終端。

```
fetch('/items')
  .then(res => res.json())
  .then(items => fetch(`/item/${ items[0].slug }`))
  .then(res => res.json())
  .then(item => console.log(item))
```

我們並不僅侷限於 Promise 或 Thenable 物件的回傳。我們也可以自 .then 和 .catch 的回應敘述中回傳值，這些回傳值可以傳遞至鏈結中的下一個回應敘述。在這種情況下，回應敘述在鏈結中，可想像是上一個回應對輸入值的運算轉換後，作為下一個回應的輸入值。以下範例自建立一個已實現的 Promise 物件並具備值 [1, 2, 3] 開始，接著在回應敘述中將這些值轉換為 [2, 4, 6]，並在下一個回應中將這些值輸出至控制終端。

```
Promise
  .resolve([1, 2, 3])
  .then(values => values.map(value => value * 2))
  .then(values => console.log(values))
  // <- [2, 4, 6]
```

值得注意的是，你也可以在拒絕回應中進行資料轉換。請記得，在我們初次學習第 100 頁第 4.1.3 節「從頭開始建立一個 Promise」中，當 .catch 執行回應時不會產生錯誤也不會回傳已拒絕的 Promise 物件，此時是處於已實現狀態，故可接著執行 .then 中的回應敘述。

4.1.5 Promise#finally 提案

在 TC39 提案[2] 中討論的是 Promise#finally 方法，它可在 Promise 物件已確認狀態後執行回應敘述，不管是已實現或已拒絕狀態。

2　此提案至截稿為止處於第二階段討論，你可以在 GitHub 中找到此提案草稿（*https://mjavascript.com/out/proposal-promise-finally*）。

以下的程式碼可視為是 Promise#finally 的簡略版本。我們將已實現和已拒絕狀態的回應置於回呼函式中，並傳遞給 p.then。

```
function finally(p, fn) {
  return p.then(
    fn,
    fn
  )
}
```

然而還是有一些功能上的差異須說明清楚；第一，傳遞至 Promise#finally 方法的回應函式無法傳入任何引數，因為 Promise 物件尚無法確認為已實現的實現值，或已拒絕的拒絕原因。一般來說，Promise#finally 方法通常使用的情境，如：在進行 fetch 請求之前，隱藏頁面上的載入中圖示，以及其他不需要 Promise 物件確認值的前置清整動作。下面範例是更新後的程式碼，不管在哪一種狀態下都不需要傳遞任何引數。

```
function finally(p, fn) {
  return p.then(
    () => fn(),
    () => fn()
  )
}
```

傳遞至 Promise#finally 方法的回應敘述，可解析出父物件的結果。

```
const p1 = Promise.resolve('value')
const p2 = p1.finally(() => {})
const p3 = p2.then(data => console.log(data))
// <- 'value'
```

p.then(fn, fn) 與上述方式不同，它會產生一個新的實現值，除非它於回應敘述中有明確地轉送並回傳，如下所示。

```
const p1 = Promise.resolve('value')
const p2 = p1.then(() => {}, () => {})
const p3 = p2.then(data => console.log(data))
// <- undefined
```

以下的程式碼是與 `Promise#finally` 方法相同的完整相容函式。

```
function finally(p, fn) {
  return p.then(
    result => resolve(fn()).then(() => result),
    err => resolve(fn()).then(() => Promise.reject(err))
  )
}
```

需注意的是，若傳遞至 `Promise#finally` 的回應敘述，其結果為拒絕、或拋出錯誤，那麼自 `Promise#finally` 所回傳的 Promise 物件則會是已拒絕狀態，並附帶拒絕原因，如下範例。

```
const p1 = Promise.resolve('value')
const p2 = p1.finally(() => Promise.reject('oops'))
const p3 = p2.catch(err => console.log(err))
// <- 'oops'
```

如我們所見，在仔細的瞭解上面的相容函式運作後，當任一種狀態的回應敘述產生錯誤，那麼所回傳的 Promise 物件便會是已拒絕的狀態。同時，透過 `Promise.reject` 所回傳的已拒絕物件，或其他與 `resolve(fn())` 類似的方法所產生的已拒絕物件，都不會依照原本預期於 `.then` 回應敘述中，回傳我們呼叫 `.finally` 的 Promise 物件的確認值。

4.1.6 善用 Promise.all 和 Promise.race

當撰寫非同步程式的流程時，會有一些工作是它們其中一項工作須等待另一項工作的執行結果才能進行，因此它們是一連串依序執行。而有一些工作則與其他工作的執行結果無關，故它們能夠同步進行。Promise 物件擅長處理非同步執行流程，一個單一的 Promise 物件可以觸發一串鏈結的事件，使它們一個接一個的執行。Promise 物件也針對同步運行的工作提供一系列的解決方案，分別以兩種 API 方法的方式呈現：`Promise.all` 和 `Promise.race`。

在大多數的情況下，你希望程式能夠同步地被運行，因為這樣能夠讓你的程式執行上更為快速。假設你想要呼叫兩個不同的 API，在產品型錄中取得兩項產品的說明，並輸出至控制終端上。以下的程式碼可以同步執行這兩項操作，但是需要將輸出至終端的敘述分離。在輸出至控制終端的狀況，並沒有什麼太大的功能差異，只是若我們要執行一次的函式呼叫並印出兩項產品說明，就無法以發送兩個不同的 fetch 請求的方式同步進行。

```
fetch('/products/chair')
  .then(r => r.json())
  .then(p => console.log(p))
fetch('/products/table')
  .then(r => r.json())
  .then(p => console.log(p))
```

Promise.all 方法可允許傳入一個 Promise 物件陣列，並回傳單一個 Promise 物件 p。當所傳入至 Promise.all 的物件均為已實現狀態時，p 也會成為已實現狀態，並附帶一個結果值陣列，順序則依據所傳入的 Promise 物件排列。如果有一個 Promise 物件成為已拒絕狀態，p 則立刻確認為已拒絕狀態，並附帶拒絕原因。以下範例示範如何使用 Promise.all 同時擷取兩項產品說明，並利用單一個 console.log 敘述將兩項結果印出。

```
Promise
  .all([
    fetch('/products/chair'),
    fetch('/products/table')
  ])
  .then(products => console.log(products[0], products[1]))
```

回傳值會以陣列的型態提供，而其索引值並無代表任何意義。利用參數的解構賦值，將每一個產品的資訊在擷取後，放置至對應的變數名稱，可提升程式碼的可讀性。下面的程式碼示範如何使用解構賦值，讓程式較為簡潔。請記得，即使只有單一個引數，在箭頭函式中的參數宣告處，使用解構賦值一定要加上小括號標示。

```
Promise
  .all([
    fetch('/products/chair'),
    fetch('/products/table')
  ])
  .then(([chair, table]) => console.log(chair, table))
```

以下範例說明，當一個 Promise 物件被拒絕時，p 物件是如何也成為拒絕的狀態。很重要需要理解的觀念是，在陣列中只要有一個已拒絕的 Promise 物件，即使其他陣列中的物件均為已實現，仍無法使 p 物件成為已實現的結果。在範例中，不需要等到 p2 和 p3 的狀態確認，p 立即成為已拒絕狀態。

```
const p1 = Promise.reject('failed')
const p2 = fetch('/products/chair')
const p3 = fetch('/products/table')
const p = Promise
  .all([p1, p2, p3])
  .catch(err => console.log(err))
  // <- 'failed'
```

總的來說，`Promise.all` 會有三種可能的結果：

- 確認為已實現狀態，並附有已實現的 `results` 所有結果，當所有的物件均確認為已實現
- 確認為已拒絕狀態，並附有一個 `reason` 拒絕原因，當其中一個物件卻認為已拒絕
- 停留於暫停狀態，因為尚無任何的物件被拒絕，且至少還有一個物件為暫停狀態

`Promise.race` 方法與 `Promise.all` 類似，不同的是，只要有第一個物件確認狀態，就可以「贏」下此競賽，而它的結果值會附帶於 `Promise.race` 所回傳的 Promise 物件中。

```
Promise
  .race([
    new Promise(resolve => setTimeout(() => resolve(1), 1000)),
    new Promise(resolve => setTimeout(() => resolve(2), 2000))
  ])
  .then(result => console.log(result))
  // <- 1
```

被拒絕也將會結束競賽，且回傳的 Promise 物件也會是已拒絕狀態。適合使用 `Promise.race` 的情況是，我們希望在一定的時間內取得 Promise 物件的結果，否則無法掌控等待的時間。舉例來說，在以下的程式碼中，有一個 `fetch` 請求和一個會在五秒後成為拒絕狀態的 Promise 物件進行競賽；如果請求等待超過五秒尚未取得結果，則此競賽便會成為被拒絕狀態。

```
function timeout(delay) {
  return new Promise(function (resolve, reject) {
    setTimeout(() => reject('timeout'), delay)
  })
}
Promise
  .race([
    fetch('/large-resource-download'),
```

```
    timeout(5000)
  ])
  .then(res => console.log(res))
  .catch(err => console.log(err))
```

4.2 迭代器協議和可迭代協議

在 ES6 中，JavaScript 增加了兩個新的協議：迭代器協議（iterator protocol）和可迭代協議（iterable protocol）。這兩個協議是用於定義物件的迭代行為。我們會先從學習如何將一個物件轉換為一個可迭代序列（iterable sequence），接著，會進一步探討延遲機制（laziness）和迭代器如何定義無限序列；最後，我們會探討一些實務上定義可迭代協議需考量的因素。

4.2.1 瞭解迭代原則

任何物件都可以支援可迭代協議，藉由將函式指定予該物件的 `Symbol.iterator` 特性。無論何時當物件需要進行迭代時，它的可迭代協議方法，也就是指定給 `Symbol.iterator` 特性，便會被呼叫。

在第 2 章所介紹的展開運算子，是 ES6 中發揮可迭代協議的一項特徵功能。當展開運算子使用於假設的 `iterable` 物件，如以下的程式碼所示，`Symbol.iterator` 會需要一個可遵循迭代器協議的物件，而所回傳的迭代器會被運用於取得物件以外的值。

```
const sequence = [...iterable]
```

你可能還記得，符號特性無法直接作為物件實字的鍵。下面的程式碼示範，如何使用 ES6 之前的語法，將符號特性加入至物件中。

```
const example = {}
example[Symbol.iterator] = fn
```

然而，我們可以利用運算取得的特性名稱，將符號鍵置入物件實字中，如此便不需要如上範例會需增加一行敘述來達成目的，如下所示。

```
const example = {
  [Symbol.iterator]: fn
}
```

指定給 Symbol.iterator 的方法必須回傳一個遵循迭代器協議的物件。協議中定義如何自可迭代序列中取得值，規定迭代器必須是具有 next 方法的物件。next 方法不需要引數，且必須回傳一個具有以下兩項特性的物件：

- value 是在序列中目前的項目
- done 是一個布林值，標示著序列是否已結束

下面讓我們來看一段程式碼，以加強理解迭代協議背後的觀念。此處我們藉由加入一個 Symbol.iterator 特性，將 sequence 物件轉換為一個可迭代物件，而此物件會回傳一個迭代器物件。每次呼叫 next 方法取得序列中的下一個值時，便會回傳 items 陣列的一個內容項目。當 i 超過了 items 陣列的最後一個索引值時，則會回傳 done: true，以顯示序列已結束。

```
const items = ['i', 't', 'e', 'r', 'a', 'b', 'l', 'e']
const sequence = {
  [Symbol.iterator]() {
    let i = 0
    return {
      next() {
        const value = items[i]
        i++
        const done = i > items.length
        return { value, done }
      }
    }
  }
}
```

JavaScript 是一個漸進式的語言：新的特徵功能是附加上去的，且實務上並不會破壞原有的程式碼運作。因此，可迭代物件可能無法配合一些原有的語言組件使用，例如：forEach 和 for..in。在 ES6 中，可使用其他的方式巡訪可迭代物件：如 for..of、展開運算子、和 Array.from。

for..of 迭代方法可以循環方式訪問可迭代物件。下面的程式範例說明如何使用 for..of 循環訪問上一個範例中的 sequence 物件，因為它是一個可迭代物件。

```
for (const item of sequence) {
  console.log(item)
  // <- 'i'
  // <- 't'
  // <- 'e'
  // <- 'r'
  // <- 'a'
  // <- 'b'
  // <- 'l'
  // <- 'e'
}
```

一般的物件透過 `Symbol.iterator` 轉換也可以成為可迭代物件，就如剛才所學習的。在 ES6 的標準範例中，語言組件如 `Array`、`String`、DOM 中所使用的 `NodeList`、和 `arguments`，預設均為可迭代的，也使得 `for..of` 的運用能夠更廣泛。欲自可迭代的序列中取得陣列結果，可以利用展開運算子，將序列中的每個 `item` 項目展開至結果陣列裡的每一個資料項。當然，我們也可以使用 `Array.from` 達到相同的效果。此外，`Array.from` 也可以將類陣列的物件轉換為陣列，所謂類陣列物件定義上是具有 `length` 特性和資料項儲存於自零起始的整數的特性。

```
console.log([...sequence])
// <- ['i', 't', 'e', 'r', 'a', 'b', 'l', 'e']
console.log(Array.from(sequence))
// <- ['i', 't', 'e', 'r', 'a', 'b', 'l', 'e']
console.log(Array.from({ 0: 'a', 1: 'b', 2: 'c', length: 3 }))
// <- ['a', 'b', 'c']
```

總結來說，`sequence` 物件在指定方法予 `[Symbol.iterator]` 後便可遵循可迭代協議，這代表著此物件是可迭代的。上述的方法會回傳一個遵循 `iterator` 迭代器協議的物件。當我們需要開始巡訪物件時，只要呼叫迭代器的方法，所回傳的迭代器便可自 `sequence` 中取出內容值。欲巡訪可迭代物件，我們可以使用 `for..of`、展開運算子、或 `Array.from`。

本質上，使用這些協議的優點是，它們提供了方便表述的方法，可輕鬆地巡訪集合與類陣列物件。要為所有的物件定義出巡訪的功能是一項浩大的工程，因為必須要使函式庫能夠支援定義的規範，融入語言的原始能力之中，這不是件容易的事。而目前這樣附加的使用方式，好處是不需要花費很高的成本來實作迭代器協議，且不會破壞既有的程式行為。

舉例來說，jQuery 和 `document.querySelectorAll` 均會回傳類陣列的結果；如果 jQuery 在它的集合（collection）原型上實作了迭代器協議，那麼你就可以使用 `for..of` 語法巡訪集合中的項目。

```
for (const element of $('li')) {
  console.log(element)
  // <- a <li> in the jQuery collection
}
```

可迭代序列的項目數量並不總是有限的個數，有可能會有無限數量的情況。下一節我們來看看這樣的情境和它的意義。

4.2.2 無限量的序列

迭代器本質上是延遲的（lazy）。在迭代器序列中的元素是逐一產生的，即使當序列中的元素數量是有限的。須注意的是，無限量的序列需要使用延遲的特性才能夠表達，這表示使用展開運算子或 `Array.from` 將序列轉換為陣列的動作，會使 JavaScript 的運作執行崩潰，進入一個無限迴圈的狀態。

以下的範例呈現一個能夠代表 0 與 1 之間無限量浮點數的迭代器。請注意，這裡由 `next` 方法所回傳的資料項並沒有 `done` 特性設定為 `true` 的情形，因為這樣便代表著此序列已結束。範例中使用了兩個隱性回傳物件的箭頭函式，第一個函式會回傳一個迭代器物件，用以巡訪無限量的亂數序列；第二個箭頭函式則用以取得序列中的每個資料值，利用 `Math.random`。

```
const random = {
  [Symbol.iterator]: () => ({
    next: () => ({ value: Math.random() })
  })
}
```

若企圖使用 `Array.from(random)` 或 `[...random]` 將可迭代的 `random` 物件轉換為陣列，則會讓此程式崩潰，因為無限量序列是不會結束的。我們在使用上必須非常注意這類型的序列，否則很容易便讓瀏覽器或 Node.js 伺服端執行緒崩壞。

以下有一些不同的方法可讓你安全的存取序列，而不會造成無限迴圈的情況。第一個方式使用解構賦值擷取序列中指定位置的資料，如下程式範例。

```
const [one, another] = random
console.log(one)
// <- 0.23235511826351285
console.log(another)
// <- 0.28749457537196577
```

對無限量序列進行解構賦值有時無法很好地衡量範圍，特別是在我們想要套用一個動態的範圍，例如：擷取序列中前 i 個值，或擷取出不符合條件的值。在這類情境中，我們最好使用 for..of，以此方式能夠在我們需要取得足夠的資料項時，定義出避免無限迴圈的條件。以下範例示範以 for..of 巡訪無限量序列，但是當值大於 0.8 時，便會結束迴圈。因 Math.random 會產出介於 0 與 1 之間的數值，迴圈最終仍會跳出。

```
for (const value of random) {
  if (value > 0.8) {
    break
  }
  console.log(value)
}
```

當日後回頭閱讀這類程式碼時，可能會很難理解其意義，因為大部分的程式碼都聚焦於序列巡訪的方式，將自 random 亂數序列所取得的數值印出，直到數值大於邊界值為止。將部分的邏輯抽象化後取出，移至另一個方法中，可能讓程式碼會更易讀些。

如另一個範例，當自無限量序列或非常大的序列中擷取資料，相同的步驟就是會自序列中取出前幾個資料項。當你可以習慣使用 for..of 和 break 時，最好可以再將它抽象化為一個 take 函式。下面範例展示一個 take 函式可能的實作方式，它接受一個 sequence 序列參數，和欲自 sequence 序列中擷取的 amount 資料項總數；它會回傳一個可迭代物件，且當該物件進行迭代時，都會為所傳入的 sequence 序列建立一個迭代器。當 amount 總數為 1 時，next 方法會回傳原始的 sequence 序列，接著便結束序列巡訪。

```
function take(sequence, amount) {
  return {
    [Symbol.iterator]() {
      const iterator = sequence[Symbol.iterator]()
      return {
        next() {
          if (amount-- < 1) {
            return { done: true }
          }
```

```
          return iterator.next()
        }
      }
    }
  }
}
```

此實作方式運用於無限量序列相當好，因為它可提供一個固定的結束條件：當 amount 計數耗盡時，自 take 函式所回傳的序列也就結束。除了以循環訪問的方式自 random 擷取值外，現在你可以將程式碼以下述方式取代。

```
[...take(random, 2)]
// <- [0.304253100650385, 0.5851333604659885]
```

這樣的撰寫模式可讓你將一個無限量序列減少為一個有限量的序列。若你想要的有限量序列並非只是「前 N 個值」，除了我們前述的「在出現第一個大於 0.8 之前的所有數值」之外，你可以採用 take 函式輕鬆地調整結束條件即可。下面的 range 函式具有一個 low 參數，預設為 0；和一個 high 參數預設為 1；當序列的值超出所指定的範圍區間時，則停止自序列中擷取值。

```
function range(sequence, low = 0, high = 1) {
  return {
    [Symbol.iterator]() {
      const iterator = sequence[Symbol.iterator]()
      return {
        next() {
          const item = iterator.next()
          if (item.value < low || item.value > high) {
            return { done: true }
          }
          return item
        }
      }
    }
  }
}
```

以此方式，除了中斷 for..of 迴圈的方式避免無限迴圈之外，我們也可以保證只要超出所定義的範圍之外，迴圈就會中斷而停止。按照這種方法，程式可以不需要在意序列是如何產生的，並可多關注於序列如何被使用。如下範例，你將不須使用 for..of 迴圈，因為中斷迴圈的條件現在已置於中介的 range 函式。

```
const low = [...range(random, 0, 0.8)]
// <- [0.68912092433311, 0.059788614744320, 0.09396195202134]
```

當我們想要避免使用 for..of 迴圈取得一個衍生的序列時，這類將複雜性抽象化至另一個函式的方式，通常可讓程式碼更聚焦於原始的目的上。它也說明了序列如何組成並與其他方法連接使用。在這種情境下，我們會先建立一個多用途的無限量序列 random，並接著將它與 range 範圍函式連接；此函式會衍生出一個序列，其中的值需符合所定義的範圍之內。迭代器的另一個重點是，由 range 函式所產生的迭代器也可被延遲地進行迭代，即使已被結合運用；這表示你可以依需要結合任意數量的迭代器至對應、篩選、和結束條件的輔助函式中。

判定無限量序列

迭代器並沒有能力可瞭解它們所產生的序列是否為無限量序列。知名的停機問題（halting problem）是一個類似的情境範例（如圖 4-5），並沒有辦法得知程式中的序列是否為無限量序列。

```
DEFINE DOESITHALT(PROGRAM):
{
    RETURN TRUE;
}
```

停機問題的期望解決方法

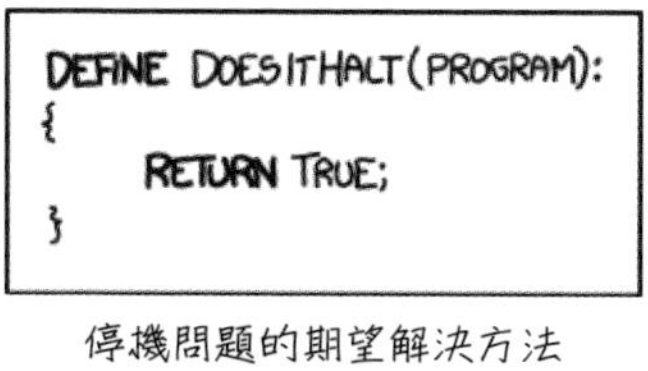

圖 4-5　於 XKCD 漫畫所描述的停機問題（*https://mjavascript.com/out/xkcd-1266*）

一般來說，你對所使用的序列是否為無限量會有一個清楚的概念。當擁有一個無限量序列時，你需要決定是否加入一個跳出條件，以避免在無限量序列中巡訪每一個內容值，造成應用程式的崩潰。當使用 for..of 並設定跳出條件時，則不會遇到此問題；但若使用展開運算子或 Array.from，就會因無限迴圈立即造成應用程式的崩潰。

除了建立可迭代物件的技術討論之外，接下來我們看看一些實際範例，以瞭解迭代器能帶給我們什麼便利性。

4.2.3 以鍵 / 值配對的方式對物件映射進行迭代

將物件轉換為可迭代物件，在許多實務情境中均可受惠。物件映射（object maps）、可進行迭代的虛擬陣列（pseudoarrays）、在第 112 頁第 4.2.2 節「無限量的序列」的亂數產生器、和經常需要進行迭代的類別或物件特性，均可受益於可迭代協議的使用。

JavaScript 物件經常作為字串鍵或任意值之間的映射。在以下的程式碼範例中，我們有一個色彩名稱和十六進位的 RGB 色彩碼間的映射，在這類情況下，你會展開雙手擁抱這種可輕鬆巡訪所有不同色彩名稱、色彩碼或鍵 / 值配對的能力。

```
const colors = {
  green: '#0e0',
  orange: '#f50',
  pink: '#e07'
}
```

下方的程式碼實作了一個可迭代物件，它可為 `colors` 映射中的色彩，產生對應的 `[key, value]` 序列。將它指定予 `Symbol.iterator` 特性，我們就可以輕鬆地巡訪整個序列。

```
const colors = {
  green: '#0e0',
  orange: '#f50',
  pink: '#e07',
  [Symbol.iterator]() {
    const keys = Object.keys(colors)
    return {
      next() {
        const done = keys.length === 0
        const key = keys.shift()
        return {
          done,
          value: [key, colors[key]]
        }
      }
    }
  }
}
```

當我們想要擷取出鍵 / 值配對時，我們可以使用 `...` 展開運算子，如下範例所示。

```
console.log([...colors])
// <- [['green', '#0e0'], ['orange', '#f50'], ['pink', '#e07']]
```

在此處我們發現，繁複的可迭代定義反而破壞了原本簡潔的 colors 映射，這就是一個問題。迭代的行為對色彩名稱和色彩碼的儲存並沒有幫助。要分離出 colors 的兩個鍵和值，較好的方式是抽取出鍵 / 值配對迭代器的邏輯，並置入至一個可重複使用的函式。依此方式，我們最終可將 keyValueIterable 函式於程式碼中的任何位置使用，並且也可運用於其他的案例中。

```
function keyValueIterable(target) {
  target[Symbol.iterator] = function () {
    const keys = Object.keys(target)
    return {
      next() {
        const done = keys.length === 0
        const key = keys.shift()
        return {
          done,
          value: [key, target[key]]
        }
      }
    }
  }
  return target
}
```

我們接著便可呼叫 keyValueIterable 函式並將 colors 物件映射傳入，將 colors 轉換為可迭代物件。事實上，你也可將 keyValueIterable 函式運用於任何你需要進行鍵 / 值配對迭代的物件，因為迭代行為並不會對物件有任何設限。一旦我們將 Symbol.iterator 行為加入後，就可以將物件視為可迭代物件。在下面範例中，我們會巡訪所有的鍵 / 值配對並僅印出色彩碼。

```
const colors = keyValueIterable({
  green: '#0e0',
  orange: '#f50',
  pink: '#e07'
})
for (const [ , color] of colors) {
  console.log(color)
  // <- '#0e0'
  // <- '#f50'
  // <- '#e07'
}
```

音樂播放器也會是另一個有趣的應用實例。

4.2.4 為播放清單的迭代行為增加彈性

想像一下，你正在開發一款音樂播放器，播放器中可以無限次的建立播放清單、停止播放、重複播放和重建清單。當你需要無限次的訪問播放清單時，你就可以將可迭代協議運用於此功能上。

假設有位使用者將一些歌曲加入至她的音樂資料庫中，這些歌曲以如下方式儲存於陣列中。

```
const songs = [
  'Bad moon rising – Creedence',
  'Don’t stop me now – Queen',
  'The Scientist – Coldplay',
  'Somewhere only we know – Keane'
]
```

我們可以建立一個 `playlist` 函式，它會回傳一個序列，記錄著要被應用程式播放的所有歌曲。這個函式會取得該使用者所提供的歌曲，和 `repeat` 值，此值代表這些歌曲重複播放的次數——一次、兩次、或 `Infinity` 無限多次—在播放完畢之前。

以下程式碼說明我們實作 `playlist` 的方式。我們從建立一個空白的播放清單開始，並使用 `index` 值記錄目前播放清單所播放的歌曲位置。每當 `index` 增加時，就回傳清單中的下一首歌曲，直到迴圈中已無任何歌曲；在此時我們便將 `repeat` 值減一，並重設 `index` 值。當 `repeat` 值為零且清單已無歌曲時，便結束此序列。

```
function playlist(songs, repeat) {
  return {
    [Symbol.iterator]() {
      let index = 0
      return {
        next() {
          if (index >= songs.length) {
            repeat--
            index = 0
          }
          if (repeat < 1) {
            return { done: true }
          }
          const song = songs[index]
          index++
          return { done: false, value: song }
```

```
        }
      }
    }
  }
}
```

以下程式碼說明，**playlist** 函式如何取得一個陣列，並產生一個序列記錄著指定重複次數的陣列資料項。如果我們指定為 **Infinity**，所產生的序列便有無限量個資料項，否則均為有限個數。

```
console.log([...playlist(['a', 'b'], 3)])
// <- ['a', 'b', 'a', 'b', 'a', 'b']
```

為巡訪歌曲播放清單的資料項目，我們可能要建立一個 **player** 函式。假設有一個 **playSong** 函式可以播放一首歌曲，並在歌曲播放完畢時執行一個回呼函式，我們的 **player** 實作方式就會如以下的函式所示；在函式中我們會非同步地循環執行序列的迭代器，以在上一首歌曲播放完畢時取得下一首歌曲。在兩次 **g.next** 呼叫間都有一段等待的時間—就是 **playSong** 函式所播放歌曲的時間—這樣可能會有陷入無窮迴圈的風險，使程式在執行期間崩潰，即使當 **playlist** 所產生的序列為有限的。

```
function player(sequence) {
  const g = sequence()
  more()
  function more() {
    const item = g.next()
    if (item.done) {
      return
    }
    playSong(item.value, more)
  }
}
```

將所有的功能部分組合在一起，利用幾行程式碼便可建立此歌曲音樂資料庫，並能夠重複播放一個歌曲清單，如下程式碼。

```
const songs = [
  'Bad moon rising - Creedence',
  'Don't stop me now - Queen',
  'The Scientist - Coldplay',
  'Somewhere only we know ??Keane'
]
const sequence = playlist(songs, Infinity)
player(sequence)
```

再簡單調整一下，就可讓使用者可以隨機播放歌曲清單。我們必須變更 playlist 函式以包含一個 shuffle 旗標，當此旗標被設定時，就以亂數隨機方式設定播放清單。

```
function playlist(inputSongs, repeat, shuffle) {
  const songs = shuffle ? shuffleSongs(inputSongs) : inputSongs
  return {
    [Symbol.iterator]() {
      let index = 0
      return {
        next() {
          if (index >= songs.length) {
            repeat--
            index = 0
          }
          if (repeat < 1) {
            return { done: true }
          }
          const song = songs[index]
          index++
          return { done: false, value: song }
        }
      }
    }
  }
}
function shuffleSongs(songs) {
  return songs.slice().sort(() => Math.random() > 0.5 ? 1 : -1)
}
```

最後，若我們想要隨機播放歌曲清單，只要把 shuffle 旗標設定為 true 即可；否則，歌曲會以使用者所提供的原始順序進行播放。此處我們將取得下一首歌曲的程式抽取出來，置入一個較簡潔無關聯性的函式，它僅負責取得播放器即將進行播放的歌曲。

```
console.log([...playlist(['a', 'b'], 3, true)])
// <- ['a', 'b', 'b', 'a', 'a', 'b']
```

你可能已經注意到，playlist 函式其實不需要在意歌曲的播放順序。較好的設計方式應該是將隨機選取歌曲的部分，調整至呼叫此函式時便傳入。如果我們移除 playlist 函式的 shuffle 參數，仍然可以使用如下程式碼的方式取得隨機選取的歌曲集合。

```
function shuffleSongs(songs) {
  return songs.slice().sort(() => Math.random() > 0.5 ? 1 : -1)
}
console.log([...playlist(shuffleSongs(['a', 'b']), 3)])
// <- ['a', 'b', 'b', 'a', 'a', 'b']
```

迭代器在 ES6 中是很重要的一項工具，它不僅可幫助我們降低程式碼間的關聯性，還可解決之前一些難以實作的問題，例如：模糊處理一系列歌曲的能力—不管序列為有限或無限量。這樣以某種程度相同的處理方式，可讓有運用迭代器協議的程式碼看起來更為優雅。但它將未知的可迭代物件轉換為陣列也會產生可能的風險，因為無窮迴圈會使你的應用程式崩潰。

產生器是另一種建立可回傳迭代物件的函式的方式，且不需要明確地宣告一個附有 `Symbol.iterator` 方法的物件實字。它可讓函式的實作更為簡單，例如：第 112 頁第 4.2.2 節「無限量的序列」的 `range` 或 `take` 函式，還有一些有趣的案例可參考使用。

4.3 產生器函式和產生器物件

產生器是 ES6 新的特徵功能。它運作的方式是，你可以宣告一個產生器函式，函式會回傳產生器物件 `g`。這些 `g` 物件可使用 `Array.from(g)`、`[...g]`、或 `for..of` 迴圈進行迭代。產生器函式可允許宣告一個特殊的 `iterator` 迭代器，這種迭代器可暫停執行並保留其內容。

4.3.1 產生器基礎元素

我們已經在上一個章節中仔細瞭解了迭代器的運作，學習如何呼叫 `.next()` 方法自序列中擷取值。當你需要回傳一個值時，除了使用 `next` 方法之外，產生器可使用關鍵字 `yield` 將值加入至序列中。

這裡有一個產生器函式的範例。請注意在 `function` 之後的 `*` 符號，這並不是印刷錯誤，而是將一個函式標示為產生器函式的語法。

```
function* abc() {
  yield 'a'
  yield 'b'
  yield 'c'
}
```

產生器物件同時遵守可迭代協議和迭代器協議：

- 一個產生器物件 chars 是以 abc 函式建立
- 物件 chars 是一個可迭代物件，因為它具有一個 Symbol.iterator 方法
- 物件 chars 也是一個迭代器，因為它具有一個 .next 方法
- chars 的迭代器就是它自己

以 JavaScript 程式碼表示如下。

```
const chars = abc()
typeof chars[Symbol.iterator] === 'function'
typeof chars.next === 'function'
chars[Symbol.iterator]() === chars
console.log(Array.from(chars))
// <- ['a', 'b', 'c']
console.log([...chars])
// <- ['a', 'b', 'c']
```

當建立了一個產生器物件時，你會取得一個迭代器，它會使用產生器函式產出可迭代序列。當執行到 yield 敘述時，迭代器會將它的值送出，且會暫停產生器函式的執行。

以下範例說明，在產生器函式中的迭代行為如何觸發執行一些周邊的敘述。當產生器函式恢復執行且要求序列的下一個資料項時，每個 yield 敘述後的 console.log 敘述將被執行。

```
function* numbers() {
  yield 1
  console.log('a')
  yield 2
  console.log('b')
  yield 3
  console.log('c')
}
```

假設你用 numbers 建立了一個產生器物件，將它的資料內容展開至陣列中，並輸出至控制終端。考量一下發生在 numbers 的周邊敘述的執行，你可以猜想下方的程式碼輸出的結果為何嗎？展開運算子會巡訪序列所有資料項，以提供你一個結果陣列；當透過解構賦值的方式建立陣列時，所有的周邊敘述會在 console.log 印出陣列值之前就完成執行。

```
console.log([...numbers()])
// <- 'a'
// <- 'b'
// <- 'c'
// <- [1, 2, 3]
```

若我們現在以 for..of 迴圈取代，就能夠保留住宣告於 numbers 產生器函式的輸出順序。在下方的範例中，numbers 序列的資料項在每次的 for..of 迴圈中會被印出一次。第一次產生器函式被要求一個 number 數值時，它會回傳 1 後便暫停執行；第二次，產生器函式會自上次暫停處恢復執行，並輸出 'a' 至控制終端，接著將 2 產出；第三次，輸出 'b' 並產出 3；第四次，輸出 'c' 且產生器會發現序列已結束。

```
for (const number of numbers()) {
  console.log(number)
  // <- 1
  // <- 'a'
  // <- 2
  // <- 'b'
  // <- 3
  // <- 'c'
}
```

使用 yield* 委派以產生序列

產生器函式可以使用 yield* 去委派一個產生器物件，或任何其他的可迭代物件。

在 ES6 中的字串型態會遵守迭代規則，你可以撰寫一段類似下方的程式碼，將 hello 拆解為單獨的字元。

```
function* salute() {
  yield* 'hello'
}
console.log([...salute()])
// <- ['h', 'e', 'l', 'l', 'o']
```

很自然的，你會使用 [...'hello'] 作為另一種替代的方案。然而，當結合多個 yield 敘述時，我們會開始看到委派給另一個可迭代物件中的資料值。下一個範例顯示，將 salute 產生器修改為可傳入一個 name 參數，並產生一個包含 'hello you' 字串的陣列。

```
function* salute(name) {
  yield* 'hello '
  yield* name
}
console.log([...salute('you')])
// <- ['h', 'e', 'l', 'l', 'o', ' ', 'y', 'o', 'u']
```

再重申一次，你可以將 **yield*** 用於任何遵守迭代規則的資料型態，而不僅只是字串。這包含了產生器物件、陣列、**arguments**、瀏覽器中的 **NodeList** 節點串列、和任何有實作 **System.iterator** 的項目。下面的例子說明如何將 **yield** 和 **yield*** 結合運用，以使用產生器函式、可迭代物件、和展開運算子描述一個序列中的資料。你可以推想出 **console.log** 敘述會輸出甚麼內容嗎？

```
const salute = {
  [Symbol.iterator]() {
    const items = ['h', 'e', 'l', 'l', 'o']
    return {
      next: () => ({
        done: items.length === 0,
        value: items.shift()
      })
    }
  }
}
function* multiplied(base, multiplier) {
  yield base + 1 * multiplier
  yield base + 2 * multiplier
}
function* trailmix() {
  yield* salute
  yield 0
  yield* [1, 2]
  yield* [...multiplied(3, 2)]
  yield [...multiplied(6, 3)]
  yield* multiplied(15, 5)
}
console.log([...trailmix()])
```

以下是 **trailmix** 產生器函式產生的序列。

```
['h', 'e', 'l', 'l', 'o', 0, 1, 2, 5, 7, [9, 12], 20, 25]
```

除了以 for..of 和 Array.from 巡訪一個產生器物件之外，我們也可以直接使用產生器物件進行巡訪，接下來讓我們看看如何進行。

4.3.2 手動迭代產生器

產生器迭代操作不僅限於使用 for..of、Array.from 或展開運算子。就像其他的可迭代物件，你可以使用它的 Symbol.iterator 於需要時以 .next 取出資料項，而不需要使用嚴格同步迴圈 for..of、Array.from 或展開運算。若一個產生器物件是可迭代也是一個迭代器，你就不需要呼叫 g[Symbol.iterator]() 取得一個迭代器：你可以直接使用 g，因為它和 Symbol.iterator 方法所回傳的物件是一樣的。

以我們稍早前所建立的 numbers 迭代器為例，以下範例說明，你可以使用產生器物件和 while 迴圈手動操作巡訪。請記住，迭代器所回傳的物件都會有一個 done 特性，它會標示著序列是否已結束；而 value 特性則是目前序列資料項的值。

```
const g = numbers()
while (true) {
  const item = g.next()
  if (item.done) {
    break
  }
  console.log(item.value)
}
```

使用迭代器巡訪一個產生器，看起來像是用一種複雜的方式實作 for..of 迴圈；但這樣的方式適合一些有趣的使用情境，例如：for..of 是一個同步迴圈；反之，若使用迭代器則可以決定執行 g.next 的時間點。這樣的優點是可以執行非同步的操作，並在取得結果後再呼叫 g.next。

當呼叫產生器的 .next() 方法後，在取得結果值並回傳給 .next() 的當下，會有四種不同類型的「事件」可以暫停產生器的執行。我們接著就來瞭解以下四種情境：

- yield 運算回傳序列中的下一個值
- return 敘述回傳序列中的最後一個值
- throw 敘述完全中止產生器的執行
- 當函式不明確地回傳 undefined 值，表示已觸及產生器函式的結束訊息 { done: true }

一旦產生器 g 結束了序列的巡訪，後續在呼叫 `g.next()` 就不會產生任何效果，並且只會回傳 `{ done: true }`。下面的程式碼說明，在序列已訪問至結束端時，重複地呼叫 `g.next`，我們可以觀察到它的等冪性（idempotence，也就是重複執行均取得相同的結果）。

```
function* generator() {
  yield 'only'
}
const g = generator()
console.log(g.next())
// <- { done: false, value: 'only' }
console.log(g.next())
// <- { done: true }
console.log(g.next())
// <- { done: true }
```

4.3.3 於可迭代物件加入產生器

讓我們快速回顧一下產生器。當執行產生器函式時，它會回傳一個產生器物件。一個產生器物件具有一個 `next` 方法，它會回傳序列中的下一個資料項目。`next` 方法會以 `{value, done}` 的型態回傳物件。

下面範例示範實作一個無限費氏數列產生器。我們先取得產生器物件的實例，並取得序列的前八個數值。

```
function* fibonacci() {
  let previous = 0
  let current = 1
  while (true) {
    yield current
    const next = current + previous
    previous = current
    current = next
  }
}
const g = fibonacci()
console.log(g.next()) // <- { value: 1, done: false }
console.log(g.next()) // <- { value: 1, done: false }
console.log(g.next()) // <- { value: 2, done: false }
console.log(g.next()) // <- { value: 3, done: false }
console.log(g.next()) // <- { value: 5, done: false }
console.log(g.next()) // <- { value: 8, done: false }
console.log(g.next()) // <- { value: 13, done: false }
console.log(g.next()) // <- { value: 21, done: false }
```

可迭代物件也具有類似的操作模式。它依循著回傳物件需附有 next 方法物件的協議，這個方法會以 { value, done } 的型態回傳序列資料項目。下面的程式碼實作一個費氏數列可迭代物件，看起來很像我們方才所討論的產生器。

```
const fibonacci = {
  [Symbol.iterator]() {
    let previous = 0
    let current = 1
    return {
      next() {
        const value = current
        const next = current + previous
        previous = current
        current = next
        return { value, done: false }
      }
    }
  }
}
const sequence = fibonacci[Symbol.iterator]()
console.log(sequence.next()) // <- { value: 1, done: false }
console.log(sequence.next()) // <- { value: 1, done: false }
console.log(sequence.next()) // <- { value: 2, done: false }
console.log(sequence.next()) // <- { value: 3, done: false }
console.log(sequence.next()) // <- { value: 5, done: false }
console.log(sequence.next()) // <- { value: 8, done: false }
console.log(sequence.next()) // <- { value: 13, done: false }
console.log(sequence.next()) // <- { value: 21, done: false }
```

再次強調，一個可迭代物件必須回傳一個附有 next 方法的物件：產生器函式也是一樣。next 方法需回傳 { value, done } 型態的物件：產生器函式也是一樣。如果我們將 fibonacci 可迭代物件調整為將產生器函式結合 Symbol.iterator 特性，會變成如何呢？事實證明這樣仍然是可行的。

以下範例示範可迭代的 fibonacci 物件使用產生器函式定義迭代的行為。請注意，可迭代物件的內容敘述與我們之前討論的 fibonacci 產生器函式均相同。我們可以使用 yield、yield*，那麼所有的產生器函式的敘述都可以完全保留。

```
const fibonacci = {
  * [Symbol.iterator]() {
    let previous = 0
    let current = 1
    while (true) {
```

```
      yield current
      const next = current + previous
      previous = current
      current = next
    }
  }
}
const g = fibonacci[Symbol.iterator]()
console.log(g.next()) // <- { value: 1, done: false }
console.log(g.next()) // <- { value: 1, done: false }
console.log(g.next()) // <- { value: 2, done: false }
console.log(g.next()) // <- { value: 3, done: false }
console.log(g.next()) // <- { value: 5, done: false }
console.log(g.next()) // <- { value: 8, done: false }
console.log(g.next()) // <- { value: 13, done: false }
console.log(g.next()) // <- { value: 21, done: false }
```

在此同時，可迭代協議也被一併保留。你可以使用 `for..of` 之類的方式，而不是手動地建立產生器物件，來確認這個特性。以下的範例使用 `for..of` 並導入一個迴圈中斷器，以避免無限迴圈的情況使應用程式崩潰。

```
for (const value of fibonacci) {
  console.log(value)
  if (value > 20) {
    break
  }
}
// <- 1
// <- 1
// <- 2
// <- 3
// <- 5
// <- 8
// <- 13
// <- 21
```

接下來看看一些實際範例，瞭解產生器如何協助我們正確地巡訪樹狀資料結構。

4.3.4 利用產生器巡訪樹狀結構資料

運用於樹狀結構的巡訪演算法，通常與遞迴相關，且難以理解。在下面的程式碼中，我們定義了一個 `Node` 類別，它可保存著 `value` 值和任意數量的子節點。

```
class Node {
  constructor(value, ...children) {
    this.value = value
    this.children = children
  }
}
```

樹可以用深度優先搜尋（depth-first search）進行巡訪，此搜尋會先訪問至樹狀結構最深處，此時就不會移動至節點串列的其他子節點。在以下的樹狀結構中，深度優先搜尋演算法會以 **1, 2, 3, 4, 5, 6, 7, 8, 9, 10** 的順序訪問樹的節點。

```
const root = new Node(1,
  new Node(2),
  new Node(3,
    new Node(4,
      new Node(5,
        new Node(6)
      ),
      new Node(7)
    )
  ),
  new Node(8,
    new Node(9),
    new Node(10)
  )
)
```

深度優先巡訪可以使用產生器函式進行實作，它可以產生序列中每個節點的值，且接著利用 **yield*** 運算子實作迭代器的遞迴模組，遞迴訪問目前節點的子節點。

```
function* depthFirst(node) {
  yield node.value
  for (const child of node.children) {
    yield* depthFirst(child)
  }
}
console.log([...depthFirst(root)])
// <- [1, 2, 3, 4, 5, 6, 7, 8, 9, 10]
```

在宣告巡訪演算法處有些不同的地方，就是利用 **depthFirst** 產生器，將 **Node** 類別變更為可迭代。以下程式碼也受惠於此變更，**child** 也是 **Node** 類別—因此也具備可迭代性—為了以 **yield*** 產生可迭代序列，讓 **child** 節點可方便自其父節點的子節點序列取出。

```
class Node {
  constructor(value, ...children) {
    this.value = value
    this.children = children
  }
  * [Symbol.iterator]() {
    yield this.value
    for (const child of this.children) {
      yield* child
    }
  }
}
console.log([...root])
// <- [1, 2, 3, 4, 5, 6, 7, 8, 9, 10]
```

若我們想要變更為廣度優先搜尋（breadth-first search），可以將迭代器調整如以下範例的敘述方式。此處，我們使用先進先出的佇列（first-in first-out queue）作為尚未造訪的節點暫存區；在每次的迭代步驟，自根節點開始，我們會將目前的節點值印出，並將目前節點的子節點放入佇列中。子節點均自佇列的尾端加入，但自佇列的起始端取出；這意味著，樹狀結構的巡訪會先將該指定階層的節點均造訪完畢後，才會更深入至下一個階層。

```
class Node {
  constructor(value, ...children) {
    this.value = value
    this.children = children
  }
  * [Symbol.iterator]() {
    const queue = [this]
    while (queue.length) {
      const node = queue.shift()
      yield node.value
      queue.push(...node.children)
    }
  }
}
console.log([...root])
// <- [1, 2, 3, 8, 4, 9, 10, 5, 7, 6]
```

在迭代器協議允許自訂一個序列可按照我們需求執行迭代的情況下，產生器因為它具表達性的敘述，顯得非常方便使用。當樹結構有上千個節點，且迭代行為須針對效能因素進行調校時，應該都可以派的上用場。

4.3.5 利用產生器函式增加彈性

本章至目前為止，我們已經從序列建立的角度探討產生器的功能。產生器也可以作為一段程式碼的介面，此程式碼可決定產生器函式進行迭代的方式。

在本小節的內容，我們將撰寫可傳遞給方法的一個產生器函式，此方法會巡訪產生器以取得序列的所有資料項。即使初次看到這樣的撰寫方式，你可能會覺得這並非是標準做法；但大多數圍繞著產生器所建立的函式庫，均會要求它們的使用者撰寫可由函式庫操控迭代行為的產生器。

下面的程式碼可作為一個範本，定義我們希望 `modelProvider` 運作的方式。使用者提供一個產生器函式，它每次可以產生出一個模組不同組件的細節，並取得與該組件相關的組件資訊。一個產生器物件可以將結果回傳給產生器函式，透過呼叫 `g.next(result)` 方法。當我們執行此敘述時，`yield` 敘述便會將產生器物件所提拱的 `result` 結果進行運算。

```
modelProvider(function* () {
  const items = yield 'cart.items'
  const item = items.reduce(
    (left, right) => left.price > right.price ? left : right
  )
  const details = yield `products.${ item.id }`
  console.log(details)
})
```

無論何時當使用者自訂的產生器出產（yield）了一個值，產生器函式中的指令運作便會暫停，直到迭代器再次呼叫 `g.next` 才會恢復運行，但這可能會在幕後非同步地發生。下面的程式碼實作了一個 `modelProvider` 函式，它會迭代產生器所出產的 `paths`。請注意我們如何將資料傳遞給 `g.next()` 方法。

```
const model = {
  cart: {
    items: [item1, …, itemN]
  },
  products: {
    product1: { … },
    productN: { … }
  }
}
function modelProvider(paths) {
  const g = paths()
```

```
    pull()
    function pull(data) {
      const { value, done } = g.next(data)
      if (done) {
        return
      }
      const crumbs = value.split('.')
      const data = crumbs.reduce(followCrumbs, model)
      pull(data)
    }
  }
  function followCrumbs(data, crumb) {
    if (!data || !data.hasOwnProperty(crumb)) {
      return null
    }
    return data[crumb]
  }
```

要求使用者提供產生器函式的最大優點就是，函式配合 `yield` 關鍵字的使用，當迭代器在兩個 `g.next` 呼叫之間執行非同步的操作時，程式碼的執行能夠有暫停運作的能力。接著在下一節來看看一些產生器運用於非同步操作的案例。

4.3.6 非同步流程的處理

回到前面討論的呼叫 `modelProvider` 函式並傳入使用者提供的產生器的案例，如果模組的組件是以非同步的方式提供，那麼程式應該要如何調整？使用產生器的優點是，若在巡訪路徑序列的動作變為非同步執行時，使用者自訂的函式則完全不需要變動。在擷取模組組件的情境中，我們已經能夠暫停產生器的執行；現在我們需要的就是可以詢問一個服務，該服務可以提供目前所需的路徑值，透過一個中繼的 `yield` 敘述或其他的方式回傳；接著再呼叫產生器物件的 `g.next`。

假設我們先返回到如下 `modelProvider` 的使用方式。

```
modelProvider(function* () {
  const items = yield 'cart.items'
  const item = items.reduce(
    (left, right) => left.price > right.price ? left : right
  )
  const details = yield `products.${ item.id }`
  console.log(details)
})
```

我們會使用 fetch 向每一個 HTTP 資源提出請求一你應該還記得，這樣會回傳一個 Promise 物件。請注意，在一個非同步的情境中，我們不能夠使用 for..of 迴圈來巡訪序列，此迴圈僅限於以同步的方式巡訪。

下面的程式碼會為每個模組組件查詢均發送一個 HTTP 請求，在伺服器端會負責產生模組相關的資訊，而客戶端不需要保存任何狀態，除了一些使用者身分認證的資訊保存，例如：cookies。

```
function modelProvider(paths) {
  const g = paths()
  pull()
  function pull(data) {
    const { value, done } = g.next(data)
    if (done) {
      return
    }
    fetch(`/model?query=${ encodeURIComponent(value) }`)
      .then(response => response.json())
      .then(data => pull(data))
  }
}
```

請牢記在腦海中，當 yield 運算式正在運算時，產生器函式的執行便會暫停，直到序列的下一個資料項被迭代器請求一在我們的範例中，就是下一次對模組的查詢。在這個情況下，產生器函式中的程式碼看起來和操作起來都像是同步執行，即使 yield 指令會中止產生器的執行，直到下一次觸及 g.next 才會恢復執行。

產生器可讓我們撰寫非同步程式碼，即便它感覺像是同步執行，但這也同樣帶來了一些問題。我們如何處理在迭代進行時所發生的錯誤？例如：如果 HTTP 請求失敗了，該如何通知產生器並在產生器函式中處理錯誤？

4.3.7 產生器拋出錯誤

在將注意力轉向至使用者自訂的產生器前，我們嘗試著尋找 g.throw 的使用案例，這個方法可在產生器中止時回報發生的錯誤。當我們以流程控制的觀點思考，在兩個 yield 運算式執行時，中間的時間會有錯誤發生的可能，此時就可以利用這個方法拋出錯誤。當處理序列中的資料項目發生錯誤時，使用產生器的程式碼就能夠使用 throw 方法，將錯誤拋入至產生器。

在 modelProvider 的案例中，迭代器可能會遭遇一些網路的問題—或錯誤格式的 HTTP 回應—造成無法提供模組的資訊。在下面的程式碼中，fetch 步驟會加入一個錯誤回呼函式，當 response.json() 無法正確剖析回應訊息時便會執行；在此情況下，我們就會在產生器函式中拋出例外錯誤。

```
fetch(`/model?query=${ encodeURIComponent(value) }`)
  .then(response => response.json())
  .then(data => pull(data))
  .catch(err => g.throw(err))
```

當呼叫 g.next 時，產生器的程式碼便會恢復執行。g.throw 方法也會將產生器恢復運作，但是它會在 yield 運算式的位置將錯誤拋出。在產生器中，未被處理的例外錯誤會使迭代停止執行，以避免觸及其他的 yield 運算式。產生器程式碼可以將 yield 運算式包裹在 try/catch 區塊中，以優雅地管理來自迭代程式發生的錯誤—如下列程式碼所示。以此方式可讓後續的 yield 運算式仍可被觸及執行，使暫停產生器運作，並再次由迭代器掌控。

```
modelProvider(function* () {
  try {
    console.log('items in the cart:', yield 'cart.items')
  } catch (e) {
    console.error('uh oh, failed to fetch model.cart.items!', e)
  }
  try {
    console.log(`these are our products: ${ yield 'products' }`)
  } catch (e) {
    console.error('uh oh, failed to fetch model.products!', e)
  }
})
```

即使產生器函式可允許我們中止執行，再非同步的恢復執行，我們還是可以使用相同的錯誤處理機制—try、catch 和 throw—如在一般函式中的操作使用。在產生器程式碼中使用 try/catch 區塊的能力，可讓程式碼的執行有如同步的狀況一樣；即使 HTTP 請求在迭代器程式碼的位置是撰寫在 yield 運算式的後方。

4.3.8 代表產生器進行回傳

除了 g.next 和 g.throw 方法之外，產生器物件還有一個方法可定義一個產生器序列如何進行迭代：g.return(value)。這個方法會恢復產生器函式執行，並在 yield 的位置執行 return value，通常會結束產生器物件對序列的巡訪。如果產生器函式中已有使用 return 敘述，這兩種方式所產生的效果是相同的。

```
function* numbers() {
  yield 1
  yield 2
  yield 3
}
const g = numbers()
console.log(g.next())
// <- { done: false, value: 1 }
console.log(g.return())
// <- { done: true }
console.log(g.next())
// <- { done: true }
```

若 g.return(value) 在產生器函式最後暫停的 yield 位置進行 return value 動作，利用 try/finally 區塊可以避免產出的序列立即結束，因為 finally 區塊中的敘述在程式結束之前被完成執行。如以下程式碼所示，它描述了 finally 區塊中的 yield 運算式可以持續產出序列所需要的資料項。

```
function* numbers() {
  try {
    yield 1
  } finally {
    yield 2
    yield 3
  }
  yield 4
  yield 5
}
const g = numbers()
console.log(g.next())
// <- { done: false, value: 1 }
console.log(g.return(-1))
// <- { done: false, value: 2 }
console.log(g.next())
// <- { done: false, value: 3 }
console.log(g.next())
// <- { done: true, value -1 }
```

再來看看一個簡單的產生器函式，它會利用 yield 出產一些數值，接著會遇到一個 return 敘述。

```
function* numbers() {
  yield 1
  yield 2
  return 3
  yield 4
}
```

return value 敘述可能會放置於產生器函式的任何位置，但當使用展開運算子或 Array.from 對產生器進行迭代以建立一個陣列時，並不會出現 value 值；即使用 for..of 也不會出現，如下程式碼所示。

```
console.log([...numbers()])
// <- [1, 2]
console.log(Array.from(numbers()))
// <- [1, 2]
for (const number of numbers()) {
  console.log(number)
  // <- 1
  // <- 2
}
```

這樣的狀況會發生的原因是，執行 g.return 或是一個 return 敘述所取得的迭代器結果會包含 done: true 訊號，這代表著序列已經結束。即使此迭代器結果包含著一個序列的 value 值，但上述提到的方法自產生器取出一個序列值時均會將它忽略。在這樣情況下，產生器中的 return 敘述大部分會被視為是一種迴圈中斷器，而不是提供序列的最末端值的方法。

唯一可實際存取產生器回傳值的方法，就是利用產生器物件對產生器進行迭代，並擷取迭代器結果值，即便出現 done: true 的訊息，如下範例所示。

```
const g = numbers()
console.log(g.next())
// <- { done: false, value: 1 }
console.log(g.next())
// <- { done: false, value: 2 }
console.log(g.next())
// <- { done: true, value: 3 }
console.log(g.next())
// <- { done: true }
```

因為 yield 運算式和 return 敘述令人困惑的差異性，return 敘述最好避免在產生器中使用，除非有特定的方法需要特別運用 yield 和 return 的差異特徵；而兩者最終的目的都是要提供一種資料抽取方法，以簡化程式開發描述。

在下一個章節，我們將會建立一個迭代器，基於相同的產生器函式探討 yield 和 return 兩者在輸入和輸出表現上的差異性。

4.3.9 運用產生器操作非同步 I/O

下面的程式碼呈現一個自我描述的產生器函式，在函式中我們會指示輸入來源和一個輸出目標。這個假設的方法可自 yield 處取得產品資訊，這些產品資訊接著可被存放至 return 敘述處的儲存位置。這個介面有趣的地方是，作為一個使用者你不需要花時間釐清如何讀取和寫入資訊，只需要確定資訊的來源和目的，剩下的可在後續的實作完成。

```
saveProducts(function* () {
  yield '/products/modern-javascript'
  yield '/products/mastering-modular-javascript'
  return '/wishlists/books'
})
```

更棒的是，我們可以讓 saveProducts 方法回傳一個 Promise 物件，它會在訂單置入至 return 敘述指定的位置之後轉換為已實現狀態；這表示使用者在願望清單建檔之後便可以執行回呼函式。產生器函式也會透過 yield 運算式取得產品資訊，它可透過呼叫 g.next 搭配相關聯的產品資訊傳遞至函式中。

```
saveProducts(function* () {
  const p2 = yield '/products/modern-javascript'
  const p2 = yield '/products/mastering-modular-javascript'
  return '/wishlists/books'
}).then(response => {
  // 在完成儲存產品願望清單後繼續執行
})
```

在 saveProducts 函式中加入條件式的邏輯判斷，可將產品置入至使用者的購物車中，而非只是願望清單之一。

```
saveProducts(function* () {
  yield '/products/modern-javascript'
  yield '/products/mastering-modular-javascript'
  if (addToCart) {
    return '/cart'
```

```
  }
  return '/wishlists/books'
})
```

採用這樣「輸入和輸出」一體的優點之一，就是可在 API 大部分保持不變的狀況下，內部的實作可進行各種的變化。輸入的來源可透過 HTTP 請求取得，或來自一個暫存的快取儲存；這些資料來源可以逐一的擷取，或同步進行擷取，或是將所有自 yield 出產的資料源整合至單一的 HTTP 請求即可完整擷取的機制。除了逐一擷取資料相對於一個單一請求擷取所有資料的差異之外，API 在實作上大幅變更，但在操作運用上幾乎不變。

接下來我們實際地來深入瞭解 saveProducts 方法的實作方式。首先，下面的範例示範如何結合 fetch 和它以 Promise 物件為基礎的 API 來發送一個 HTTP 請求，並取得以 JSON 格式描述的第一個產品資訊。

```
function saveProducts(productList) {
  const g = productList()
  const item = g.next()
  fetch(item.value)
    .then(res => res.json())
    .then(product => {})
}
```

為了同步擷取產品資訊—以非同步方式，一次發送一個請求—我們將 fetch 函式呼叫包裹於一個遞迴函式中，每當取得產品資訊時便會被執行。它執行的步驟是，擷取一個產品、呼叫 g.next 恢復產生器函式運行以擷取序列中下一個產品、接著再呼叫 more 擷取該產品資訊。

```
function saveProducts(productList) {
  const g = productList()
  more(g.next())
  function more(item) {
    if (item.done) {
      return
    }
    fetch(item.value)
      .then(res => res.json())
      .then(product => {
        more(g.next(product))
      })
  }
}
```

至此我們已經取得所有的輸入資料，並將它們透過 g.next(product) 回傳給產生器——一次一個產品—為了發揮 return 敘述的效用，我們會將產品儲存於一個暫存的陣列中，當迭代器 item 已標示序列為結束時，再接著將產品清單以 POST 方式傳送至輸出點儲存。

```
function saveProducts(productList) {
  const products = []
  const g = productList()
  more(g.next())
  function more(item) {
    if (item.done) {
      save(item.value)
    } else {
      details(item.value)
    }
  }
  function details(endpoint) {
    fetch(endpoint)
      .then(res => res.json())
      .then(product => {
        products.push(product)
        more(g.next(product))
      })
  }
  function save(endpoint) {
    fetch(endpoint, {
      method: 'POST',
      body: JSON.stringify({ products })
    })
  }
}
```

到這裡已將產品描述資訊擷取下來了，並暫存在 products 陣列中，在產生器的 body 儲存此陣列；資訊最終會儲存至 return 敘述所回傳的目的路徑。

在我們原始的 API 設計，會建議自 saveProducts 回傳一個 Promise 物件，這樣回呼函式就能夠在 save 操作完成後被鏈結和執行。如稍早前所談過，fetch 函式會回傳一個 Promise 物件；藉著將 return 敘述加入至每一個函式呼叫中，你可以觀察看看 saveProducts 函式是如何將 more 函式的輸出結果回傳。函式會回傳 save 或 details 函式的輸出結果，這兩個函式都會回傳 fetch 函式呼叫所建立的 Promise 物件。除此之外，details 函式呼叫都會取得內部 Promise 物件呼叫 more 函式的結果；這表示原始的 fetch 呼叫要在第二個 fetch 函式呼叫已實現後，它的狀態才會轉換為已實現。此方式可讓我們將這些 Promise 物件鏈結起來，當 `save` 函式呼叫被執行並解析完成時，這些物件最終也都會被進行解析。

```
function saveProducts(productList) {
  const products = []
  const g = productList()
  return more(g.next())
  function more(item) {
    if (item.done) {
      return save(item.value)
    }
    return details(item.value)
  }
  function details(endpoint) {
    return fetch(endpoint)
      .then(res => res.json())
      .then(product => {
        products.push(product)
        return more(g.next(product))
      })
  }
  function save(endpoint) {
    return fetch(endpoint, {
        method: 'POST',
        body: JSON.stringify({ products })
      })
      .then(res => res.json())
  }
}
```

你應該已注意到，在實作上並沒有將重要的操作邏輯也一併撰寫於程式中，這表示只要你希望將一或多個輸入轉換為最終單一的輸出結果時，可以廣泛地將此處輸入和輸出的樣板進行活用。使用者最後會得到一個外觀優雅且容易理解的方法—由 `yield` 所生產的結果是輸入資訊，`return` 所回傳的結果是輸出資訊。此外，我們運用 Promise 物件讓這項操作更容易與其他方法結合。在運用此方法時，要時常注意條件式判斷和流程控制機制可能造成的混亂，所以在 `saveProducts` 方法中，抽取出流程控制的部分整併至迭代機制中。

至此我們已經探討了許多的流程控制機制，例如：回呼、事件、Promise、迭代器、和產生器。接下來的兩個章節會鑽研 `async/await`、非同步迭代器、和非同步產生器，它們均是建構在本章至今所介紹的流程控制機制之上。

4.4 非同步函式

Python 和 C# 等語言已經具備 async/await 功能一段時間了。在 ES2017 中，JavaScript 也發展出原生的程式語法可用於描述非同步操作。

請先很快的回想一下 Promise、回呼、和產生器的功能。後面我們將深入探討 JavaScript 的非同步函式，並瞭解這個新功能如何讓我們的程式碼更具可讀性。

4.4.1 非同步程式的意義

假設我們有一段如下方的程式碼，其中 fetch 請求被包裹於 getRandomArticle 函式中；當請求成功時，所回傳的 Promise 物件為已實現並附帶 JSON 格式的 body 主體資訊；若失敗，則依循標準的 fetch 已拒絕機制處理。

```
function getRandomArticle() {
  return fetch('/articles/random', {
    headers: new Headers({
      Accept: 'application/json'
    })
  })
  .then(res => res.json())
}
```

下一段程式碼則說明 getRandomArticle 函式基本的運用方式。我們會建立一個 Promise 物件鏈結，它會擷取文章的 JSON 物件，並傳遞至非同步的 renderView 的畫面描繪函式，在完成後會產生一個 HTML 頁面，接著再以該 HTML 頁面取得我們的頁面內容。為了避免無法捕捉到的錯誤，我們利用 console.error 可將所有發生的拒絕原因輸出。

```
getRandomArticle()
  .then(model => renderView(model))
  .then(html => setPageContents(html))
  .then(() => console.log('Successfully changed page!'))
  .catch(err => console.error(err))
```

Promise 物件鏈結是很難除錯的：流程控制的錯誤原因很難追溯，且撰寫以 Promise 物件為基礎的程式碼流程，閱讀起來是比撰寫更加不易，常會導致後續維護上的困難。

如果是使用單純 JavaScript 回呼函式，我們的程式碼內容會較具重複性，就如接下來的範例一樣。同時，也會落入回呼困境：在非同步程式流程中的每一個步驟都再加入一層縮排，使得程式碼更難閱讀理解。

```
getRandomArticle((err, model) => {
  if (err) {
    return console.error(err)
  }
  renderView(model, (err, html) => {
    if (err) {
      return console.error(err)
    }
    setPageContents(html, err => {
      if (err) {
        return console.error(err)
      }
      console.log('Successfully changed page!')
    })
  })
})
```

當然，以函式庫可以解決回呼困境，和錯誤處理的重複性。函式庫的使用可受惠於標準化回呼函式的優點，如 async 非同步，將第一個引數保留給錯誤使用。若使用它的 `waterfall` 方法，我們的程式碼又會變得簡潔一些。

```
async.waterfall([
  getRandomArticle,
  renderView,
  setPageContents
], (err, html) => {
  if (err) {
    return console.error(err)
  }
  console.log('Successfully changed page!')
})
```

我們再看一個類似的範例，但這次我們將使用產生器。下面的範例是 `getRandomArticle` 的重製版，此處我們使用產生器以改變 `getRandomArticle` 的使用方式。

```
function getRandomArticle(gen) {
  const g = gen()
  fetch('/articles/random', {
    headers: new Headers({
      Accept: 'application/json'
    })
```

```
    })
    .then(res => res.json())
    .then(json => g.next(json))
    .catch(err => g.throw(err))
}
```

以下的程式碼展示如何透過 yield 運算式 ，自 getRandomArticle 函式中擷取 json 結果值。即使看起來像是同步進行，現在其實已加入了產生器函式。當我們希望加入更多步驟時，必須大幅更動 getRandomArticle，才能夠以 yield 出產期望的結果值；並需調整產生器內容，以使用最新的結果序列。

```
getRandomArticle(function* printRandomArticle() {
  const json = yield
  // render view
})
```

在此案例中，使用產生器可能不是達到我們期望的結果最直覺的方式：只是把複雜性搬移到其他地方而已，而我們也受限於 Promise 的使用。

除了將不直覺的語法加入其中，迭代器的程式碼也將與使用中的產生器函式高度地結合；這表示當產生器程式碼中加入了 yield 運算式，迭代器的程式碼也必須一併調整。

另一個較佳的方案是使用 async 函式。

4.4.2 使用 async/await

非同步函式可讓我們採用以 Promise 物件為基礎的實作，同時也受益於外觀看似同步的產生器。這種方法的一個巨大優點是，你將完全不需要變更原始的 getRandomArticle 函式：只要它回傳一個可被等候的 Promise 物件。

請注意，await 只能夠在非同步函式中使用，函式須以關鍵字 async 標示。非同步函式的運作類似於產生器，可在本文中暫停執行直到 Promise 物件已確認狀態為止。若被等待的運算式並不是一個 Promise 物件，則會被轉換型態為 Promise 物件。

下面的程式碼使用我們最初的 getRandomArticle 函式，它使用 Promise 物件進行運作。接著它會透過一個名稱為 renderView 的非同步函式，傳回 HTML 結果並更新頁面內容。請注意我們如何使用 `try/catch` 在被等候的 Promise 物件中進行錯誤處理，就如我們在同步程式中的操作一樣。

```
async function read() {
  try {
    const model = await getRandomArticle()
    const html = await renderView(model)
    await setPageContents(html)
    console.log('Successfully changed page!')
  } catch (err) {
    console.error(err)
  }
}

read()
```

非同步函式均會回傳一個 `Promise` 物件。萬一發生未捕捉的錯誤時，則回傳已拒絕的 Promise 物件。此外，回傳的物件也可解析為回傳值。非同步函式允許我們將這兩種回傳型態與一般以 Promise 物件為基礎的方法繼續搭配使用。下面範例說明如何將這兩種回傳型態結合運用。

```
async function read() {
  const model = await getRandomArticle()
  const html = await renderView(model)
  await setPageContents(html)
  return 'Successfully changed page!'
}

read()
  .then(message => console.log(message))
  .catch(err => console.error(err))
```

若要讓 `read` 函式更具再利用性，我們可以將 `html` 結果回傳，並允許使用者利用 Promise 或其他的非同步函式進行後續處理。這樣你的 `read` 函式功能就可以專注於擷取頁面的 HTML 內容。

```
async function read() {
  const model = await getRandomArticle()
  const html = await renderView(model)
  return html
}
```

在下面範例中，我們運用單純的 Promise 物件將 HTML 輸出。

```
read().then(html => console.log(html))
```

使用非同步函式對後續的處理也較不會那麼困難。在下方的程式碼中，我們建立了一個 write 函式，作為後續的應用處理。

```
async function write() {
  const html = await read()
  console.log(html)
}
```

那同時進行的非同步流程會如何呢？

4.4.3 同時發生的非同步流程

在非同步程式碼的流程中，經常會同時地執行兩個或多個工作。利用非同步函式可以很容易的撰寫非同步程式，同時在程式上也將它們以一次進行一個非同步操作的方式撰寫。一個函式若有多個 await 運算式在其中，則在每一個 await 運算執行時會暫停一次，直到 Promise 狀態確認，恢復運作並至下一個 await 運算之前—這和我們所看到的產生器與 yield 運算式的案例類似。

```
async function concurrent() {
  const p1 = new Promise(resolve =>
  setTimeout(resolve, 500, 'fast')
)
  const p2 = new Promise(resolve =>
  setTimeout(resolve, 200, 'faster')
)
  const p3 = new Promise(resolve =>
  setTimeout(resolve, 100, 'fastest')
)
  const r1 = await p1 // 運作會暫停，直到 p1 已確認狀態
  const r2 = await p2
  const r3 = await p3
}
```

我們可以使用 Promise.all 修正此問題，透過建立一個我們可以 await 的 Promise 物件。利用此方式，我們的程式碼運作會暫停，直到清單中的每一個 Promise 物件都確認狀態後，它們就同時地完成解析。

下面的範例示範如何利用 await 等待三個不同的 Promise 物件並同時完成解析。假定 await 暫停了你的 async 函式，且 await Promise.all 運算式最終會將解析結果置於 results 結果陣列中。你可以利用解構賦值的方式將每一個結果值自陣列中取出。

```
async function concurrent() {
  const p1 = new Promise(resolve =>
  setTimeout(resolve, 500, 'fast')
)
  const p2 = new Promise(resolve =>
  setTimeout(resolve, 200, 'faster')
)
  const p3 = new Promise(resolve =>
  setTimeout(resolve, 100, 'fastest')
)
  const [r1, r2, r3] = await Promise.all([p1, p2, p3])
  console.log(r1, r2, r3)
  // 'fast', 'faster', 'fastest'
}
```

我們可以使用 Promise.race 自較早實現的 Promise 物件中取得結果。

```
async function race() {
  const p1 = new Promise(resolve => setTimeout(resolve, 500,
'fast'))
  const p2 = new Promise(resolve => setTimeout(resolve, 200,
'faster'))
  const p3 = new Promise(resolve => setTimeout(resolve, 100,
'fastest'))
  const result = await Promise.race([p1, p2, p3])
  console.log(result)
  // 'fastest'
}
```

4.4.4 錯誤處理

在 async 函式中，錯誤會被無聲地抑制下來，就像是在內部的普通 Promise 物件；因為非同步函式被包裹於一個 Promise 物件中。若在你的非同步函式主體中發生了未被捕捉的例外，或執行一個 await 運算式暫停運作的期間，將會拒絕 async 函式所回傳的 Promise 物件。

也就是說，除非我們在 await 運算式的周圍加入 try/catch 區塊，才能夠處理錯誤。對非同步函式被包裹的程式部分，所發生的錯誤就會以 try/catch 的機制進行處理。

自然地，這可以視為是一項特點：某些無法用非同步回呼函式處理的事項，和某些以 Promise 物件可以處理的事項，你就可以使用 try/catch 的錯誤處理機制。在這些情境下，非同步函式與產生器類似，可以運用 try/catch 錯誤處理機制，因為中止函式執行的動作可將非同步流程轉變為表面上同步的程式流程。

除此之外，藉由在函式回傳的 Promise 物件之後加入 `.catch` 子句，你可以自 `async` 函式外捕捉到發生的錯誤。結合 `try/catch` 錯誤處理機制和 `.catch` 子句是一個具有彈性的方法，但也會導致混淆並最終造成未捕捉處理的錯誤，除非所撰寫出來的非同步函式內容，在該環境下以 `try/catch` 的運作和 Promise 包裹器的角度審視，均可讓人輕鬆理解。

```
read()
  .then(html => console.log(html))
  .catch(err => console.error(err))
```

如你所見，還有一些方法可以捕捉到例外錯誤，並接著進行處理、記錄、或卸載。

4.4.5 瞭解非同步函式的內部運作

非同步函式在內部運用了產生器和 Promise 物件。假設我們有如下的非同步函式。

```
async function example(a, b, c) {
  // example 函式內容
}
```

下面的程式範例說明如何將 `example` 函式宣告轉換為傳統的 `function` 敘述，它會將產生器傳入 `spawn` 輔助函式中的結果回傳。

```
function example(a, b, c) {
  return spawn(function* () {
    // example 函式內容
  })
}
```

在產生器函式中，我們認為 `yield` 在功能語法上與 `await` 是相同的。

在 `spawn` 函式中，Promise 物件被包裹於程式碼中，此程式碼會進入產生器函式一由使用者的程式要求一依序將值傳遞至產生器程式碼中（`async` 函式的內容）。

以下的範例應該可以幫助你理解 `async/await` 演算法如何運用產生器對一系列的 `await` 運算式進行迭代。在序列中的每個項目都會包裹於一個 Promise 物件中，並與序列的下一個項目鏈結。自產生器函式所回傳的 Promise 物件，在序列結束時或 Promise 物件被拒絕時，可以完成狀態確認。

```
function spawn(generator) {
  // 將所有項目包裹於一個 promise 物件中
  return new Promise((resolve, reject) => {
    const g = generator()

    // 執行第一個步驟
    step(() => g.next())

    function step(nextFn) {
      const next = runNext(nextFn)
      if (next.done) {
        // 若成功結束，則將 promise 物件完成解析
        resolve(next.value)
        return
      }
      // 若尚未結束，則將出產的 promise 物件鏈結
      // 並執行下一個步驟
      Promise
        .resolve(next.value)
        .then(
          value => step(() => g.next(value)),
          err => step(() => g.throw(err))
        )
    }

    function runNext(nextFn) {
      try {
        // 恢復產生器運行
        return nextFn()
      } catch (err) {
        // 以失敗結束，則拒絕 promise 物件
        reject(err)
      }
    }
  })
}
```

參考下方的非同步函式，為了將結果輸出，我們以 Promise 物件為基礎接續處理的方式進行。下面讓我們依循程式碼先進行思考上的推演。

```
async function exercise() {
  const r1 = await new Promise(resolve =>
  setTimeout(resolve, 500, 'slowest')
)
  const r2 = await new Promise(resolve =>
  setTimeout(resolve, 200, 'slow')
)
  return [r1, r2]
}
```

```
exercise().then(result => console.log(result))
// <- ['slowest', 'slow']
```

首先，我們可以將函式轉換為以 spawn 函式為基礎的邏輯。我們將非同步函式的內容包裹於一個產生器中，傳遞給 spawn 函式，並將 await 以 yield 取代。

```
function exercise() {
  return spawn(function* () {
    const r1 = yield new Promise(resolve =>
    setTimeout(resolve, 500, 'slowest')
  )
    const r2 = yield new Promise(resolve =>
    setTimeout(resolve, 200, 'slow')
  )
    return [r1, r2]
  })
}

exercise().then(result => console.log(result))
// <- ['slowest', 'slow']
```

當 spawn 函式被呼叫時，它會立刻建立一個產生器物件，並第一次執行 step 函式，如下面的程式範例。無論何時當程式執行觸及 yield 運算式，均會調用 step 函式；這和我們非同步函式中的 await 運算式效果相同。

```
function spawn(generator) {
  // 將所有項目包裹於一個 promise 物件中
  return new Promise((resolve, reject) => {
    const g = generator()

    // 執行第一個步驟
    step(() => g.next())
    // …
  })
}
```

在 step 函式中發生的第一件事，就是呼叫 try/catch 區塊中的 nextFn 函式，這個動作會恢復產生器函式的運行。如果產生器函式發生錯誤，程式流程會進入到 catch 區塊，並且回傳的 Promise 物件為已拒絕狀態，不再進行後續的執行，如下範例所示。

```
function step(nextFn) {
  const next = runNext(nextFx)
```

```
  // …
}

function runNext(nextFn) {
  try {
    // 恢復產生器運行
    return nextFn()
  } catch (err) {
    // 以失敗結束，則拒絕 promise 物件
    reject(err)
  }
}
```

回到我們的非同步函式，程式會恢復運行，直到觸及下方的敘述。此時不會發生錯誤，且非同步函式的運作會再度中止。

```
yield new Promise(resolve =>
  setTimeout(resolve, 500, 'slowest')
)
```

yield 運算所出產的結果會由 step 函式取得，以 next.value 方式調用；當出現 next.done 時，產生器序列則已至尾端。在此案例中，我們在函式中取得的 Promise 物件可以精確地控制迭代的進行。當 next.done 為 false 時，我們不需要將非同步函式的 Promise 物件完成解析，而是將 next.value 包裹於一個已實現的 Promise 物件，這樣的方式是為了防止此時間點尚未取得一個 Promise 物件。

接著我們等待 Promise 物件轉換為已實現或已拒絕狀態。若物件為已實現，我們將已實現的值傳入至產生器函式中，也就是藉由擷取下一個產生器序列值時傳入 value 值；若物件為已拒絕，我們就使用 g.throw 方法，它會在產生器函式中引發錯誤，使得在 runNext 函式中拋出已拒絕的非同步函式的包裹器 Promise 物件。

```
function step(nextFn) {
  const next = runNext(nextFn)
  if (next.done) {
    // 若成功結束，則將 promise 物件完成解析
    resolve(next.value)
    return
  }
  // 若尚未結束，則將出產的 promise 物件鏈結，並執行下一個步驟
  Promise
    .resolve(next.value)
    .then(
      value => step(() => g.next(value)),
```

```
        err => step(() => g.throw(err))
      )
  }
```

產生器函式可呼叫 g.next() 時，代表函式已恢復運行，並藉由將值傳入至 g.next(value)，yield 運算式會取得此 value 值並進行計算結果。在這個案例裡，此 value 值是最初所出產的 Promise 物件的已實現結果值，即為 'slowest'。

回到產生器函式，我們將 'slowest' 指派給 r1。

```
const r1 = yield new Promise(resolve =>
  setTimeout(resolve, 500, 'slowest')
)
```

接著，程式開始執行，直到第二個 yield 運算式；它又會再次將非同步函式暫停，並將一個新的 Promise 物件傳遞至 spawn 迭代器。

```
yield new Promise(resolve => setTimeout(resolve, 200, 'slow'))
```

這次，相同的程序又重複的執行：next.done 為 false，因為產生器函式尚未結束。我們將 Promise 物件包裹於另一個 Promise 物件中，一旦 Promise 物件狀態確認且具有 'slow' 值時，就可以恢復產生器函式的執行。

接下來會執行到產生器函式的回傳敘述。再一次，產生器函式的運行會終止，並回傳給迭代器。

```
return [r1, r2]
```

此處，next 方法會回傳下方的物件。

```
{
  value: ['slowest', 'slow'],
  done: true
}
```

立即地，迭代器會檢查 next.done 是否為 true，且解析非同步函式的結果為 ['slowest', 'slow']。

```
if (next.done) {
  // 成功結束，解析 Promise 物件值
  resolve(next.value)
  return
}
```

至此，exercise 所回傳的 Promise 物件確認為已實現，並將最終的結果印出。

```
exercise().then(result => console.log(result))
// <- ['slowest', 'slow']
```

接著，想要在迭代產生器函式的過程，可以來回順暢地傳遞值時，利用非同步函式會是較合理的方式。有些語法糖會隱藏產生器函式的使用，如：spawn 函式被運用來迭代 yield 運算的結果序列，yield 以 await 替換。

我們從 Promise 的觀點來思考非同步函式。參考下方的範例，此處有一個非同步函式需等待一個 Promise 物件，而此物件來自於一個函式呼叫的回傳結果；接著等待每位使用者對應的函式結果。該如何將解釋這樣的敘述轉換為以 Promise 物件為基礎的方式進行呢？

```
async function getUserProfiles() {
  const users = await findAllUsers()
  const models = await Promise.all(users.map(toUserModel))
  const profiles = models.map(model => model.profile)
  return profiles
}
```

下面的程式碼功能與 getUserProfiles 的非同步函式相同。在大部分的狀況下，我們會將 await 敘述變更為鏈結的 Promise 物件，同時將非同步函式中的變數宣告部分，移入至每一個 Promise 物件的回應中。在此範例中，假定非同步函式均會回傳一個 Promise 物件，但是我們心中須記得將 Promise.resolve(result) 的回傳值，指定給所有需要轉換為 Promise 物件的非同步函式。

```
function getUserProfiles() {
  const userPromise = findAllUsers()
  const modelPromise = userPromise.then(users =>
    Promise.all(users.map(toUserModel))
    )
  const profilePromise = modelPromise.then(models =>
    models.map(model => model.profile)
  )
  return profilePromise
}
```

注意，非同步函式是在產生器和 Promise 物件之上的語法糖。學習這每一個建構元件的運作及使用，才能夠進一步瞭解後續在非同步程式碼流程中的搭配運用。

4.5 非同步迭代

如第 109 頁第 4.2 節，「迭代器協議（Iterator Prtocol）和可迭代協議（Iterable Prtocol）」所說明，你應該還記得迭代器如何運用 `Symbol.iterator` 作為一個介面，定義物件被迭代的方式。

```
const sequence = {
  [Symbol.iterator]() {
    const items = ['i', 't', 'e', 'r', 'a', 'b', 'l', 'e']
    return {
      next: () => ({
        done: items.length === 0,
        value: items.shift()
      })
    }
  }
}
```

你可能記得 `sequence` 物件可用多種不同的方式進行迭代，例如：展開運算子、`Array.from`、`for..of` 和其他方式。

```
[...sequence]
// <- ['i', 't', 'e', 'r', 'a', 'b', 'l', 'e']
Array.from(sequence)
// <- ['i', 't', 'e', 'r', 'a', 'b', 'l', 'e']

for (const item of sequence) {
  console.log(item)
  // <- 'i'
  // <- 't'
  // <- 'e'
  // <- 'r'
  // <- 'a'
  // <- 'b'
  // <- 'l'
  // <- 'e'
}
```

迭代器定義中規定，`Symbol.iterator` 的 `next` 方法必須回傳一個具有 `value` 和 `done` 特性的物件；`value` 特性代表的是目前在序列中的資料值，而 `done` 特性是一個布林值，標示著目前序列是否結束。

4.5.1 非同步迭代器

在非同步迭代器中，定義上稍有不同：next 方法預期會回傳一個 Promise 物件，它可解析出包含 value 和 done 特性的物件。這個 Promise 物件可以啟用一個序列來定義非同步的工作，在資料項被解析而得之前。為了避免與 Symbol.iterator 所產生的結果混淆，此處介紹一個新的 Symbol.asyncIterator，用以宣告非同步迭代器。

可迭代物件 sequence 只要進行兩項小調整，就可以與非同步迭代器介面相容運作：將 Symbol.iterator 以 Symbol.asyncIterator 取代，並且將 Promise.resolve 中的 next 方法的回傳值，改為回傳一個 Promise 物件。

```
const sequence = {
  [Symbol.asyncIterator]() {
    const items = ['i', 't', 'e', 'r', 'a', 'b', 'l', 'e']
    return {
      next: () => Promise.resolve({
        done: items.length === 0,
        value: items.shift()
      })
    }
  }
}
```

下面是一個無限量序列在指定的時間區間中增加其值的範例。在程式碼中，interval 函式會回傳無限量非同步序列。在指定的 duration 時間後，每個步驟會解析出序列中的下一個值。

```
const interval = duration => ({
  [Symbol.asyncIterator]: () => ({
    i: 0,
    next() {
      return new Promise(resolve =>
        setTimeout(() => resolve({
          value: this.i++,
          done: false
        }), duration)
      )
    }
  })
})
```

為了使用非同步迭代器，我們可以運用新的 for await..of 流程元件搭配非同步迭代器一同使用。這也是另一種以看似同步的流程撰寫非同步程式碼的方式。請注意，for await..of 敘述只允許於非同步函式中使用。

```
async function print() {
  for await (const i of interval(1000)) {
    console.log(`${ i } seconds elapsed.`)
  }
}
print()
```

非同步迭代器—和非同步產生器—截至撰稿為止，均處於 ECMAScript 流程的第三階段。

4.5.2 非同步產生器

就像一般的迭代器，非同步產生器可與非同步迭代器在功能上有互補的作用。非同步產生器函式也就像是一個產生器函式，除了它還可以支援 await 和 for await..of 的宣告方式。下面的範例示範一個名稱為 fetchInterval 的產生器可定期地於固定的時間區間進行資源擷取。

```
async function* fetchInterval(duration, ...params) {
  for await (const i of interval(duration)) {
    yield await fetch(...params)
  }
}
```

當逐步進行時，非同步產生器會回傳具有 {next, return, throw} 特徵的物件，物件的方法可回傳 Promise 物件並具備 { value, done } 特性。相較於一般的產生器，它們是直接的回傳 { value, done } 結果。

使用 fetchInterval 非同步產生器的方式，則與你使用以物件為基礎的 interval 非同步迭代器完全相同。以下的範例會使用 fetchInterval 產生器來擷取一個 /api/status 的 HTTP 資源，並且使用它的 JSON 回傳結果。在每次的步驟結束後，程式會等待一秒鐘，下次再重複進行相同的步驟。

```
async function process() {
  for await (const response of fetchInterval(
    1000,
    '/api/status'
  )) {
```

```
    const data = await response.json()
    // 使用最新的資料
  }
}
process()
```

如第 112 頁第 4.2.2 節「無限量序列」所強調的重點，中斷這類序列的方法是很重要的，以避免程式產生無限迴圈。

第五章

運用 ECMAScript 集合

JavaScript 資料結構具備足夠的彈性，可將任何的物件轉換為一個雜湊（Hash-map），讓我們可以將字串型態的鍵對應到任意的值。舉例來說，下面的範例使用一個物件將 npm 套件名稱對應至它的描述資料，如下所示。

```
const registry = {}
function set(name, meta) {
  registry[name] = meta
}
function get(name) {
  return registry[name]
}
set('contra', { description: 'Asynchronous flow control' })
set('dragula', { description: 'Drag and drop' })
set('woofmark', { description: 'Markdown and WYSIWYG editor' })
```

這樣的方法會產生多個問題，概述如下：

- 安全性議題，當使用者提供的字串鍵如 `__proto__`、`toString`、或其他不在 `Object.prototype` 所允許的字串時，會使得與這類的 Hash-map 雜湊表資料結構互動更難以處理
- 當使用 `for..in` 進行迭代時，須仰賴 `Object#hasOwnProperty` 來確認所指定的特性未被繼承
- 以 `Object.keys(registry).forEach` 對串列項目進行迭代也是很繁複冗長的
- 鍵僅限於使用字串，這使得想用 DOM 元件或其他非字串的參考來建立 Hash-map 雜湊表，顯得相當困難

第一個問題可以利用前置字串來解決，可透過函式來為設定和擷取 Hash-map 雜湊表的值謹慎地加入前置字串，以避免發生錯誤。

```
const registry = {}
function set(name, meta) {
  registry['pkg:' + name] = meta
}
function get(name) {
  return registry['pkg:' + name]
}
```

另一個可行的方法，是使用 `Object.create(null)` 的方式取代空的物件實字。在這樣的情境中，所建立的物件將不會繼承自 `Object.prototype`，這表示不會受到 `__proto__` 和其他違反規則的字串影響。

```
const registry = Object.create(null)
function set(name, meta) {
  registry[name] = meta
}
function get(name) {
  return registry[name]
}
```

若要進行迭代，我們可以建立一個 `list` 函式來回傳鍵 / 值配對。

```
const registry = Object.create(null)
function list() {
  return Object.keys(registry).map(key => [key, registry[key]])
}
```

或者我們可以在 Hash-map 雜湊表物件上實作迭代器協議。在此我們為了換取使用上的便利性而需提高複雜度：迭代器程式碼與上一個使用 `list` 函式運用熟悉的 `Object.keys` 和 `Array#map` 的方式比較起來，會較為複雜難理解。然而，在下面的範例中，存取串列會更為簡單，且比起透過 `list` 函式更為便利：依循迭代器協議代表著不需要自訂 `list` 函式。

```
const registry = Object.create(null)
registry[Symbol.iterator] = () => {
  const keys = Object.keys(registry)
  return {
    next() {
      const done = keys.length === 0
      const key = keys.shift()
      const value = [key, registry[key]]
      return { done, value }
```

```
      }
    }
  }
  console.log([...registry])
```

當談論到使用非字串的鍵時，在 ES5 中我們遇到很大的困難；但幸運的是，ES6 的特徵功能集合可提供更好的解決方案。ES6 特徵功能集合不會有鍵命名的問題，且它們使集合的行為更為容易，例如：我們曾實作在自訂 Hash-map 雜湊表上的迭代器。同時，ES6 特徵功能集合可允許任意鍵，不再只受限於僅能以字串命名鍵，如一般的 JavaScript 物件。

讓我們一起來瞭解它們在實務上的運用與內部運作原理。

5.1 運用 ES6 的映射

ES6 引入了新的內建特徵功能集合，例如：Map 映射；若需要從零開始建構自訂的 hash_map 雜湊表結構時，期望能降低上面我們所提到的這些功能模板的實作複雜性。Map 映射在 ES6 中是一個鍵 / 值配對的資料結構，可在 JavaScript 中以更自然且有效率的方式建立資料的關聯對應，而不需要再使用物件實字的方式。

5.1.1 初探 ES6 的映射

在使用 ES6 的 Map 映射時，這裡是我們稍早曾看過的。如你所見，我們在 ES5 中自訂的 Hash-map 雜湊表的實作細節已經建置入 Map 中，大大地簡化了所提及的使用案例。

```
const map = new Map()
map.set('contra', { description: 'Asynchronous flow control' })
map.set('dragula', { description: 'Drag and drop' })
map.set('woofmark', {
  description: 'Markdown and WYSIWYG editor'
})
console.log([...map])
```

當你擁有一個 Map 映射，就可以將鍵透過 map.has 方法查詢到是否包含此筆鍵所對應的資料。

```
map.has('contra')
// <- true
map.has('jquery')
// <- false
```

稍早之前，我們提到映射無法如傳統物件般將鍵進行資料型態轉換。這是它的一項優點，但是必須謹記於心的是，當對映射進行查詢時，在操作上也不相同。下方的範例使用 Map 建構子，它有一個可迭代的鍵 / 值配對，接著說明 map 映射為何無法將它的鍵轉換為字串型態。

```
const map = new Map([[1, 'the number one']])
map.has(1)
// <- true
map.has('1')
// <- false
```

map.get 方法需要傳入一個映射的資料鍵，當此鍵可在映射中找到對應的資料項目時，便會回傳對應的資料值。

```
map.get('contra')
// <- { description: 'Asynchronous flow control' }
```

透過 map.delete 可將資料值自映射中刪除，只要給予欲刪除的資料項目的鍵即可。

```
map.delete('contra')
map.get('contra')
// <- undefined
```

你可以刪除一個映射中所有的資料項目，且不會失去對它的參考。在你需要重置一個物件的狀態時，此操作會非常便利。

```
const map = new Map([[1, 2], [3, 4], [5, 6]])
map.has(1)
// <- true
map.clear()
map.has(1)
// <- false
[...map]
// <- []
```

映射具一個唯讀的 .size 特性，它的作用與 Array#length 相似一提供當下在映射中的資料項目總數。

```
const map = new Map([[1, 2], [3, 4], [5, 6]])
map.size
// <- 3
map.delete(3)
map.size
// <- 2
```

```
map.clear()
map.size
// <- 0
```

當需要為 Map 映射選擇鍵的資料型態時，你可以使用任意的物件作為鍵：不僅限於使用原生的資料型態，如：符號、數值、或字串。你還可以使用函式、物件、日期—甚至是 DOM 元件。鍵無法被轉換為字串，就如我們對單純 JavaScript 物件的認識，但是它們的參考會被保留著。

```
const map = new Map()
map.set(new Date(), function today() {})
map.set(() => 'key', { key: 'door' })
map.set(Symbol('items'), [1, 2])
```

如下範例，如果選擇以符號作為鍵的資料型態，我們需要使用一個參考來指向相同的符號，以取得對應的資料項目，如下方程式碼的使用方式。

```
const map = new Map()
const key = Symbol('items')
map.set(key, [1, 2])
map.get(Symbol('items')) // 與 "key" 的參考不同
// <- undefined
map.get(key)
// <- [1, 2]
```

若有一個儲存鍵 / 值配對資料項的陣列想要放置於 Map 映射中，我們可以使用 `for..of` 迴圈迭代出這些項目，並使用 `map.set` 將這些配對加入至映射，如下方程式碼的方式。請注意我們在 `for..of` 迴圈中使用解構賦值的方式，是為了輕鬆地將 `key` 和 `value` 自 `items` 中的每個二維的資料項目中取出。

```
const items = [
  [new Date(), function today() {}],
  [() => 'key', { key: 'door' }],
  [Symbol('items'), [1, 2]]
]
const map = new Map()
for (const [key, value] of items) {
  map.set(key, value)
}
```

映射也是可迭代物件，因為它實作了 Symbol.iterator 方法。因此，欲複製一份映射可以用如上的 for..of 程式敘述完成。

```
const copy = new Map()
for (const [key, value] of map) {
  copy.set(key, value)
}
```

為了保持操作的簡易性，你可以直接使用任何遵循可迭代協議和可產生 [key, value] 資料項集合的物件來初始 Map 映射。以下的程式碼使用一個陣列餵入新建立的 Map 中，在這案例中，迭代操作完全都會在 Map 建構子中進行。

```
const items = [
  [new Date(), function today() {}],
  [() => 'key', { key: 'door' }],
  [Symbol('items'), [1, 2]]
]
const map = new Map(items)
```

複製一個映射則更為簡單：將你想要複製的映射物件提供給新的映射建構子，這樣就可以取得一個複本了。使用 new Map(Map) 的方式並不會造成額外的系統負荷；反之，我們則是善用了映射的特點，當建立一個新的物件時，內部已實作迭代協議並使用可迭代物件。下面的程式碼告訴你這樣的動作有多簡單。

```
const copy = new Map(map)
```

就像映射物件很容易餵入至其他的映射物件，因為它們均為可迭代物件，所以在使用上非常簡單。下面程式碼利用展開運算子說明此特性。

```
const map = new Map()
map.set(1, 'one')
map.set(2, 'two')
map.set(3, 'three')
console.log([...map])
// <- [[1, 'one'], [2, 'two'], [3, 'three']]
```

在下方的範例中，我們結合了 ES6 中的數項新特徵功能：Map、for..of 迴圈、let 變數和字串樣板。

```
const map = new Map()
map.set(1, 'one')
map.set(2, 'two')
map.set(3, 'three')
for (const [key, value] of map) {
```

```
  console.log(`${ key }: ${ value }`)
  // <- '1: one'
  // <- '2: two'
  // <- '3: three'
}
```

即便映射資料項可以透過可程式化的 API 進行擷取，但它們的鍵仍然是唯一的，就像是 Hash-map 雜湊表一樣。對一個鍵重複地進行設定只會將對應的值進行覆寫。下方的程式碼示範，針對 'a' 鍵對應的資料項重複寫入，在 Map 映射物件中所得到的結果仍只有單一個資料項。

```
const map = new Map()
map.set('a', 1)
map.set('a', 2)
map.set('a', 3)
console.log([...map])
// <- [['a', 3]]
```

在 ES6 的規格中，映射物件針對鍵與鍵的比較是使用名稱為 SameValueZero 的演算法，其中定義 NaN 與 NaN 為相等，但 -0 與 +0 相等。以下程式碼說明，即使 NaN 基本上並不等於它自己，但在 Map 中則認為 NaN 是一個不變的常數。

```
console.log(NaN === NaN)
// <- false
console.log(-0 === +0)
// <- true
const map = new Map()
map.set(NaN, 'one')
map.set(NaN, 'two')
map.set(-0, 'three')
map.set(+0, 'four')
console.log([...map])
// <- [[NaN, 'two'], [0, 'four']]
```

當你對 Map 進行迭代時，實際上是對它的 .entries() 進行迭代。這表示你不需要真的對 .entries() 進行迭代，它已代表你完成了這項操作：map[Symbol.iterator] 會指向 map.entries。而 .entries() 方法會回傳一個迭代器，含有映射物件中的鍵 / 值配對。

```
console.log(map[Symbol.iterator] === map.entries)
// <- true
```

還有兩個 Map 迭代器可以使用：.keys() 和 .values()。第一個方法會列出所有的鍵，而第二個方法則列出所有的值；與 .entries() 不同，它是列出所有的鍵 / 值配對。下方的範例說明這三個方法的差異。

```
const map = new Map([[1, 2], [3, 4], [5, 6]])
console.log([...map.keys()])
// <- [1, 3, 5]
console.log([...map.values()])
// <- [2, 4, 6]
console.log([...map.entries()])
// <- [[1, 2], [3, 4], [5, 6]]
```

映射的資料項是以資料加入的順序進行迭代，這與 Object.keys 不同，它是依據鍵擷取資料，並無一定的順序。但實務上，資料加入的順序是由 JavaScript 引擎所保存，與敘述無關。

Map 映射具備一個 .forEach 方法，它的作用與 ES5 中的 Array 物件相同。特徵是 (value, key, map)，value 和 key 就是迭代當下的資料項的值與鍵，而 map 則為被迭代的 map 物件。再次強調，在 Map 映射中鍵無法被轉換為字串，如下範例。

```
const map = new Map([
  [NaN, 1],
  [Symbol(), 2],
  ['key', 'value'],
  [{ name: 'Kent' }, 'is a person']
])
map.forEach((value, key) => console.log(key, value))
// <- NaN 1
// <- Symbol() 2
// <- 'key' 'value'
// <- { name: 'Kent' } 'is a person'
```

稍早之前，我們討論到可使用任意的物件作為鍵，參考至一筆 Map 資料項。接下來讓我們看看有關這項操作的一些實際案例。

5.1.2 Hash-map 雜湊表和 DOM

在 ES5 中，當我們想要將 DOM 元件與 API 物件關聯起來，以將元件連結至某些函式庫時，必須實作一個複雜又緩慢的樣板，如接下來的程式範例。程式會回傳一個 API 物件，且該物件可支援數種方法於指定的 DOM 元件操作；這樣就可讓我們將元件儲存至 Map 映射中，後續需要使用時，便可取出 API 物件對元件進行處理。

```
const map = []
function customThing(el) {
  const mapped = findByElement(el)
  if (mapped) {
    return mapped
  }
  const api = {
    // api 方法的自訂內容
  }
  const entry = storeInMap(el, api)
  api.destroy = destroy.bind(null, entry)
  return api
}
function storeInMap(el, api) {
  const entry = { el, api }
  map.push(entry)
  return entry
}
function findByElement(query) {
  for (const { el, api } of map) {
    if (el === query) {
      return api
    }
  }
}
function destroy(entry) {
  const index = map.indexOf(entry)
  map.splice(index, 1)
}
```

Map 映射最具價值的一項特色，就是可用任意的物件作為索引，例如：DOM 元件。這項特色結合 Map 映射本身對資料集合的處理能力，可有效的簡化操作複雜度。這在 jQuery 中對 DOM 樹的處理，與其他仰賴 DOM 操作，需要將 DOM 元件對應至內部狀態的函式庫，顯得非常重要。

下面範例展示，運用 Map 可減低程式碼維護的負擔。

```
const map = new Map()
function customThing(el) {
  const mapped = findByElement(el)
  if (mapped) {
    return mapped
  }
  const api = {
    // api 方法的自訂內容
    destroy: destroy.bind(null, el)
  }
  storeInMap(el, api)
```

```
    return api
  }
  function storeInMap(el, api) {
    map.set(el, api)
  }
  function findByElement(el) {
    return map.get(el)
  }
  function destroy(el) {
    map.delete(el)
  }
```

對應函式變為單一行敘述即可完成，歸功於 Map 所提供的原生方法，這代表我們可以直接將這些簡單敘述的函式置於程式中，大大提高了程式的可讀性。下方的程式碼則是一開始 ES5 的程式碼簡化版，在此我們先忽略實作的細節，而是著重在 DOM 與 API 關聯對應的本質。

```
const map = new Map()
function customThing(el) {
  const mapped = map.get(el)
  if (mapped) {
    return mapped
  }
  const api = {
    // api 方法的自訂內容
    destroy: () => map.delete(el)
  }
  map.set(el, api)
  return api
}
```

ES6 中的內建功能集合不僅只有 Map 映射；其他還有 WeakMap、Set、WeakSet。接下來我們繼續探討 WeakMap 弱映射。

5.2 瞭解並運用弱映射

在大部分的狀況，我們視 WeakMap 弱映射為 Map 映射的子集合。WeakMap 功能集合相較於 Map，減少了 API 預設的支援度。使用 WeakMap 物件所建立的集合與 Map 不同，並不具可迭代性，這代表在 WeakMap 中並不遵循可迭代協議、沒有 WeakMap#entries、沒有 WeakMap#keys、沒有 WeakMap#values、沒有 WeakMap#forEach、也沒有 WeakMap#clear 方法。

WeakMap 弱映射的另一個差異點，就是每一個 key 鍵都必須是物件。這和 Map 映射不同，它允許以物件作為鍵，但並不強制使用。Symbol 符號是一種資料值的型態，因此也不允許使用為鍵。

```
const map = new WeakMap()
map.set(Date.now, 'now')
map.set(1, 1)
// <- TypeError
map.set(Symbol(), 2)
// <- TypeError
```

WeakMap 鍵參考是弱保存（weakly held），也就是說，如果沒有其他的參考的話，WeakMap 鍵所參考的物件會歸入至垃圾集合機制（garbage collection）一除了弱參考（weak references）之外。舉例來說，當你擁有 person 的描述資料（metadata），但是當唯一參考回 person 的只有它的描述資料時，你希望 person 可以被作為垃圾回收（garbage-collected），在這樣的狀況下是很有用的。現在你可以在 WeakMap 中使用 person 作為鍵來保有這樣的描述資料。

在此概念下，當保有這些描述資料的元件不具有對應的物件時，但卻想要將它所擁有的資訊指派給這些物件，又不想要變更原始物件或它們的生命週期時，使用 WeakMap 是最有效的。例如：當一個 DOM 元件自文件中移除時，便可讓記憶體被回收再使用。

為了初始化一個 WeakMap，你可以透過建構子提供一個可迭代物件。這必須是一個鍵 / 值配對，就像是 Map 一樣。

```
const map = new WeakMap([
  [new Date(), 'foo'],
  [() => 'bar', 'baz']
])
```

為了有效率地使用弱參考，WeakMap 支援較少的 API，但仍然具有和 Map 相同的 .has、.get、和 .delete 方法。下面的程式碼示範這些方法的使用。

```
const date = new Date()
const map = new WeakMap([[date, 'foo'], [() => 'bar', 'baz']])
map.has(date)
// <- true
map.get(date)
// <- 'foo'
```

```
map.delete(date)
map.has(date)
// <- false
```

5.2.1 弱映射是一個糟糕的映射？

WeakMap 弱映射值得運用之處，可從名稱上就瞭解它的特性。若 WeakMap 弱保存著它的鍵參考，鍵所對應的這些物件會被歸入至垃圾集合，如果除了 WeakMap 的鍵之外的這些物件已不再被參考。這和 Map 相反，它強保存的物件參考，避免 Map 的鍵和值被作為垃圾回收。

因此，WeakMap 的使用案例所圍繞著的需求，大多運用於描述資料的指定，或將不再被參考即將被回收的物件再延伸其運用。一個適合說明的案例，就是在 Node.js 中 process.on('unhandledRejection') 背後的實作方式，它使用 WeakMap 來追蹤尚未被處理的已拒絕 Promise 物件。藉著使用 WeakMap，在實務上便可以避免記憶體洩漏（memory leak），因為 WeakMap 將不會被置於與這些 Promise 物件相關的狀態上。在這情況下，我們有一個簡單的弱映射保存著狀態，當 Promise 物件已不再被其他參考使用，仍具備足夠彈性來處理需自映射中移除的資料項。

保存著需自記憶體中移除的 DOM 元件資料是一個重要的使用案例，在這樣的考量下，使用 WeakMap 較我們稍早前使用 Map 來實作的 DOM 相關 API 更為合適。

說明了這麼多，我們針對標題的答案是：不，WeakMap 表現絕對不比 Map 差—它們只是需要於適合的情境下使用。

5.3 ES6 的集合

內建的 Set 集合是 ES6 中新的資料集合類型，可用於表示一群資料。在各種角度來看，Set 集合與 Map 映射類似：

- Set 也是可迭代
- Set 建構子也可接受一個可迭代物件傳入
- Set 也具有 .size 特性
- Set 的值可為任意值或物件參考，就像是 Map 的鍵
- Set 的值必須唯一，就像是 Map 的鍵

- 在 Set 的定義中，NaN 等於 NaN
- 具有 .keys、.values、.entries、.forEach、.has、.delete、和 .clear

同時，Set 集合與 Map 映射在一些項目上是有差異的。集合並沒有鍵 / 值配對；它是一維的。你可以將集合視為陣列，只是其中的每個資料項均不相同。

在 Set 集合中並沒有 .get 方法。一個 set.get(value) 這樣的方法是多餘的：因為它是一維的（one-dimensional），而你已經有 value 值且是唯一的。如果你想要確認 value 值是否在集合中，可以使用 set.has(value)。

相同地，set.set(value) 這樣的方法也不必要，因為你並不會設定將一個 key 指向一個 value 值，而是只會將一個值加入至集合中。所以，將值加入至集合的方法為 set.add，如下面程式範例。

```
const set = new Set()
set.add({ an: 'example' })
```

集合是可迭代的，但你只能迭代取得值，而不像是映射可迭代取得鍵 / 值配對。下方的範例說明，利用展開運算子可將集合展開為一個陣列，建立一個一維的資料串。

```
const set = new Set(['a', 'b', 'c'])
console.log([...set])
// <- ['a', 'b', 'c']
```

而在下一個範例，你可以看到一個集合不會包含重複的資料項目：在 Set 中的每個資料項都必須是唯一的。

```
const set = new Set(['a', 'b', 'b', 'c', 'c'])
console.log([...set])
// <- ['a', 'b', 'c']
```

以下的程式會建立一個 Set 集合，包含著一個頁面中所有的 <div>，元件，並輸出所找到的元件總數。接著我們再次查詢 DOM，再次對每一個 DOM 元件都呼叫 set.add 加入至集合。若元件已存在於 set 中，.size 特性就不會變更，也就表示 set 仍維持不變。

```
function divs() {
  return document.querySelectorAll('div')
}
const set = new Set(divs())
console.log(set.size)
```

```
// <- 56
divs().forEach(div => set.add(div))
console.log(set.size)
// <- 56
```

因為 Set 並沒有鍵，Set#entries 方法對集合中的每一個資料項均會回傳一個 [value, value] 迭代器。

```
const set = new Set(['a', 'b', 'c'])
console.log([...set.entries()])
// <- [['a', 'a'], ['b', 'b'], ['c', 'c']]
```

Set#entries 方法與 Map#entries 方法是一致的，它會回傳一個 [key, value] 配對的迭代器。建議不要預設使用 Set#entries 作為 Set 集合的迭代器，因為若需要展開一個 set，可以在 for..of 和 Array.from 中進行。在這些情況下，你應該是想要取出集合中的值，而不是 [value, value] 這樣的配對序列。

如下所示，預設的 Set 迭代器使用 Set#values，相對於 Map，它以 Map#entries 作為預設的迭代器。

```
const map = new Map()
console.log(map[Symbol.iterator] === map.entries)
// <- true
const set = new Set()
console.log(set[Symbol.iterator] === set.entries)
// <- false
console.log(set[Symbol.iterator] === set.values)
// <- true
```

為了保持一致性，Set#keys 方法對每個值也都是回傳一個迭代器，而且事實上它是參考至 Set#values 的迭代器。

```
const set = new Set()
console.log(set.keys === set.values)
// <- true
```

5.4 ES6 的弱集合

和 Map 與 WeakMap 類似的方式，WeakSet 弱集合是無法進行迭代的簡化版 Set。在 WeakSet 弱集合中的值必須是唯一的物件參考。如果在 WeakSet 弱集合中的值已不再參考至任何物件，它則會受到記憶體垃圾回收機制的管理。

你只能夠使用 .set 和 .delete 方法來對 WeakSet 中的資料進行操作，是否具有該筆資料可用 .has 方法傳入一個指定的 value 值。就像是在 Set 集合中操作，這裡並不支援 .get 方法，因為集合是一維的。

類似 WeakMap，我們不被允許將原生資料型態的值，如字串或符號，加入至 WeakSet 中。

```
const set = new WeakSet()
set.add('a')
// <- TypeError
set.add(Symbol())
// <- TypeError
```

即使 WeakSet 實體本身無法進行迭代，但將迭代器傳遞至建構子的方式是可允許的。當集合建構完成後，該迭代器會進行迭代以將序列中的每筆資料項加入至集合中，參考下方程式範例。

```
const set = new WeakSet([
  new Date(),
  {},
  () => {},
  [1]
])
```

下面範例是 WeakSet 的另一個使用案例，其中的 Car 類別可確保它所提供的方法只能夠被 car 物件呼叫，而每個 car 物件都是 WeakSet 中的資料項。

```
const cars = new WeakSet()
class Car {
  constructor() {
    cars.add(this)
  }
  fuelUp() {
    if (!cars.has(this)) {
      throw new TypeError('Car#fuelUp called on a non-Car!')
    }
  }
}
```

再參考一個更好的案例，看看以下的 listOwnProperties 介面，裡頭所指定的物件會被遞迴地進行迭代，以將樹的每項特性輸出。listOwnProperties 函式也必須瞭解如何處理環狀參考，以避免陷入無限迴圈中。你會如何實作這樣的 API 呢？

```
const circle = { cx: 20, cy: 5, r: 15 }
circle.self = circle
listOwnProperties({
  circle,
  numbers: [1, 5, 7],
  sum: (a, b) => a + b
})
// <- circle.cx: 20
// <- circle.cy: 5
// <- circle.r: 15
// <- circle.self: [circular]
// <- numbers.0: 1
// <- numbers.1: 5
// <- numbers.2: 7
// <- sum: (a, b) => a + b
```

有一種實作方式是在 WeakSet 中保有一個 seen 參考的串列，這樣我們就不需要擔心非線性的查詢。我們使用 WeakSet 而不是 Set，原因是實作中並不需要操作到 Set 的特徵功能。

```
function listOwnProperties(input) {
  recurse(input)

  function recurse(source, lastPrefix, seen = new WeakSet()) {
    Object.keys(source).forEach(printOrRecurse)

    function printOrRecurse(key) {
      const value = source[key]
      const prefix = lastPrefix
        ? `${ lastPrefix }.${ key }`
          : key
      const shouldRecur = (
        isObject(value) ||
        Array.isArray(value)
      )
      if (shouldRecur) {
        if (!seen.has(value)) {
          seen.add(value)
          recurse(value, prefix, seen)
        } else {
          console.log(`${ prefix }: [circular]`)
        }
      } else {
        console.log(`${ prefix }: ${ value }`)
      }
    }
  }
}
```

```
function isObject(value) {
  return Object.prototype.toString.call(value) ===
    '[object Object]'
}
```

另一個更常見的案例，就是建構並維持一個 DOM 元件串列。試想一種情況，一個 DOM 函式庫需要以某種方式處理首次互動的 DOM 元件，但是不能夠遺漏任何一個。函式庫可能會想要將子節點加入至 target 元件上，但並沒有一種絕對的方法可辨認這些子節點，而且所使用的方法也不要特別干涉 target 元件。或是這個方法可能可以進行一些具意義的操作，但只會在第一次呼叫時進行。

```
const elements = new WeakSet()
function dommy(target) {
  if (elements.has(target)) {
    return
  }
  elements.add(target)
  // 進行一些操作
})
```

無論是什麼原因，當我們需要保有旗標來標示 DOM 元件的狀態，但不需要明顯地變更 DOM 元件時，WeakSet 便可以派上用場。如果你想要以任意的資料值取代簡單的旗標，那應該也可以使用 WeakSet。當決定是否使用 Map、WeakMap、Set、或 WeakSet 時，你可以思考一些問題。例如：如果你需要保存物件相關的資料，那麼你應該考慮弱集合；如果你只關心某個資料項是否存在，那麼你可能需要 Set；如果你想要建立一個快取，你應該使用 Map。

在 ES6 中的集合對經常使用的案例，提供了內建的解決方案，讓使用者不需要再自行實作繁複的程式，例如：Map；或很難正確地運作，如 WeakMap 的運用案例，可將不需要使用的參考於記憶體中清除，以避免記憶體洩漏。

第六章

運用代理器管理特性存取

代理器是 ES6 中一項有趣且具威力的特徵功能，它可作為物件和 API 運用兩者之間居中協調的角色。概略地說，你可以使用一個 `Proxy` 代理器來決定偏好的存取 `target` 目標物件特性的方式。`handler` 物件可用來設定你的代理器的條件，定義且限制底層物件被存取的方式，接下來我們將會進行探討。

6.1 代理器初探

在預設的條件下，代理器並不會做太多事情—事實上是根本不會做任何事。如果你不進行任何的設定，代理器就只像是一個通往 `target` 物件的通道，一般稱為「不管理的轉送代理器（no-op forwarding proxy）」，意思為代理器物件上的所有操作均依從目標物件。

在下面的程式範例，我們會建立一個不管理的轉送代理器 `Proxy`。你可以觀察到如何藉由為 `proxy.exposed` 指定一個值，來將值傳遞給 `target.exposed`。你可以將代理器視為目標物件的守門員：它可允許某些操作通過，禁止某些操作進行。它們會仔細地檢查每個與目標物件的互動操作。

```
const target = {}
const handler = {}
const proxy = new Proxy(target, handler)
proxy.exposed = true
console.log(target.exposed)
// <- true
console.log(proxy.somethingElse)
// <- undefined
```

我們可以為代理器物件加入一些機關（traps），讓它更為有趣一些。機關可允許你用不同的方式攔截與 target 物件之間的互動行為，只要這些互動行為都是透過 proxy 物件進行。例如： 我們可以使用一個 get 機關將每個試圖擷取 target 目標物件特性的操作記錄下來，或是一個 set 機關來避免某些特性被寫入變更。下面讓我們先來學習 get 機關。

6.1.1 定義 get 機關攔截擷取操作

在下方程式碼的 proxy 能夠記錄每個特性被擷取的事件，因為它有一個 handler.get 機關。它也可以將欲擷取的特性值在提供給特性操作器之前，先將值進行轉換後再回傳。

```
const handler = {
  get(target, key) {
    console.log(`Get on property "${ key }"`)
    return target[key]
  }
}
const target = {}
const proxy = new Proxy(target, handler)
proxy.numbers = [1, 1, 2, 3, 5, 8, 13]
proxy.numbers
// 'Get on property "numbers"'
// <- [1, 1, 2, 3, 5, 8, 13]
proxy['something-else']
// 'Get on property "something-else"'
// <- undefined
```

ES6 也推出了一個內建的 Reflect 反射物件，功能與代理器互補。在 ES6 代理器中所設定的機關與 Reflect 反射 API 有一對一對應關係：對每一個機關，在 Reflect 中都會有一個對應的反射方法。當我們想要將預設的行為設定為代理器機關時，這些方法會特別有效；但我們並不需要繼續往下瞭解它的實作方法。

在下面的程式範例中，我們使用 Reflect.get 作為 get 操作的預設行為，同時也不需要擔心以手動的方式擷取 target 物件中的 key 特性。在這個案例中，操作看起來可能很簡單，但在其他機關的預設行為可能更難正確地記憶和實作。我們可以將機關中的每一個參數都轉導至反射 API 且將它的結果回傳。

```
const handler = {
  get(target, key) {
    console.log(`Get on property "${ key }"`)
    return Reflect.get(target, key)
  }
}
const target = {}
const proxy = new Proxy(target, handler)
```

get 機關不需要總是回傳原始 target[key] 的值。想像一下這樣的情境，你希望名稱以底線開頭的特性是不允許擷取的；在此情況下，你可以拋出一個錯誤，讓使用者知道該特性在透過代理器的檢查後是無法擷取的。

```
const handler = {
  get(target, key) {
    if (key.startsWith('_')) {
      throw new Error(`Property "${ key }" is inaccessible.`)
    }
    return Reflect.get(target, key)
  }
}
const target = {}
const proxy = new Proxy(target, handler)
proxy._secret
// <- Uncaught Error："_secret" 特性不允許存取。
```

當能夠定義 target 目標物件的擷取規範時，透過代理器的條件設定禁止某些特性的擷取，就變得非常的有用；而且不需要將 target 物件曝露出來，就可以透過代理器使用。以這樣的方式，你仍然可以自由地擷取目標物件，但是必須被強制透過代理器進行，並受限於定義的規範，以精確地控制外界與物件互動的方式。這在 ES6 推出代理器之前是不可能辦到的。

6.1.2 定義 set 機關攔截設定操作

相對於 get 的機關，set 的機關可以攔截特性值的指定。假設我們想禁止對名稱以底線開頭的特性進行設定，那麼可以將之前所實作的 get 機關複製，就可以阻擋對這些的特性進行設定操作。

在下一個範例的 Proxy 代理器會禁止對名稱以底線開頭的特性進行 get 擷取和 set 設定操作，當透過 proxy 存取 target 物件時。請注意在此處 set 機關如何回傳 true 呢？在 set 機關中回傳 true 值，代表著將指定的 value 值設定予 key 特性是成功的；如果 set 機關中回傳 false 值，在嚴格模式（strict mode）下，對特性進行設定則會回傳 TypeError 的結果，或在一般模式下直接失敗且無回傳訊息。如果我們以 Reflect.set 取代，我們就不需要關注這些實作的細節：可以 return Reflect.set(target, key, value) 的方式即可。以這樣的方式撰寫，當未來有人閱讀到我們的程式碼時，他們就能夠理解使用 Reflect.set 的意義，也就是預設的行為，與案例中使用 Proxy 物件並非總是相等。

```
const handler = {
  get(target, key) {
    invariant(key, 'get')
    return Reflect.get(target, key)
  },
  set(target, key, value) {
    invariant(key, 'set')
    return Reflect.set(target, key, value)
  }
}
function invariant(key, action) {
  if (key.startsWith('_')) {
    throw new Error(`Can't ${ action } private "${ key }"
    property`)
  }
}
const target = {}
const proxy = new Proxy(target, handler)
```

下方的程式碼說明 proxy 物件如何回應使用者的操作。

```
proxy.text = 'the great black pony ate your lunch'
console.log(target.text)
// <- 'the great black pony ate your lunch'
proxy._secret
// <- Error：無法擷取私有的 "_secret" 特性
proxy._secret = 'invalidate'
// <- Error：無法設定私有的 "_secret" 特性
```

被代理的物件，也就是上一個範例的 target 物件，必須完全的隱藏起來不被使用者得知，所以使用者被強制透過 proxy 物件對它進行操作。避免對 target 物件直接進行操作，代表著使用者必須遵守 proxy 物件的存取規則一例如：「以底線開頭的特性是禁止使用」。

因此，你可以將被代理的物件包裹於一個函式，並讓函式回傳 proxy 物件。

```
function proxied() {
  const target = {}
  const handler = {
    get(target, key) {
      invariant(key, 'get')
      return Reflect.get(target, key)
    },
    set(target, key, value) {
      invariant(key, 'set')
      return Reflect.set(target, key, value)
    }
  }
  return new Proxy(target, handler)
}
function invariant(key, action) {
  if (key.startsWith('_')) {
    throw new Error(`Can't ${ action } private "${ key }"
    property`)
  }
}
```

使用方式仍然相同，除了存取 target 物件會完全受到 proxy 物件和它的機關管控。至此，所有 target 物件的 _secret 特性，透過 proxy 物件均無法存取，且因為 target 物件也無法被除了 proxied 函式之外的方式存取，所以它就再也無法被使用者操作了。

一般使用的方法，通常是提供一個代理函式，它需要一個 original 原始物件並回傳一個代理器。當你需要發佈一個公開的 API 時，就可以呼叫該函式，如下面範例所展示。concealWithPrefiex 函式將 original 原始物件包裹於一個 Proxy 代理器中，它會對 prefix 變數值開頭的特性管控（若未提供則預設為底線 _），不允許對其存取操作。

```
function concealWithPrefix(original, prefix='_') {
  const handler = {
    get(original, key) {
      invariant(key, 'get')
      return Reflect.get(original, key)
```

```
    },
    set(original, key, value) {
      invariant(key, 'set')
      return Reflect.set(original, key, value)
    }
  }
  return new Proxy(original, handler)
  function invariant(key, action) {
    if (key.startsWith(prefix)) {
      throw new Error(`Can't ${ action } private "${ key }"
      property`)
    }
  }
}
const target = {
  _secret: 'secret',
  text: 'everyone-can-read-this'
}
const proxy = concealWithPrefix(target)
// 提供 proxy 予使用者操作
```

你可能會認為，在 ES5 中可以藉由非公開的變數且有效範圍僅於 concelWithPrefix 函式，來達到相同的功能，並不需要使用 Proxy。但差異在於，代理器允許你將特性的存取權動態地「私有化」。若不使用 Proxy，你無法將每個名稱以底線開頭的特性註記為非公開，僅允許私有使用。你可能可以對物件使用 Object.freeze 方法[1]，但接著你也無法變更特性參考。或是你可以對每個特性去定義擷取和設定特性操作器，但再次地會發現，你無法對每一個特性都禁止存取，只有明確定義在擷取器和設定器的才會生效。

6.1.3 以代理器進行格式驗證

有些情況下我們會取得一個物件，其中包含著使用者的輸入，希望能夠進行輸入格式的驗證、是否符合預期的輸入結構、是否具備指定的特性、這些特性的類型、以及這些特性應如何填入。例如：我們會想要驗證 customer 的電子郵件欄位是否包含一個 email 地址、cost 費用欄位是否包含一個數值、name 姓名欄位是否已填寫完成。

1 Object.freeze 方法可以避免物件被新增特性、移除既有的特性、和變更特性參考值。請注意，它並非讓值為不可變更：特性仍然可以被變更，被代理的目標物件也不會使用 Object.freeze。

格式驗證有很多種方法可以採用。你可以使用驗證函式，如果在物件中發現無效的值時，便拋出錯誤；一旦確認值為有效，也必須確保該物件無法被變更。你可以對每一個特性個別進行驗證，但是當它們被變更後，必須記得再次進行驗證。也可以使用 Proxy 物件，提供使用者一個 Proxy 代理器操作目標物件，可以確保物件絕不會進入無效狀態，否則將會拋出錯誤。

透過 Proxy 進行格式驗證的另一個觀點，就是它可幫助你將驗證所需的各項因素與 target 物件分離出來，否則各種驗證的因子經常難以管控。這樣 target 物件就可以維持單純的 JavaScript 物件，表示當你提供使用者一個驗證代理器時，你自己仍然可以保有一份有效的且未受變更過的資料，作為一份由代理器認可的資料。

就像一個驗證函式，處理器在各個 Proxy 實例可被重新設定，不需要依賴延伸（extend）或 ES6 中的類別。

在接下來的範例，我們有一個簡單的 validator 物件，並有一個 set 機關會於映射中查找特性。當透過代理器進行特性設定時，會使用特性的鍵於映射中尋找。如果在映射中含有該特性的機關，便會執行該條件的函式，無論該設定任務是否可正確設定完成。只要 person 的特性是透過代理器操作 validator 物件進行設定，模組的不變性（invariants）就可以依據我們事先定義好的驗證規則達成。

```
const validations = new Map()
const validator = {
  set(target, key, value) {
    if (validations.has(key)) {
      return validations[key](value)
    }
    return Reflect.set(target, key, value)
  }
}
validations.set('age', validateAge)

function validateAge(value) {
  if (typeof value !== 'number' || Number.isNaN(value)) {
    throw new TypeError('Age must be a number')
  }
  if (value <= 0) {
    throw new TypeError('Age must be a positive number')
  }
  return true
}
```

以下的程式碼說明我們如何使用 validator 處理器。這個一般性的代理器處理器會被傳遞至 Proxy 中以驗證 person 物件。處理器接著會執行我們所定義的機制，也就是確認透過代理器所設定的特性值，是否可以通過機制中的驗證規則。在這個案例中，我們加入了一個驗證規則，規則是 age 特性必須為正數。

```
const person = {}
const proxy = new Proxy(person, validator)
proxy.age = 'twenty three'
// <- TypeError：Age 必須是一個數值
proxy.age = NaN
// <- TypeError：Age 必須是一個數值
proxy.age = 0
// <- TypeError：Age 必須是一個正數
proxy.age = 28
console.log(person.age)
// <- 28
```

當代理器提供了一種機制，可透過對存取規則的定義，管控使用者對物件可行與不可行的操作之外；還有一種更嚴格的代理器設定，可讓我們在需要時完全關閉對 target 的存取：可廢止的代理器。

6.2 可廢止的代理器

可廢止的（revocable）代理器相較於單純的 Proxy 物件，提供了更精細的管控。在 API 的操作上有些許的不同，相對於 new Proxy(target, handler)，它不需要使用關鍵字 new；並會回傳一個 { proxy, revoke } 物件，而不僅只有一個 proxy 物件。一旦呼叫 revoke() 函式後，proxy 便會對任何操作都拋出錯誤。

讓我們回到前面的全數允許通過的 Proxy 範例，並使它成為可廢止的代理器。請注意，我們已不再使用 new、多次呼叫 revoke() 並且產生任何結果、以及當我們嘗試與底層的目標物件進行互動時，錯誤如何被拋出。

```
const target = {}
const handler = {}
const { proxy, revoke } = Proxy.revocable(target, handler)
proxy.isUsable = true
console.log(proxy.isUsable)
```

```
// <- true
revoke()
revoke()
revoke()
console.log(proxy.isUsable)
// <- TypeError: 企圖於廢止的代理器執行一個不合法的操作
```

Proxy 的類型特別的有用，因為你可以完全將已提供給使用者操作 Proxy 的權限切斷。你也許可以將一個可廢止的 Proxy 和搭配的 revoke 方法，存放在一個 WeakMap 集合中。當確定不再允許使用者存取 target 物件時—即使透過 proxy—你就執行 .revoke() 收回存取權限。

下面的例子展示兩個函式。getStorage 函式可用以得到代理存取 storage 物件的權限，且它保存著參考至回傳 proxy 物件關聯的 revoke 函式。當我們想要對切斷指定的 proxy 代理器對 storage 物件的存取權限時，revokeStorage 便會呼叫與它關聯的 revoke 函式，並自 WeakMap 中移除此筆資料項。請注意，將這兩個函式允許同一集合中的使用者進行存取使用，並不會有安全性議題：一旦切斷代理器的存取權限，就無法再恢復。

```
const proxies = new WeakMap()
const storage = {}

function getStorage() {
  const handler = {}
  const { proxy, revoke } = Proxy.revocable(storage, handler)
  proxies.set(proxy, { revoke })
  return proxy
}

function revokeStorage(proxy) {
  proxies.get(proxy).revoke()
  proxies.delete(proxy)
}
```

若 revoke 函式有效範圍與你的 handler 機關所定義的範圍相同，你可以建立一些不可寬容的規則，例如：若使用者企圖存取一個私有的特性超過一次以上，你就完全取消他的 proxy 存取權。

6.3 代理器機關處理器

也許代理器最有趣的議題，是如何運用它攔截任何與 `target` 物件的互動—不僅只於 `get` 或 `set` 操作。

我們已經討論過 `get` 機關，它會攔截特性的擷取操作；以及 `set` 機關，它攔截特性的設定操作。接下來，我們將討論你可以建立的其他種不同的機關。

6.3.1 是否設定機關－ has

當談論到 `in` 運算子時，我們可以使用 `handler.has` 方法來將特性隱藏起來。在 `set` 機關的程式範例中，我們會避免對具有某些前置字元的特性進行變更或存取，但是有些未預期的特性操作器可能還是會偵測到 `proxy` 代理器，以得知這些特性是否存在。這裡有以下三種替代方案：

- 不作用。在此方式中，`key in proxy` 於 `Reflect.has(target, key)` 會失敗，因為它與 `key in target` 的作用相同
- 回傳 `true` 或 `false` 值，不管 `key` 是否存在於 `target` 中
- 拋出錯誤，以告知 `in` 運算是不合法的

拋出錯誤通常是最後的手段，但在某些特性需要隱藏的情境下，其實並沒有任何幫助。事實上，這樣已經是確認該特性是存在且受到保護的（protected）。然而，在這些情況下，拋出錯誤是可行的，因為你可以在錯誤訊息中向使用者說明原因，使他們能夠瞭解操作為何失敗。

最好的方式，是以回傳 `false` 的方式而非拋出錯誤，顯示該特性並不在（`in`）物件中。而最低限度是就是回傳 `key in target` 運算的結果，這也應該要作為預設的方法。

回到第 178 頁第 6.1.2 節「定義 set 機關攔截設定操作」的擷取操作器 / 設定操作器的範例，我們想要針對具有某種前置字元的特性均回傳 `false`，而對其他的特性則使用預設行為。這樣就可以將不允許存取的特性，適當地對非預期的訪客隱藏。

```
const handler = {
  get(target, key) {
    invariant(key, 'get')
    return Reflect.get(target, key)
  },
```

```
    set(target, key, value) {
      invariant(key, 'set')
      return Reflect.set(target, key, value)
    },
    has(target, key) {
      if (key.startsWith('_')) {
        return false
      }
      return Reflect.has(target, key)
    }
  }
  function invariant(key, action) {
    if (key.startsWith('_')) {
      throw new Error(`Can't ${ action } private "${ key }"
      property`)
    }
  }
```

需注意當使用者查詢私有的特性時，透過代理器存取特性會如何回傳 fasle 值—他們完全無法察覺我們是故意將特性隱藏—也觀察在略過代理器的使用時，_secret in target 如何回傳 true 值。這意味著我們仍然可以使用底層的目標物件，且不受限於嚴格的存取規則，當使用者別無選擇時，就只能夠受限於代理器的規則。

```
const target = {
  _secret: 'securely-stored-value',
  wellKnown: 'publicly-known-value'
}
const proxy = new Proxy(target, handler)
console.log('wellKnown' in proxy)
// <- true
console.log('_secret' in proxy)
// <- false
console.log('_secret' in target)
// <- true
```

這樣我們就不會拋出錯誤了。當嘗試存取私有特性的動作並非有意時，以這樣的方式僅會造成無效的狀態；而不會使程式在第三方網站中產生安全性議題。

注意，若我們想要避免 Object#hasOwnProperty 在私有空間中尋找特性，那麼 has 機關是無法幫上忙的。

```
console.log(proxy.hasOwnProperty('_secret'))
// <- true
```

在 第 192 頁 第 6.4.1 節「getOwnPropertyDescriptor 機 關 」 的 getOwnPropertyDescriptor 機關提供了一個解決方案，它也能夠攔截 Object#hasOwnProperty。

6.3.2 deleteProperty 機關

將一特性設定為 undefined 僅會將原特性值清除，但是該特性仍會是物件的一部分。若對特性使用 delete 運算子，如 delete cat.furBall 這樣的程式敘述，則代表 furBall 特性會完全自 cat 物件中移除。

```
const cat = { furBall: true }
cat.furBall = undefined
console.log('furBall' in cat)
// <- true
delete cat.furBall
console.log('furBall' in cat)
// <- false
```

在上面的範例程式，當我們要避免存取到具有某種前置字元的特性時會遇到問題：_secret 特性是無法被變更，也無法使用 in 來確認它是否存在；但是你還是可以透過 proxy 物件操作 delete 運算子，將該特性完全移除。下面的程式範例說明這個缺點。

```
const target = { _secret: 'foo' }
const proxy = new Proxy(target, handler)
console.log('_secret' in proxy)
// <- false
console.log('_secret' in target)
// <- true
delete proxy._secret
console.log('_secret' in target)
// <- false
```

我們可以使用 handler.deleteProperty 來阻止 delete 操作發生效果。就像是 get 和 set 機關，在 deleteProperty 機關中拋出錯誤就足以防止刪除特性。在下面案例中，拋出錯誤是可行的，因為我們希望使用者能夠瞭解，從外部對具有某種前置字元的特性進行操作是不被允許的。

```
const handler = {
  get(target, key) {
    invariant(key, 'get')
    return Reflect.get(target, key)
  },
  set(target, key, value) {
    invariant(key, 'set')
```

```
      return Reflect.set(target, key, value)
    },
    deleteProperty(target, key) {
      invariant(key, 'delete')
      return Reflect.deleteProperty(target, key)
    }
  }
  function invariant(key, action) {
    if (key.startsWith('_')) {
      throw new Error(`Can't ${ action } private "${ key }"
      property`)
    }
  }
```

若我們再將稍早的程式重新執行一次，當執行到自 proxy 物件中刪除 _secret 特性時，便會發生錯誤。下面的範例說明更新後的 handler 物件的運作機制。

```
const target = { _secret: 'foo' }
const proxy = new Proxy(target, handler)
console.log('_secret' in proxy)
// <- true
delete proxy._secret
// <- Error: 無法刪除 "_secret" 私有特性
```

如此，使用者透過 proxy 與 target 進行互動時，就不會再有將私有空間的 _secret 特性被刪除的風險。又少了一件傷腦筋的問題了！

6.3.3 defineProperty 機關

Object.defineProperty 函式—在 ES5 中就已推出—可以運用於在 target 物件中加入新的特性，透過一個特性鍵 key 和特性描述子 descriptor。在大部分的狀況下，Object.defineProperty(target, key, descriptor) 運用於以下兩種情境：

1. 當我們需要確保擷取操作器和設定操作器能夠跨瀏覽器支援
2. 當我們想要自訂特性存取器

以手動方式新增的特性是可讀寫的、可刪除的、也可被列舉（enumerable）。

相反的，透過 Object.defineProperty 新增的特性，預設為唯讀、無法刪除、且無法列舉的。在預設狀況下，這類特性與使用 const 敘述進行繫結宣告近似，它是唯讀的且無法變更。

當透過 defineProperty 建立特性時，你可以透過下列的特性描述子來自訂特性：

- configurable = false 特性將不可變更，並使特性成為不可刪除
- enumerable = false 使得特性在 for..in 迴圈中和 Object.keys 可隱藏
- writable = false 使得特性成為唯讀
- value = undefined 是特性的初始值
- get = undefined 是一個方法，可作為該特性的擷取操作器
- set = undefined 是一個方法，可接收新的 value 並更新特性值

注意，你必須在設定值 value 和 writable 設定，與設定值 value 和 get 擷取操作器或 set 設定操作器，兩種配對設定擇一進行。當選擇前者時，你要設定一個資料描述子。當建立一個單純的特性時，例如：pizza.topping = 'ham'，你也會取得一個資料描述子。在此案例中，topping 特性具有一個 value 值；且它可能是，也可能不是 writable 允許寫入的。如果你是選擇第二種配對，你要建立一個存取器描述子，它可以完全地由一些運用 get() 或 set(value) 特性操作器的方法來進行定義。

接下來的範例，說明特性描述子如何完全不同，會取決於我們是使用宣告式的選項定義，或是透過程式化的 API 設定。我們使用 Object.getOwnPropertyDescriptor 方法，它需要一個 target 物件和一個 key 特性鍵，來擷取所建立的物件描述子。

```
const pizza = {}
pizza.topping = 'ham'
Object.defineProperty(pizza, 'extraCheese', { value: true })
console.log(Object.getOwnPropertyDescriptor(pizza, 'topping'))
// {
//   value: 'ham',
//   writable: true,
//   enumerable: true,
//   configurable: true
// }
console.log(
  Object.getOwnPropertyDescriptor(pizza, 'extraCheese')
)
// {
//   value: true,
```

```
//   writable: false,
//   enumerable: false,
//   configurable: false
// }
```

handler.defineProperty 機關可用於攔截正被定義的特性。請注意，這個機關會攔截 pizza.extraCheese = false 特性宣告，以及 Object.defineProperty 的呼叫。而設定這個機關，會需要 target 物件、key 特性鍵、和 descriptor 特性描述子。

在下一個範例中，程式不允許透過 proxy 新增任何的特性。當處理器回傳 false 時，若在嚴格模式（strict mode）下特性宣告會失敗並拋出錯誤，在寬鬆模式（sloppy mode）下也會失敗但不拋出錯誤。嚴格模式會較寬鬆模式優異，因為它在效能上的表現較佳，且有嚴謹的語義規範。在 ES6 的功能模組中均將它設定為預設模式，在第 8 章我們會探討更為深入。因為上述的原因，在所有的程式範例均假設處於嚴格模式。

```
const handler = {
  defineProperty(target, key, descriptor) {
    return false
  }
}
const target = {}
const proxy = new Proxy(target, handler)
proxy.extraCheese = false
// <- TypeError: 代理器上的 'defineProperty': 機關回傳結果為 false
```

如果回到之前有特殊前置字元特性的案例，我們就可以加入一個 defineProperty 機關來防止透過代理器建立私有特性。在下面的範例中，我們重新利用 invariant 函式，針對企圖於私有特殊前置字元屬性空間中定義一個新特性的操作，會以 throw 拋出錯誤。

```
const handler = {
  defineProperty(target, key, descriptor) {
    invariant(key, 'define')
    return Reflect.defineProperty(target, key, descriptor)
  }
}
function invariant(key, action) {
  if (key.startsWith('_')) {
    throw new Error(`Can't ${ action } private "${ key }"
    property`)
  }
}
```

讓我們先用 target 物件試試，分別宣告一個有前置字元和沒有前置字元的特性，於 proxy 代理器階層，在私有特性空間中設定一個特性會拋出一個錯誤結果。

```
const target = {}
const proxy = new Proxy(target, handler)
proxy.topping = 'cheese'
proxy._secretIngredient = 'salsa'
// <- Error: 無法定義 "_secretIngredient" 私有特性
```

proxy 物件可以安全地將 _secret 特性隱藏於機關之後，機關會看守它們避免被 proxy[key] = value 設定，或是 Object.defineProperty(proxy, key, {value}) 進行定義操作。如果我們將前述的機關要素綜合運用，就可以防止 _secret 特性被讀取、寫入、查詢、和建立。

還有一個機關可以幫助我們隱藏 _secret 特性。

6.3.4 ownKeys 機關

handler.ownKeys 方法可以被用於回傳一個 Array 特性陣列，這個陣列就是 Reflect.ownKeys() 方法所產生的結果。它會包含 target 物件的所有特性：可列舉的、不可列舉的、還有符號。一般預設的實作方式，會將被代理的 target 物件傳遞至反射方法。

```
const handler = {
  ownKeys(target) {
    return Reflect.ownKeys(target)
  }
}
```

在案例中，這個攔截並不會影響 Object.keys 的結果，因為我們只是將物件傳遞至以預設實作的方法中。

```
const target = {
  [Symbol('id')]: 'ba3dfcc0',
  _secret: 'sauce',
  _toppingCount: 3,
  toppings: ['cheese', 'tomato', 'bacon']
}
const proxy = new Proxy(target, handler)
for (const key of Object.keys(proxy)) {
  console.log(key)
  // <- '_secret'
  // <- '_toppingCount'
```

```
    // <- 'toppings'
  }
```

需注意的是，在下面的操作均可以使用 ownKeys 攔截器（interceptor）：

- Reflect.ownKeys() 會回傳指定物件中的所有鍵
- Object.getOwnPropertyNames() 僅回傳非符號的特性
- Object.getOwnPropertySymbols() 僅回傳符號的特性
- Object.keys() 僅回傳非符號可列舉的特性
- for..in 僅回傳非符號可列舉的特性

在對指定前置字元特性關閉存取的案例中，我們可以取得 Reflect.ownKeys(target) 方法的回傳結果，並對它進行篩選濾除。上述的方法，例如：Object.getOwnPropertySymbols 方法，在內部也是使用相同的方式實作。

下一個案例，我們會關注非字串型態的鍵，及以 Symbol 名稱為鍵的特性，此類特性則會回傳 true 值。接著，會自字串型態的鍵集合中濾除名稱以 '_' 字元起始的鍵。

```
const handler = {
  ownKeys(target) {
    return Reflect.ownKeys(target).filter(key => {
      const isStringKey = typeof key === 'string'
      if (isStringKey) {
        return !key.startsWith('_')
      }
      return true
    })
  }
}
```

如果上面的程式碼是使用 handler 處理器來擷取物件的鍵，我們只能找到屬於公開、無特定前置字元空間中的特性。注意，Symbol 也並未被回傳，因為 Object.keys 在回傳結果之前，會先將 Symbol 符號特性的鍵濾除。

```
const target = {
  [Symbol('id')]: 'ba3dfcc0',
  _secret: 'sauce',
  _toppingCount: 3,
  toppings: ['cheese', 'tomato', 'bacon']
}
```

```
const proxy = new Proxy(target, handler)
for (const key of Object.keys(proxy)) {
  console.log(key)
  // <- 'toppings'
}
```

符號迭代的操作並不會被我們的 handler 影響，因為 Symbol 鍵具有 'symbol' 類型，它會使 .filter 函式回傳 true 值。

```
const target = {
  [Symbol('id')]: 'ba3dfcc0',
  _secret: 'sauce',
  _toppingCount: 3,
  toppings: ['cheese', 'tomato', 'bacon']
}
const proxy = new Proxy(target, handler)
for (const key of Object.getOwnPropertySymbols(proxy)) {
  console.log(key)
  // <- Symbol(id)
}
```

我們能夠將前置字元為 _ 的特性於鍵列舉時隱藏，同時使符號和其他特性不受影響。更棒的是，也不需要在多個機關處理器中重複撰寫：單一個 ownKeys 機關就能夠處理所有不同的列舉方法。唯一需要注意的事項，就是我們對 Symbol 的特性鍵需要特別小心處理。

6.4 進階的代理器機關

在大部分的情況，目前所討論的機關均與特性存取和處理有關。接下來要介紹的是最後一個與特性存取有關的機關。在本章節所介紹的機關，均與我們所代理的目標物件有關，而不是它們的特性。

6.4.1 getOwnPropertyDescriptor 機關

當對指定的 key 鍵查詢一個物件的特性描述子時，getOwnPropertyDescriptor 機關便會被觸發。當指定的特性不存在時，它必須回傳一個特性描述子或是 undefined。拋出錯誤也是一種選項，這樣會完全地中斷運作。

若回到基本私有特性空間的案例，我們就可以實作一個機關，如下方程式碼的機關，來避免使用者取得私有特性的特性描述子。

```
const handler = {
  getOwnPropertyDescriptor(target, key) {
    invariant(key, 'get property descriptor for')
    return Reflect.getOwnPropertyDescriptor(target, key)
  }
}
function invariant(key, action) {
  if (key.startsWith('_')) {
    throw new Error(`Can't ${ action } private "${ key }"
property`)
  }
}
const target = {}
const proxy = new Proxy(target, handler)
Reflect.getOwnPropertyDescriptor(proxy, '_secret')
// <- Error: 無法取得私有特性 "_secret" 的特性描述子
```

這個方法可能會有一個問題，就是你會立刻通知外部使用者，存取具有特殊前置字元的特性是不被允許的。但最好的方式，是藉由回傳 undefined 將它們完全隱藏。這樣的話，處理私有特性的與 target 物件不具有的特性，方法將會相同。以下的範例，示範 Object.getOwnPropertyDescriptor 方法如何對不存在的 dressing 特性回傳 undefined，和以相同的方式操作 _secret 特性。而不在私有空間的特性，則以正常的方式回傳特性描述子。

```
const handler = {
  getOwnPropertyDescriptor(target, key) {
    if (key.startsWith('_')) {
      return
    }
    return Reflect.getOwnPropertyDescriptor(target, key)
  }
}
const target = {
  _secret: 'sauce',
  topping: 'mozzarella'
}
const proxy = new Proxy(target, handler)
console.log(Object.getOwnPropertyDescriptor(proxy, 'dressing'))
// <- undefined
console.log(Object.getOwnPropertyDescriptor(proxy, '_secret'))
// <- undefined
console.log(Object.getOwnPropertyDescriptor(proxy, 'topping'))
// {
//   value: 'mozzarella',
//   writable: true,
//   enumerable: true,
```

```
//   configurable: true
// }
```

getOwnPropertyDescriptor 機關能夠攔截 Object#hasOwnProperty 的操作，它需仰賴特性描述子來判斷指定特性是否存在。

```
console.log(proxy.hasOwnProperty('topping'))
// <- true
console.log(proxy.hasOwnProperty('_secret'))
// <- false
```

當你試著將特性隱藏時，最好的方式是讓它們運作起來像是在別的類別群組中，而不是在它們目前真正所在的類別群組；這樣才可將它們的行為隱藏起來，忽略它並持續進行流程。然而，當想要隱藏特性時，卻將錯誤拋出，反倒引起思考：為什麼這個特性會拋出錯誤，而不是回傳 undefined？是不是它存在只是無法存取。這與 HTTP API 的設計思維相同，當使用者不被允許進行存取時，例如：後端的管理者介面，這種狀況下我們偏好回傳「404 Not Found」的訊息給關注的資源，而不是技術上真正的「401 Unauthorized」狀態碼。

若是當除錯的考量多過安全性的考量時，你就必須思考使用 throw 敘述了。在任何狀況下，瞭解你的使用情境是非常重要的，才可以運用最適合的功能元件，並產生最少的非預期狀況。

6.4.2 apply 機關

apply 機關非常有趣：它可以依據指定客製調整以配合函式運作。當被代理的 target 函式被執行時，apply 機關便會觸發。在下面程式碼範例中，所有的敘述會進入代理器中 handler 物件的 apply 機關。

```
proxy('cats', 'dogs')
proxy(...['cats', 'dogs'])
proxy.call(null, 'cats', 'dogs')
proxy.apply(null, ['cats', 'dogs'])
Reflect.apply(proxy, null, ['cat', 'dogs'])
```

apply 機關需要三個引數：

- target 是被代理的函式
- ctx 是作為 this 的內文，於套用函式呼叫時會傳遞給 target
- args 是一個引數陣列，於套用函式呼叫時會傳遞給 target

使用預設的實作方式不會變更結果，就是將 Reflect.apply 的結果回傳。

```
const handler = {
  apply(target, ctx, args) {
    return Reflect.apply(target, ctx, args)
  }
}
```

除了能夠為 proxy 物件記錄每個函式呼叫的所有引數之外，這個機關也可以被運用於加入額外的參數，或變更函式呼叫所回傳的結果。這裡所有的範例運作都不會變更底層目標的 target 函式，這樣可以讓機關在任何需要擴充功能的函式之間重複使用。

下面的範例會代理一個 sum 函式，透過一個名稱為 twice 的機關處理器，它會將 sum 的結果再加倍，而不用變更原函式的程式；這可透過使用 proxy 達成，而不是直接呼叫 sum 函式。

```
const twice = {
  apply(target, ctx, args) {
    return Reflect.apply(target, ctx, args) * 2
  }
}
function sum(a, b) {
  return a + b
}
const proxy = new Proxy(sum, twice)
console.log(proxy(1, 2))
// <- 6
```

再來看看另外一個案例，假設我們想要在各個函式呼叫之間保存 this 的內容。在下面的範例程式中，我們有一個 logger 物件具備 .get 方法，可回傳 logger 物件本身。

```
const logger = {
  test() {
    return this
  }
}
```

若我們想要確保 get 總是回傳相同的 logger，可以將方法繫結於 logger 上，如下所示。

```
logger.test = logger.test.bind(logger)
```

這個方法會產生的問題是，我們必須對每個函式都繫結至 logger，以讓 this 可參考到 logger 物件自己。另一個可行的方法是，使用一個代理器具備 get 機關處理器，在其中我們就可改變回傳的函式，將它們繫結至 target 物件即可。

```
const selfish = {
  get(target, key) {
    const value = Reflect.get(target, key)
    if (typeof value !== 'function') {
      return value
    }
    return value.bind(target)
  }
}
const proxy = new Proxy(logger, selfish)
```

這種方式對所有的物件，甚至類別實體都有效，且不需要做任何的修改調整。下面的程式碼可以說明，原始的 logger 如何受到 .call 影響，且類似的操作都會改變 this 的內容；但是使用 proxy 物件進行操作便不會受到影響。

```
const something = {}
console.log(logger.test() === logger)
// <- true
console.log(logger.test.call(something) === something)
// <- true
console.log(proxy.test() === logger)
// <- true
console.log(proxy.test.call(something) === logger)
// <- true
```

但是，在使用 selfish 方法時會產生一個小問題。當透過 proxy 物件取得一個對方法的參考，我們會得到一個全新建立的被繫結的函式，來自於 value.bind(target) 的回傳結果。因此，這個方法已不再與原來的方法相同，這在使用上會造成一些困擾，如下範例所示。

```
console.log(proxy.test !== proxy.test)
// <- true
```

這個問題可以運用 WeakMap 解決。我們先回到 selfish 機關處理器的選項，並將它們移入至一個工廠函式（factory function）中。在這個函式裡，我們保有一個被繫結函式的快取暫存，這樣對每個已被繫結的函式就只建立一次。當我們需使用時，selfish 函式需要接收我們想要代理的 target 物件，而繫結每個方法的細部實作方式就成為一個議題。

```
function selfish(target) {
  const cache = new WeakMap()
  const handler = {
    get(target, key) {
      const value = Reflect.get(target, key)
      if (typeof value !== 'function') {
        return value
      }
      if (!cache.has(value)) {
        cache.set(value, value.bind(target))
      }
      return cache.get(value)
    }
  }
  const proxy = new Proxy(target, handler)
  return proxy
}
```

現在我們可以將已被繫結的函式暫存起來，並透過它們原有的值來辨識；這樣就能夠每次均回傳相同的物件，且簡單的物件比較邏輯也不會造成 selfish 函式在使用上的困擾。

```
const selfishLogger = selfish(logger)
console.log(selfishLogger.test === selfishLogger.test)
// <- true
console.log(selfishLogger.test() === selfishLogger)
// <- true
console.log(selfishLogger.test.call(something) ===
   selfishLogger)
// <- true
```

當我們想需要將一個物件的所有方法均繫結至父物件時，selfish 函式是可以被重複運用的。這樣非常的方便，特別是需要處理一些非常大量使用 this 來參考至實體物件（instance object）的類別。

將方法繫結至它的父物件上其實有很多種方法，但是也都各自有它們的優缺點。以代理器為基礎的解決方案可能是最方便且較無問題的，但是在瀏覽器的支援度尚不完整，且 Proxy 在實作上的效能是非常差的。

目前為止我們未在 selfish 範例中使用 apply 機關，因為並非一個解答可適用於各種情況。在這個案例中，使用 apply 機關會牽涉到目前的 selfish 代理器，此代理器會回傳 value 函式所需的代理器物件。就算我們以 Reflect.apply 取代 .bind 的使用，我們還是會需要 WeakMap 快取暫存機制和 selfish 代理器。但這樣的意思是，我們需要再增加一層抽象層，也就是第二個代理器，且在關注點分離（seperation of concerns）或維護性的觀點來看，只能取得一些些資訊；因為以兩個代理器的運作層面，在某種程度上會互相依賴影響，最好還是將所有的處理保持在單一個層面來操作較為單純。抽象化是一個好的觀念，但太多抽象層的運用反而產生比原來更多的問題。

那麼到底在類別物件中的 constructor 建構子中，需對 .bind 敘述進行抽象化到什麼程度？這實在是一個難以回答的問題，且每種情境下的答案不同，但是在設計一個元件系統時都需要好好的納入考量。增加抽象層的目的主要是希望避免重複性的操作，但不要再加入另一個層次的複雜度。

6.4.3 construct 機關

construct 機關可以攔截 new 運算子的使用。在下面的程式範例中，我們實作了一個自訂的 construct 機關，運作上和 construct 機關相同。我們使用了展開運算子並結合 new 關鍵字，這樣就可以將任何的引數傳遞至 Target 的建構子中。

```
const handler = {
  construct(Target, args) {
    return new Target(...args)
  }
}
```

前述的範例功能，與使用 Reflect.construct 相同，如下面範例所示。請注意，在這個案例中，我們並不將 args 引數展開提供於方法的調用；反射方法需要原封不動地複製代理器機關的方法特徵，所以像 Reflect.construct 具有 Target, args 參數的特徵，與 construct 機關方法相同。

```
const handler = {
  construct(Target, args) {
    return Reflect.construct(Target, args)
  }
}
```

像 construct 這樣的機關可允許我們變更或延伸物件的行為，而不需要使用工廠函式或改變實作的程式內容。然而需一提的是，代理器應該要清楚地定義一個目的，且該目的不需要太干涉底層目標物件的實作方式。這樣的意思是指，為 construct 這個可作為多種不同底層類別的轉換器而設計的代理器機關，或許是錯誤的抽象方向：僅一個簡單的函式就達成了。

所以，一般 construct 機關的使用案例大部分圍繞在重新平衡建構子的參數，或是執行一些建構子相關的作業，例如：記錄和追蹤物件的建立。

下面的範例展示範代理器如何提供使用者不同的操作經驗，而不需要改變原類別的程式實作。當使用 ProxiedTarget 時，我們可以運用建構子參數於目標實體中宣告一個 name 特性。

```
const handler = {
  construct(Target, args) {
    const [ name ] = args
    const target = Reflect.construct(Target, args)
    target.name = name
    return target
  }
}
class Target {
  hello() {
    console.log(`Hello, ${ this.name }!`)
  }
}
```

在這個案例中，我們已經直接地改變了 Target，所以它可以在建構子中接收到一個 name 參數，並將此參數儲存為一個實體特性。並不是只有這種情境上使用。有時你無法直接更改一個類別，因為你並沒有該類別的程式，或因為其他的程式已與該類別的結構有相依性。以下的程式碼示範 Target 類別的實際應用，和它原始所提供的 API 以及變更後的 ProxiedTarget API，它是利用 construct 所實作的代理器機關達成。

```
const target = new Target()
target.name = 'Nicolás'
target.hello()
// <- 'Hello, Nicolás'

const ProxiedTarget = new Proxy(Target, handler)
const proxy = new ProxiedTarget('Nicolás')
proxy.hello()
// <- 'Hello, Nicolás'
```

需注意的是，箭頭函式無法用於建構子中，因此我們無法運用 construct 機關於箭頭函式上。接下來我們再看看最後幾個機關。

6.4.4 getPrototypeOf 機關

我們可以使用 handler.getPrototypeOf 方法，作為下列操作的機關：

- Object#__proto__ 特性
- Object#isPrototypeOf 方法
- Object.getPrototypeOf 方法
- Reflect.getPrototypeOf 方法
- instanceof 運算子

這個機關非常具有威力，因為它允許我們動態地決定一個物件所回報的原型類型。

舉例來說，當透過代理器存取物件時，你可以使用這個機關讓物件假裝是一個 Array 陣列。下面的範例藉由回傳 Array.prototype 作為代理物件的原型進行示範。請注意，當 instanceof 被詢問我們所提供的物件是否為 Array 類型時，它的確會回傳 true 結果。

```
const handler = {
  getPrototypeOf: target => Array.prototype
}
const target = {}
const proxy = new Proxy(target, handler)
console.log(proxy instanceof Array)
// <- true
```

對 proxy 物件來說，這並不足以證明它是一個真的 Array 類型。以下的程式範例說明，即使我們收到 proxy 的原型為 Array，卻無法用它來呼叫 Array#push 方法。

```
console.log(proxy.push)
// <- undefined
```

自然地，我們可以持續修補 proxy 物件，直到我們真的可以取得需要的行為為止。在這個案例中，我們想要使用 get 機關，將 Array.prototype 和實際底層的 target 物件混合；我們也會再次使用反射方法，於 Array.prototype 中查詢特性。如程式的執行結果，這樣的方法就具備足夠能力來操作 Array 陣列的方法。

```
const handler = {
  getPrototypeOf: target => Array.prototype,
  get(target, key) {
    return (
      Reflect.get(target, key) ||
      Reflect.get(Array.prototype, key)
    )
  }
}
const target = {}
const proxy = new Proxy(target, handler)
```

需注意現在 proxy.push 如何指向至 Array#push 方法，而我們如何不引人注目地使用它，就像使用陣列物件一般；與如何將物件的使用記錄印出，如同使用物件一樣而不像是使用 ['first', 'second'] 陣列。

```
console.log(proxy.push)
// <- function push() { [native code] }
proxy.push('first', 'second')
console.log(proxy)
// <- { 0: 'first', 1: 'second', length: 2 }
```

與 getPrototypeOf 機關相反的，就是 setPrototypeOf 機關。

6.4.5 setPrototypeOf 機關

在 ES6 中有一個 Object.setPrototypeOf 方法，可運用於將物件的原型變更為參考至另一個物件。一般認為這是設定物件原型較好的方式，相較於設定 __proto__ 特性，雖然這是大部分瀏覽器均支援的方式，但並不被 ES6 贊同。

這樣的反對意見，代表著瀏覽器製造商已不再鼓勵使用 __proto__ 特性。另一方面，也代表在未來這個特性也將被移除。然而，在網頁平台上，並不會中斷向下相容的能力，因此 __proto__ 特性也不太可能被移除，但不鼓勵使用這個特徵應是確定的。所以當我們想要變更一個物件的原型時，使用 Object.setPrototypeOf 方法會是較好的方式。

你可以使用 handler.setPrototypeOf 方法來為 Object.setPrototypeOf 建立一個機關。下面的程式碼將物件原型設定為 base，並不會變更預設的行為。需注意的是，為了完整性，也會有一個 Reflect.setPrototypeOf 方法，其作用與 Object.setPrototypeOf 相同。

```
const handler = {
  setPrototypeOf(target, proto) {
    Object.setPrototypeOf(target, proto)
  }
}
const base = {}
function Target() {}
const proxy = new Proxy(Target, handler)
proxy.setPrototypeOf(proxy, base)
console.log(proxy.prototype === base)
// <- true
```

setPrototypeOf 機關可運用於多種情境。你可以為它建立一個空白的方法，讓機關弱化 Object.setPrototypeOf 方法呼叫為無任何反應：一項不做任何事情的操作。如果你認為新的物件原型是無效的，或是想要避免讓使用者能夠變更代理物件的原型，可以拋出一個錯誤，使得程式明確地中斷。

你可以實作一個如下的機關，它能夠透過限制存取底層目標的 Target 物件，減少代理器因第三方程式所造成的安全性議題。以這樣的方式，proxy 物件的使用者便無法變更底層物件的原型。

```
const handler = {
  setPrototypeOf(target, proto) {
    throw new Error('Changing the prototype is forbidden')
  }
}
const base = {}
function Target() {}
const proxy = new Proxy(Target, handler)
proxy.setPrototypeOf(proxy, base)
// <- Error: Changing the prototype is forbidden
```

在這些案例中，當發生錯誤最好的處理方式是將錯誤拋出，如此使用者才可以瞭解發生了什麼狀況。藉由清楚地拒絕物件原型變更，使用者便能夠以其他方式進行處理。若我們都不拋出錯誤，使用者會持續以除錯的方式找出最終的原因。你可以將程式撰寫的更友善，解除開發人員的煩惱啊！

6.4.6 preventExtensions 機關

你 可 以 使 用 handler.preventExtensions 來 攔 截 Object.prevent Extensions 方法，此方法是在 ES5 時就已推出。當物件禁止進行功能延伸擴充時，就無法再加入新的特性：如此物件就是無法進行延伸擴充。

想像一個情境，你想要選擇性地對一些物件禁止擴充，但並非全部。在這樣的狀況下，可以使用 WeakSet 類別來追蹤每個需進行延伸擴充的物件。如果物件存在於集合中，那麼 preventExtensions 機關應該能夠攔截到這些請求並忽略它們。

以下的程式碼就是進行這樣的操作：它將可被延伸擴充的物件保存於 WeakSet 中，其他的物件則不允許擴充。

```
const canExtend = new WeakSet()
const handler = {
  preventExtensions(target) {
    const canPrevent = !canExtend.has(target)
    if (canPrevent) {
      Object.preventExtensions(target)
    }
    return Reflect.preventExtensions(target)
  }
}
```

現在我們已經建立了 handler 處理器和 WeakSet 集合，再來可以建立一個目標物件和一個 proxy 物件，將目標物件加入至集合中。接著，將 Object.preventExtensions 方法用於代理器後，會發現無法讓 target 物件禁止擴充。這是預料中的結果，因為 target 物件已在 canExtend 集合中。請注意，因為使用者企圖進行禁止擴充操作，但因為機關而造成失敗，所以我們會看到 TypeError 例外；若在寬鬆模式下則不會有錯誤訊息。

```
const target = {}
const proxy = new Proxy(target, handler)
canExtend.add(target)
Object.preventExtensions(proxy)
// <- TypeError: 'preventExtensions' 於 proxy:
// 機關回傳錯誤
```

如果我們在呼叫 Object.preventExtensions 之前，自 canExtend 集合中移除 target 物件，那麼它就會如原本預期地成為禁止擴充。下方的程式碼示範實際的操作。

```
const target = {}
const proxy = new Proxy(target, handler)
canExtend.add(target)
canExtend.delete(target)
Object.preventExtensions(proxy)
console.log(Object.isExtensible(proxy))
// <- false
```

6.4.7 isExtensible 機關

所謂可擴充的物件（extensible object），就是一個物件可允許你加上新的特性。

handler.isExtensible 方法可運用於記錄或稽核 Object.isExtensible 方法的調用，但不是用來判斷物件是否為可擴充。因為這個機關受制一個嚴格的規範，使得你可操作的範圍受到很大的限制：如果在 Object.isExtensible(proxy) !== Object.isExtensible(target) 的情況下，會拋出 TypeError 錯誤。

在此情況下，這個機關除了作為稽核用途之外幾乎沒有用處；如果你不希望使用者得知底層的目標物件是否可擴充的話，可以在處理器中實作錯誤的拋出。

如同在過去幾頁所學，代理器的使用案例非常的多。我們可以在下列的狀況中使用 Proxy，而這些都只是冰山的一小角而已：

- 於單純舊的 JavaScript 物件中加入驗證規則，並且執行它們
- 追蹤經由代理器所進行的互動操作
- 實作你自己的 observable 物件
- 修飾和擴充物件，而不需要變更物件本身的內容
- 使物件中的部分特性可讓使用者無法得知
- 當使用者不再需要存取物件時，可以廢止存取的權限
- 傳遞至被代理方法的引數可被變更

- 被代理方法所產生的結果可被變更
- 避免透過代理器刪除指定特性
- 依據所期望的特性描述子，避免新的定義加入
- 於建構子中移動引數
- 藉由 `new` 和建構子回傳一個結果，而非物件
- 將一個物件的原型轉換成其他類型

代理器是 ES6 中一個非常具有威力的特徵功能，具有很多種潛在的應用。然而，它對 JavaScript 引擎的執行效率上有很大的影響，因為實際上是不可能再進行優化了。這使得代理器對著重執行速度的應用顯得較不可行。

同時，若提供過於複雜、企圖達成眾多功能的代理器，很容易會造成使用者的困擾。在大多數的情況下最好不要這樣做，或至少發展出一致的、簡單的存取規範。請確定你不會在特性存取上產生許多的副作用，即便在文件上都撰寫清楚，在操作上還是很容易造成混淆。

第七章

ES6 內建功能優化

本書內容至此，已討論過許多全新的功能語法，例如：箭頭函式、解構賦值、及產生器；以及全新的內建功能，如：WeakMap 弱映射、Proxy 代理器、和 Symbol 符號。另一方面，在本章大部分將著重於在 ES6 中進行改善的既有內建功能；這些功能優化包含了新的實體方法、特性、以及工具方法。

7.1 數值

ES6 為了二進位和八進位推出了數值實字表示法（numeric literal representation）。

7.1.1 二進位和八進位實字

在 ES6 之前，當需要以二進位表示一個整數時，就是將整數傳遞至 parseInt 並設定基數為 2。

```
parseInt('101', 2)
// <- 5
```

現在你可以使用新的前置符號 0b 來代表二進位整數實字。你也可以用 0B 作為前置符號，大寫的 B，兩者的作用均相同。

```
console.log(0b000) // <- 0
console.log(0b001) // <- 1
console.log(0b010) // <- 2
console.log(0b011) // <- 3
```

```
console.log(0b100) // <- 4
console.log(0b101) // <- 5
console.log(0b110) // <- 6
console.log(0b111) // <- 7
```

在 ES3 中，parseInt 函式會將以 0 起始的數字字串視為是八進位值。這表示當你忘記指定基數為 10 時，資料就會變得非常奇怪。因此，基數為 10 便設定為預設狀態，如此使用者輸入 012 就不會無法預期地被解析為整數 10 了。

```
console.log(parseInt('01'))
// <- 1
console.log(parseInt('012'))
// <- 10
console.log(parseInt('012', 10))
// <- 12
```

但到了 ES5 時，parseInt 函式預設的基數被變更了，預設為 8 至 10。因此建議還是自己指定基數 radix 以達到向下相容的目的。如果想要以八進位解析數字字串，你可以清楚地在第二個引數上指定為 8，便不會有任何問題。

```
console.log(parseInt('100', 8))
// <- 64
```

現在你可以使用 0o 作為八進位實字的前置字元，這在 ES6 中是新增的特徵。你也可以使用 0O，在功能上是相同的。以 0 起始並接著大寫的 O 字母，某些字型在視覺上可能很難辨識，這也是為何建議你使用小寫的 0o 標示法以便於識別。

```
console.log(0o001) // <- 1
console.log(0o010) // <- 8
console.log(0o100) // <- 64
```

你可能在其他語言中已習慣使用十六進位實字表示法，通常是以 0x 字元起始。這在 ES5 中的 JavaScript 引擎已加入。十六進位實字表示法的前置字元可以使用 0x 或 0X，如下範例。

```
console.log(0x0ff) // <- 255
console.log(0xf00) // <- 3840
```

除了在八進位與十六進位表示法的微小差異之外，在 ES6 中還為 Number 類別加入了一些新的方法。我們先討論四個 Number 方法—Number.isNaN、Number.isFinite、Number.parseInt、和 Number.parseFloat—

這些函式均已存在於全域名稱空間之中。此外，在 Number 類別中的方法有些微的不同的是，它們不會在產生結果之前，強制將非數值資料轉換為數值資料。

7.1.2 Number.isNaN

這個方法與全域的 isNaN 方法幾乎一樣。對所傳入的 value 值只能是 NaN，Number.isNaN 方法才會回傳真值；反之，isNaN 只要 value 不是數值便會回傳真值。這兩個問題的答案有些微的不同。

下面的程式碼可以說明此狀況，當引數傳遞予 Number.isNaN 時，只要不是 NaN 都會回傳 false；當 NaN 被傳入時，便會回傳 true。注意在最後一個案例中，我們也是將 NaN 傳遞給 Number.isNaN，因為它是兩個字串相除的結果。

```
Number.isNaN(123)
// <- false，整數不是 NaN
Number.isNaN(Infinity)
// <- false，Infinity 不是 NaN
Number.isNaN('a hundred')
// <- false，'a hundred' 不是 NaN
Number.isNaN(NaN)
// <- true，NaN 是 NaN
Number.isNaN('a hundred' / 'two')
// <- true，'a hundred' / 'two' 是 NaN，NaN 是 NaN
```

相反的，isNaN 方法在將所傳入的值與 NaN 進行比較之前，會先將非數值轉換為數值，這會造成完全不同的回傳結果。在下面的範例中，這兩個敘述會產生不同的結果，因為 isNaN 會先透過 Number 類別將所傳入的 value 值進行轉換，與 Number.isNaN 不同。

```
isNaN('a hundred')
// <- true，因為 Number('a hundred') 是 NaN
isNaN(new Date())
// <- false，因為 Number(new Date()) 使用 Date#valueOf,
// 它會回傳一個 unix timestamp 數值
```

Number.isNaN 方法比起與它對應的全域方法更為正確，因為它不進行資料轉換。但有些因素，使得 Number.isNaN 方法的運用會是造成混亂的源頭。

首先，`isNaN` 函式會將輸入值在進行比較之前，先透過 `Number(value)` 方式進行轉換，但是 `Number.isNaN` 方法並不會如此做。不管是 `Number.isNaN` 或是 `isNaN` 都不會回答「這不是一個數值？」的問題，但是它們會回答 `value`—或 `Number(value)`—是否為 `NaN`。

在大部分的案例中，你實際上想要知道的是所傳入的值是否被判定為一個數值—`typeof NaN === number`，並且真的是一個數值。在下面程式碼中的 `isNumber` 函式就具有此功用。注意，它可與 `isNaN` 和 `Number.isNaN` 搭配使用以進行型別確認。任何值經由 `typeof` 判定為 `'number'` 結果，就是一個數值，除了 `NaN` 之外；因此我們需要特別將它濾除。

```
function isNumber(value) {
  return typeof value === 'number' && !Number.isNaN(value)
}
```

你可以使用 `isNumber` 方法來確認一個 `value` 值是否為數值。下面的程式範例示範它的使用方式。

```
isNumber(1)
// <- true
isNumber(Infinity)
// <- true
isNumber(NaN)
// <- false
isNumber('two')
// <- false
isNumber(new Date())
// <- false
```

還有一個函式，它早就存在於語言之中，有點類似我們自訂的 `isNumber` 函式：`isFinite`。

7.1.3 Number.isFinite

很少被提及的 `isFinite` 方法自從 ES3 開始就已存在了。它會回傳一個布林值，以判定所提供的值不屬於 `Infinity`、`-Infinity`、和 `NaN` 其中之一。

`isFinite` 方法會將值透過 `Number(value)` 進行轉換，但 `Number.isFinite` 不會。這意味著所傳入的值會被強制轉換為非 `NaN` 的數值，就會被 `isNumber` 方法判定為是有限的數值—即便它看起來明顯不是數值。

以下是一些使用全域函式 isFinite 的範例。

```
isFinite(NaN)
// <- false
isFinite(Infinity)
// <- false
isFinite(-Infinity)
// <- false
isFinite(null)
// <- true，因為 Number(null) 為 0
isFinite(-13)
// <- true，因為 Number(-13) 為 -13
isFinite('10')
// <- true，因為 Number(10) 為 10
```

使用 Number.isFinite 較為安全，因為它不會發生無法預期的型別轉換。如果你真的需要將 value 值轉換為以數值表示，建議使用 Number.isFinite(Number(value)) 的方式進行。這是兩個層次的行為，型別轉換與運算，可以使得程式碼更為清楚明白。

以下是一些使用 Number.isFinite 方法的參考範例。

```
Number.isFinite(NaN)
// <- false
Number.isFinite(Infinity)
// <- false
Number.isFinite(-Infinity)
// <- false
Number.isFinite(null)
// <- false，因為 null 不是一個數值
Number.isFinite(-13)
// <- true
Number.isFinite('10')
// <- false，因為 '10' 不是一個數值
```

若為 Number.isFinite 建立一個瀏覽器向下相容程式，會受制於它對非數值回傳 false 的因素；最有效的辦法是取消行型別轉換的功能，再接著呼叫 isFinite 函式並傳入值。

```
function numberIsFinite(value) {
  return typeof value === 'number' && isFinite(value)
}
```

7.1.4 Number.parseInt

Number.parseInt 方法與 parseInt 函式功能相同，事實上是一模一樣。

```
console.log(Number.parseInt === parseInt)
// <- true
```

parseInt 函式能夠支援字串型態的十六進位實字表示法。它甚至不必要指定 radix 基數：只要具有 0x 前置字元，parseInt 函式便會推斷此數值的基數為 16。

```
parseInt('0xf00')
// <- 3840
parseInt('0xf00', 16)
// <- 3840
```

如果此時你提供另外一個 radix 基數，parseInt 函式會在第一個非數值字元出現後便停止轉換。

```
parseInt('0xf00', 10)
// <- 0
parseInt('5xf00', 10)
// <- 5，舉例說明此處並無任何的特別的動作
```

當 parseInt 函式可接受字串型態的十六進位實字時，它的介面在 ES6 中並未被變更。因此，二進位和八進位實字字串將不會被解譯。這在 ES6 中造成了新的不一致性，就是 parseInt 函式可理解 0x，但對 0b 和 0o 均無法理解。

```
parseInt('0b011')
// <- 0
parseInt('0b011', 2)
// <- 0
parseInt('0o100')
// <- 0
parseInt('0o100', 8)
// <- 0
```

如果你想要使用 parseInt 函式來讀取這些實字，你可以在使用 parseInt 函式之前，先將前置字元去除。當然你也需要指定對應的 radix 基數，二進位需指定為 2，八進位指定為 8。

```
parseInt('0b011'.slice(2), 2)
// <- 3
parseInt('0o110'.slice(2), 8)
// <- 72
```

相較之下，Number 函式倒是可以完美地將這些字串轉換為正確的數值。

```
Number('0b011')
// <- 3
Number('0o110')
// <- 72
```

7.1.5 Number.parseFloat

就像是 parseInt 函式，parseFloat 函式未被進行任何的變更，也被加入至 Number 類別之中。

```
console.log(Number.parseFloat === parseFloat)
// <- true
```

幸好，parseFloat 函式對十六進位實字字串沒有特殊的行為，也就是說 Number.parseFloat 方法在使用上也不會造成任何困擾。

parseFloat 函式被加入至 Number 類別以滿足類別的完整性。在未來的語言版本中，全域名稱空間就比較不會受到污染。當一個函式有特定的功能時，最好將它加入至相關的內建功能，而不是置放於全域名稱空間。

7.1.6 Number.isInteger

這在 ES6 中是一個新的方法，而且在這之前也沒有全域函式可以使用。isInteger 方法會回傳 true，如果所提供的 value 值是有限的數值且不含浮點數部分。

```
console.log(Number.isInteger(Infinity)) // <- false
console.log(Number.isInteger(-Infinity)) // <- false
console.log(Number.isInteger(NaN)) // <- false
console.log(Number.isInteger(null)) // <- false
console.log(Number.isInteger(0)) // <- true
console.log(Number.isInteger(-10)) // <- true
console.log(Number.isInteger(10.3)) // <- false
```

你可能會考慮將下面的程式敘述作為 Number.isInteger 方法的向下相容程式（ponyfill）。模數運算會回傳餘數的部分；所以如果我們除以一，就可以有效地自餘數取得浮點數部分；如果餘數為 0，則代表所傳入的數值為整數。

```
function numberIsInteger(value) {
  return Number.isFinite(value) && value % 1 === 0
}
```

下一節我們會深入討論浮點數運算，它有一些特殊案例需要特別的瞭解並記錄。

7.1.7 Number.EPSILON

EPSILON 特性是一個新加入至 Number 類別的常數。以下的程式碼可將它的值顯示出來。

```
Number.EPSILON
// <- 2.220446049250313e-16
Number.EPSILON.toFixed(20)
// <- '0.00000000000000022204'
```

接著我們看看浮點數運算的範例。

```
0.1 + 0.2
// <- 0.30000000000000004
0.1 + 0.2 === 0.3
// <- false
```

這個運算的誤差為何呢？再來看看下面範例的運算元，仔細找出誤差的大小。

```
0.1 + 0.2 - 0.3
// <- 5.551115123125783e-17
5.551115123125783e-17.toFixed(20)
// <- '0.00000000000000005551'
```

我們可以使用 Number.EPSILON 來找出誤差是否夠小而可忽略；Number.EPSILON 代表的是浮點數運算安全的誤差範圍，若誤差小於它則可忽略。

```
5.551115123125783e-17 < Number.EPSILON
// <- true
```

下面的程式碼可用於判斷浮點數運算的結果是否落在預期的誤差範圍中。這裡我們使用了 Math.abs，因為並不需要考慮 left 值和 right 值的先後順序，只考慮兩值之間的差距。也就是說，withinMarginOfError(left, right) 和 withinMarginOfError(right, left) 的結果相同。

```
function withinMarginOfError(left, right) {
  return Math.abs(left - right) < Number.EPSILON
}
```

下面的例子示範 `withinMarginOfError` 的實際使用方式。

```
withinMarginOfError(0.1 + 0.2, 0.3)
// <- true
withinMarginOfError(0.2 + 0.2, 0.3)
// <- false
```

並非每一個整數都能夠以浮點數表示法正確的描述。

7.1.8 Number.MAX_SAFE_INTEGER 和 Number.MIN_SAFE_INTEGER

這是 JavaScript 中可以安全又正確地表示的最大整數，或所有語言使用浮點數可表示的整數，如 IEEE-754 標準所定義[1]。下面的程式碼說明 `Number.MAX_SAFE_INTEGER` 的最大範圍。

```
Number.MAX_SAFE_INTEGER === Math.pow(2, 53) - 1
// <- true
Number.MAX_SAFE_INTEGER === 9007199254740991
// <- true
```

如你所預期，也有一個與它相對的常數：最小整數。就是 `Number.MAX_SAFE_INTEGER` 的負數。

```
Number.MIN_SAFE_INTEGER === -Number.MAX_SAFE_INTEGER
// <- true
Number.MIN_SAFE_INTEGER === -9007199254740991
// <- true
```

浮點數運算在 `[MIN_SAFE_INTEGER, MAX_SAFE_INTEGER]` 範圍之外變得不穩定。`1 === 2` 敘述會判定為 `false`，因為它們是不同的值。然而，如果我們對每個運算元都加入 `Number.MAX_SAFE_INTEGER`，那麼 `1 === 2` 就會判定為 `true`。

```
1 === 2
// <- false
Number.MAX_SAFE_INTEGER + 1 === Number.MAX_SAFE_INTEGER + 2
// <- true
Number.MIN_SAFE_INTEGER - 1 === Number.MIN_SAFE_INTEGER - 2
// <- true
```

當談論到檢查一個整數是否安全時，在語言中便新增了一個 `Number.isSafeInteger` 函式。

1 IEEE-754 是浮點數標準（*https://mjavascript.com/out/floating-point*）。

7.1.9 Number.isSafeInteger

這個方法對位於 `[MIN_SAFE_INTEGER, MAX_SAFE_INTEGER]` 範圍中的任何整數均會回傳 `true` 值。就如 ES6 中其他的 `Number` 方法，它並不會對所傳入的值進行型別轉換。輸入值必須為數值、一個整數、並位於上述所提及的範圍之中，才可讓方法回傳 `true` 值。

下面的程式敘述示範一組合理的輸入和輸出值。

```
Number.isSafeInteger('one') // <- false
Number.isSafeInteger('0') // <- false
Number.isSafeInteger(null) // <- false
Number.isSafeInteger(NaN) // <- false
Number.isSafeInteger(Infinity) // <- false
Number.isSafeInteger(-Infinity) // <- false
Number.isSafeInteger(Number.MIN_SAFE_INTEGER - 1) // <- false
Number.isSafeInteger(Number.MIN_SAFE_INTEGER) // <- true
Number.isSafeInteger(1) // <- true
Number.isSafeInteger(1.2) // <- false
Number.isSafeInteger(Number.MAX_SAFE_INTEGER) // <- true
Number.isSafeInteger(Number.MAX_SAFE_INTEGER + 1) // <- false
```

當我們想要確認運算的結果是否位於範圍之中，我們不只必須驗證結果，還必須驗證兩個運算元[2]。當結果位於範圍之中但是卻不正確時，運算元之其中之一─或二者─可能已超過範圍。類似情況，即使兩個運算元均於範圍之中，運算結果可能也會超過範圍。因此必須要將 `left`、`right`、和 `left op right` 的結果均進行檢查，才能夠確認我們所得到的結果是正確的。

在以下的範例中，兩個運算元均位於整數範圍之中，但是運算結果卻不正確。

```
Number.isSafeInteger(9007199254740000)
// <- true
Number.isSafeInteger(993)
// <- true
Number.isSafeInteger(9007199254740000 + 993)
// <- false
9007199254740000 + 993
// <- 9007199254740992, should be 9007199254740993
```

2 Axel Rauschmayer 在文章「New number and Math features in ES6」（*https://mjavascript.com/out/math-axel*）中指出這個原則。

某些運算和數值可能會回傳正確的結果，即便運算元已超出範圍，例如下方的程式案例。然而，無法被驗證確認的正確的結果就意味著，這些運算都無法受到信任。

```
9007199254740000 + 994
// <- 9007199254740994
```

在下面的範例，運算元其中之一超過了整數範圍，因此我們無法相信所產出的結果是正確的。

```
Number.isSafeInteger(9007199254740993)
// <- false
Number.isSafeInteger(990)
// <- true
Number.isSafeInteger(9007199254740993 + 990)
// <- false
9007199254740993 + 990
// <- 9007199254741982，應該是 9007199254741983
```

在我們最後一個範例會進行減法運算產生一個運算結果，此結果是在整數範圍中，但仍然無法相信結果是正確的。

```
Number.isSafeInteger(9007199254740993)
// <- false
Number.isSafeInteger(990)
// <- true
Number.isSafeInteger(9007199254740993 - 990)
// <- true
9007199254740993 - 990
// <- 9007199254740002，應該是 9007199254740003
```

如果兩個運算元都超過整數範圍，所產生的結果也可能會在整數範圍中，即便結果是不正確的。

```
Number.isSafeInteger(9007199254740995)
// <- false
Number.isSafeInteger(9007199254740993)
// <- false
Number.isSafeInteger(9007199254740995 - 9007199254740993)
// <- true
9007199254740995 - 9007199254740993
// <- 4，應該是 2
```

我們可以得到結論，唯一安全的方式確認運算是否產生正確的結果，就是利用一個工具函式進行檢查，如下方的範例。如果我們未確認運算元和運算結果均於整數範圍中，那麼結果可能是不正確的。最好的方式是，在這些狀況下均以 throw 拋出錯誤，並提供更正錯誤的方式，但依你的程式而定。最重要的是可以正確的找到這些錯誤，並且進行處理。

```
function safeOp(result, ...operands) {
  const values = [result, ...operands]
  if (!values.every(Number.isSafeInteger)) {
    throw new RangeError('Operation cannot be trusted!')
  }
  return result
}
```

你可以使用 safeOp 來確保所有的運算元，包含 result 結果值，都安全的位於整數範圍中。

```
safeOp(9007199254740000 + 993, 9007199254740000, 993)
// <- RangeError: 運算無法被信任
safeOp(9007199254740993 + 990, 9007199254740993, 990)
// <- RangeError: 運算無法被信任
safeOp(9007199254740993 - 990, 9007199254740993, 990)
// <- RangeError: 運算無法被信任
safeOp(
  9007199254740993 - 9007199254740995,
  9007199254740993,
  9007199254740995
)
// <- RangeError: 運算無法被信任
safeOp(1 + 2, 1, 2)
// <- 3
```

以上就是關於 Number 的所有議題，但我們尚未討論完算數相關的優化功能。讓我們將注意力轉移至 Math 這個內建功能。

7.2 Math 物件

ES6 為 Math 內建物件推出了大量新的靜態方法。有一部分是特別打造出來，以方便將 C 語言程式編譯為 JavaScript，且你可能不太會在一般 JavaScript 應用程式開發中使用。另一部分則是既有的指數運算、和三角函式 API 介面的補強功能。

那就讓我們開始往下看看吧。

7.2.1 Math.sign

在很多的語言中都有一個數學運算的 sign 方法，它會依據所提供的值，回傳一個向量（-1, 0, 或 1），以表示值的正負號。JavaScript 的 Math.sign 方法就是進行這樣的運算。然而，這個 JavaScript 的方法多了兩個可能的回傳值：-0 和 NaN。來看看以下幾個程式敘述例子。

```
Math.sign(1) // <- 1
Math.sign(0) // <- 0
Math.sign(-0) // <- -0
Math.sign(-30) // <- -1
Math.sign(NaN) // <- NaN
Math.sign('one') // <- NaN，因為 Number('one') 是 NaN
Math.sign('0') // <- 0，因為 Number('0') 是 0
Math.sign('7') // <- 1，因為 Number('7') 是 7
```

請注意 Math.sign 如何將輸入值轉換為數值？當新加入 Number 的方法並不會透過 Number(value) 將輸入值進行轉換，大部分加入至 Math 的方法則是會使用此方法轉換輸入值型別，如我們所見。

7.2.2 Math.trunc

在 JavaScript 中我們已經有 Math.floor 和 Math.ceil 兩個方法，利用它們就可以分別將小數部分捨去或進位。現在我們有了另一個選擇，它可以將小數部分直接捨去。在此處，輸入值也會透過 Number(value) 被強制轉換為數值。

```
Math.trunc(12.34567) // <- 12
Math.trunc(-13.58) // <- -13
Math.trunc(-0.1234) // <- -0
Math.trunc(NaN) // <- NaN
Math.trunc('one') // <- NaN，因為 Number('one') 是 NaN
Math.trunc('123.456') // <- 123，因為 Number('123.456') 是 123.456
```

為 Math.trunc 方法建立一個簡單的向下相容程式，會需要檢查所提供的值是否大於零，並依照結果分別套用 Math.floor 或 Math.ceil，如下程式碼所述。

```
function mathTrunc(value) {
  return value > 0 ? Math.floor(value) : Math.ceil(value)
}
```

7.2.3 Math.cbrt

`Math.cbrt` 方法是「cubic root」的縮寫，與 `Math.sqrt` 方法是「square root」的縮寫類似。以下是一些使用範例。

```
Math.cbrt(-1) // <- -1
Math.cbrt(3) // <- 1.4422495703074083
Math.cbrt(8) // <- 2
Math.cbrt(27) // <- 3
```

請注意，這個方法也會強制將非數值轉換為數值。

```
Math.cbrt('8') // <- 2，因為 Number('8') 是 8
Math.cbrt('one') // <- NaN，因為 Number('one') 是 NaN
```

讓我們繼續看下去。

7.2.4 Math.expm1

這個運算就是計算 `e` 的 `value` 次方後再減 `1`。在 JavaScript 中，`e` 是一個常數，定義為 `Math.E`。下方的程式碼功能大致與 `Math.expm1` 相同。

```
function expm1(value) {
  return Math.pow(Math.E, value) - 1
}
```

`e^value^` 運算也可以表示為 `Math.exp(value)`。

```
function expm1(value) {
  return Math.exp(value) - 1
}
```

注意，`Math.expm1` 相較於 `Math.exp(value) - 1` 有較高的精確度，應該優先採用。

```
expm1(1e-20)
// <- 0
Math.expm1(1e-20)
// <- 1e-20
expm1(1e-10)
// <- 1.000000082740371e-10
Math.expm1(1e-10)
// <- 1.00000000005e-10
```

`Math.expm1` 的反向函式為 `Math.log1p`。

7.2.5 Math.log1p

它就是 value 加 1 後取自然對數—ln(value + 1)—反向函式為 Math.expm1。一個數值取底數為 e 的對數，在 JavaScript 中可以表示如下。

```
function log1p(value) {
  return Math.log(value + 1)
}
```

就如 Math.expm1 的例子，Math.log1p 方法較自己執行 Math.log(value + 1) 更為精確。

```
log1p(1.00000000005e-10)
// <- 1.000000082690371e-10
Math.log1p(1.00000000005e-10)
// <- 1e-10，的確是 Math.expm1(1e-10) 的反向計算結果
```

7.2.6 Math.log10

一個數值取底數為 10 的對數—$\log_{10}$(value)。

```
Math.log10(1000)
// <- 3
```

你可以利用 Math.LN10 常數來撰寫 Math.log10 的向下相容程式。

```
function mathLog10(value) {
  return Math.log(x) / Math.LN10
}
```

接下來還有 Math.log2。

7.2.7 Math.log2

一個數值取底數為 2 的對數—$\log_{2}$(value)。

```
Math.log2(1024)
// <- 10
```

你可以利用 Math.LN2 常數來撰寫 Math.log2 的向下相容程式。

```
function mathLog2(value) {
  return Math.log(x) / Math.LN2
}
```

請注意，向下相容的版本無法如 Math.log2 般精確，如下面範例所示。

```
Math.log2(1 << 29) // 原生版本
// <- 29
mathLog2(1 << 29) // 向下相容版本
// <- 29.000000000000004
```

運算子 << 可以執行一個「位元向左移動」的動作（*https://mjavascript.com/out/bitwise-shift*）。在此運算中，運算元左方二進位表示的數值需向左移動，移動的位數是運算元右方所指定。下方程式範例說明運算如何進行，利用第 207 頁第 7.1.1 節「二進位和八進位實字」介紹二進位實字標示法。

```
0b00000001 // 1
0b00000001 << 2 // 向左移動兩個位置
0b00000100 // 4

0b00001101 // 1
0b00001101 << 4 // 向左移動四個位置
0b11010000 // 208
```

7.2.8 三角函數

在 ES6 中，Math 物件支援了三角函數特徵功能：

- Math.sinh(value) 回傳 value 的雙曲線正弦函數值
- Math.cosh(value) 回傳 value 的雙曲線餘弦函數值
- Math.tanh(value) 回傳 value 的雙曲線正切函數值
- Math.asinh(value) 回傳 value 的雙曲線反正弦函數值
- Math.acosh(value) 回傳 value 的雙曲線反餘弦函數值
- Math.atanh(value) 回傳 value 的雙曲線反正切函數值

7.2.9 Math.hypot

使用 Math.hypot 可計算每個輸入值的平方和再開根號的值。

```
Math.hypot(1, 2, 3)
// <- 3.741657386773941，也就是 (1*1 + 2*2 + 3*3) 的總和再開根號
```

我們可以手動執行這些運算，來達到 `Math.hypot` 向下相容的效果。可以使用 `Math.sqrt` 來計算開根號的結果，並利用 `Array#reduce` 配合展開運算子的使用，將每個輸入值平方後計算總和[3]。

```
function mathHypot(...values) {
  const accumulateSquares (total, value) =>
    total + value * value
  const squares = values.reduce(accumulateSquares, 0)
  return Math.sqrt(squares)
}
```

令人驚訝的是，我們自訂的函式在這個案例上竟然比語言原生的函式更為精確。在下方的範例程式，我們可以看到，自訂的 `hypot` 函式多了一個小數位數的精確度。

```
Math.hypot(1, 2, 3) // 原生版本
// <- 3.741657386773941
mathHypot(1, 2, 3) // 向下相容的版本
// <- 3.7416573867739413
```

7.2.10 位元運算輔助器

在第 218 頁第 7.2 節「Math 物件」的開頭，我們談論到一些新的 `Math` 方法是特別打造出來，以方便將 C 語言程式編譯為 JavaScript。這些方法是我們最後會涵蓋到的三個方法，它們可幫助我們處理 32 位元的數值。

Math.clz32

這個方法的名稱是由「count leading zero bits in 32-bit binary representations of a number」的其中幾個字的第一個字母組成。請記住，<< 運算子會進行「位元向左移動」的運算，來看看下面的例子，提供 `Math.clz32` 的範例輸入和輸出。

```
Math.clz32(0) // <- 32
Math.clz32(1) // <- 31
Math.clz32(1 << 1) // <- 30
Math.clz32(1 << 2) // <- 29
Math.clz32(1 << 29) // <- 2
Math.clz32(1 << 31) // <- 0
```

3 你可以閱讀這篇文章「Fun with Native Arrays」更深入的研究 Array 方法（*https://mjavascript.com/out/native-arrays*）。

Math.imul

回傳一個類似 C 語言 32 位元乘法的結果。

Math.fround

將 `value` 四捨五入至最接近的 32 位元浮點數值。

7.3 字串和萬國碼

你可能還記得在第 42 頁第 2.5 節「字串樣板」中，如何將字串與變數結合使用，或是任何有效的 JavaScript 運算式，來產生字串輸出。

```
function greet(name) {
  return `Hello, ${ name }!`
}
greet('Gandalf')
// <- 'Hello, Gandalf!'
```

除了字串樣板語法之外，在 ES6 中，字串也增加了許多新的方法。這些方法可大略區分為字串處理方法與萬國碼相關（Unicode-related）方法。就讓我們先從字串處理方法開始探討。

7.3.1 String#startsWith

在 ES6 之前，當我們想要檢查一個字串是否以另一個指定的字串起始時，我們會使用 `String#indexOf` 方法，如下範例。回傳結果為 `0` 代表字串的確以所傳入的字串起始。

```
'hello gary'.indexOf('gary')
// <- 6
'hello gary'.indexOf('hello')
// <- 0
'hello gary'.indexOf('stephan')
// <- -1
```

如果你想要檢查一個字串是否以另一個指定字串起始時，那麼你需要將字串以 `String#indexOf` 進行比較，並檢查回傳值是否位於字串的起始位置：也就是索引值為 `0`。

```
'hello gary'.indexOf('gary') === 0
// <- false
'hello gary'.indexOf('hello') === 0
// <- true
'hello gary'.indexOf('stephan') === 0
// <- false
```

現在你可以使用 String#startsWith 方法取代，避免掉不必要的索引比較操作所產生的複雜性。

```
'hello gary'.startsWith('gary')
// <- false
'hello gary'.startsWith('hello')
// <- true
'hello gary'.startsWith('stephan')
// <- false
```

使用 String#indexOf 可以確認一個字串是否在指定的位置包含某個字串，我們可以先切割字串以擷取符合條件的部分。

```
'hello gary'.slice(6).indexOf('gary') === 0
// <- true
```

我們無法僅檢查索引值為 6，因為當查詢值在抵達索引值 6 之前就找到符合條件的結果，這會給你錯誤的否定結果（false negatives）。下面的範例顯示，即使查詢 'ell' 字串的確位於索引值 6 的位置，然而僅比較 String#indexOf 的結果和 6 是不足以取得正確的結果。

```
'hello ell'.indexOf('ell') === 6
// <- false，因為結果為 1
```

我們可以使用 indexOf 方法中的 startIndex 參數來解決這個問題，而不需要依賴 String#slice。注意，在這個案例我們仍然需要與索引值 6 比較，因為字串並未被切割。

```
'hello ell'.indexOf('ell', 6) === 6
// <- true
```

除了將這些實作搜尋的細節保留在你的腦海中，並撰寫程式碼表達出來之外；我們可以使用 String#startsWith 並傳入選用的 startIndex 參數，也可以達成相同效果。

```
'hello ell'.startsWith('ell', 6)
// <- true
```

7.3.2 String#endsWith

就像是 `String#lastIndexOf` 相對於 `String#indexOf`，這個方法以相同方式與 `String#startsWith` 互相對應。

```
'hello gary'.endsWith('gary')
// <- true
'hello gary'.endsWith('hello')
// <- false
```

作為 `String#startsWith` 的相反方法，位置的索引參數可指定在哪個位置需結束搜尋，而非開始搜尋。預設值為字串的長度。

```
'hello gary'.endsWith('gary', 10)
// <- true
'hello gary'.endsWith('gary', 9)
// <- false，在此案例中會結束於 'gar'
'hello gary'.endsWith('hell', 4)
// <- true
```

下一節所介紹的 `String#includes` 是最後一個方法，它可簡化 `String#indexOf` 的一些特定案例操作。

7.3.3 String#includes

你可以使用 `String#includes` 來確認一個字串是否包含著另一個字串，如以下程式碼所示範。

```
'hello gary'.includes('hell')
// <- true
'hello gary'.includes('ga')
// <- true
'hello gary'.includes('rye')
// <- false
```

下方範例與 ES5 中的 `String#indexOf` 的使用案例相同功能，此處我們會測試結果是否為 `-1`，以判斷是否找到符合條件的的字串，如程式碼所述。

```
'hello gary'.indexOf('ga') !== -1
// <- true
'hello gary'.indexOf('rye') !== -1
// <- false
```

你可以使用 String#includes 並指定開始搜尋的位置索引。

```
'hello gary'.includes('ga', 4)
// <- true
'hello gary'.includes('ga', 7)
// <- false
```

下一節我們來看看一些其他有趣的方法，不要再討論 String#indexOf 相關的東西了。

7.3.4 String#repeat

這個便利的方法可讓你將一個字串重複 count 次數。

```
'ha'.repeat(1)
// <- 'ha'
'ha'.repeat(2)
// <- 'haha'
'ha'.repeat(5)
// <- 'hahahahaha'
'ha'.repeat(0)
// <- ''
```

所指定的 count 值必須為大於 0 且有限的數值。

```
'ha'.repeat(Infinity)
// <- RangeError
'ha'.repeat(-1)
// <- RangeError
```

若所提供的值為浮點數，則會將小數部分捨去，取最接近的整數。

```
'ha'.repeat(3.9)
// <- 'hahaha'，count 值向下捨去取整數 3
```

若 count 參數傳入 NaN，則會被轉譯為 0。

```
'ha'.repeat(NaN)
// <- ''
```

引數若為非數值，則會被強制轉換為數值。

```
'ha'.repeat('ha')
// <- ''，因為 Number('ha') 是 NaN
'ha'.repeat('3')
// <- 'hahaha'，因為 Number('3') 是 3
```

在（-1, 0）範圍之間的值會取 -0 值，因為 count 值會透過 ToInteger 函式傳遞，如規格上所記載[4]。它描述該步驟會以如下程式碼的公式，將 count 值進行型別轉換。

```
function ToInteger(number) {
  return Math.floor(Math.abs(number)) * Math.sign(number)
}
```

ToInteger 函式會將位於（-1, 0）範圍中的值轉換為 -0。因此，當值被傳入至 String#repeat 時，位於（-1, 0）範圍中的數值會被視為是 0，而位於 [-1, -Infinity] 範圍中的數值則會產生例外錯誤，如我們之前所看到的。

```
'na'.repeat(-0.1)
// <- ''，因為 count 會被捨去小數部位並予值為 -0
'na'.repeat(-0.9)
// <- ''，因為 count 會被捨去小數部位並予值為 -0
'na'.repeat(-0.9999)
// <- ''，因為 count 會被捨去小數部位並予值為 -0
'na'.repeat(-1)
// <- Uncaught RangeError：無效的 count 值
```

一個 String#repeat 典型的使用案例，是補足字串長度的功能函式。下方程式範例的 indent 函式可以傳入一個多行字串，並將每一行縮排，縮排的空白字元數 spaces 可依需要自行提供，預設縮排 2 個空白字元。

```
function indent(text, spaces = 2) {
  return text
    .split('\n')
    .map(line => ' '.repeat(spaces) + line)
    .join('\n')
}

indent(`a
b
c`, 2)
// <- '  a\n  b\n  c'
```

4 String#repeat 在 ECMAScript 6 技術規格，第 21.1.3.13 節（*https://mjavascript.com/out/array-repeat*）。

7.3.5 字串補足與修整

截至撰稿為止，在 ES2017 的刊物記錄著兩個新的字串補足方法：String#padStart 和 String#padEnd。運用這兩個方法，我們就不需要再自行實作如前述範例 indent 這樣的函式。當進行字串處理時，我們通常會想要補入一些字串，以讓文字符合期望的一致性格式。這些方法當需要對數值、貨幣、HTML 內容格式化時非常有用，且在其他各種情況下也通常會與單一空白分隔的文字內容相關。

在使用 padStart 時，我們需要對目標文字指定期望的長度，和需補入的字串內容，預設的字串內容為單一空白字元。若原始字串的長度已和期望的長度相同，padStart 則不會進行任何動作，並回傳原始字串內容。

在下面的例子中，期望在補足後的字串長度為 5 個字元，而原始字串的長度已經至少為 5 個字元了，因此將原始字串原封不動地回傳。

```
'01.23'.padStart(5)
// <- '01.23'
```

在下一個範例中，原始字串的長度為 4 個字元，因此 padStart 方法會在字串的前方補入一個空白字元，將字串的長度增加到期望的 5 個字元長度。

```
'1.23'.padStart(5)
// <- ' 1.23'
```

下面的範例與上一個類似，只是它是使用 '0' 而不是預設的 ' ' 空白字元進行補足。

```
'1.23'.padStart(5, '0')
// <- '01.23'
```

請注意，padStart 會一直執行字串補足的動作，直到達到所要求的字串長度為止。

```
'1.23'.padStart(7, '0')
// <- '0001.23'
```

然而，如果欲補入的字串太長，就可能會被刪減掉。所期望的字串長度就是補足後的字串長度最大值，除非原始字串的長度就已經大於期望的字串長度了。

```
'1.23'.padStart(7, 'abcdef')
// <- 'abc1.23'
```

而 padEnd 方法也是類似的 API，只是它將欲補入的字串自原始字串的尾端進行補足。以下範例可以看出它們的差異。

```
'01.23'.padEnd(5) // <- '01.23'
'1.23'.padEnd(5) // <- '1.23 '
'1.23'.padEnd(5, '0') // <- '1.230'
'1.23'.padEnd(7, '0') // <- '1.23000'
'1.23'.padEnd(7, 'abcdef') // <- '1.23abc'
```

截至撰稿為止，在第二階段有字串修整的提案，包含了 String#trimStart 和 String#trimEnd 方法。使用 trimStart 方法可自字串的前方移除空白字元，而使用 trimEnd 方法則可自字串的後方移除空白字元。

```
'   this should be left-aligned   '.trimStart()
// <- 'this should be left-aligned   '
'   this should be right-aligned   '.trimEnd()
// <- '   this should be right-aligned'
```

接下來我們來學習一些有關萬國碼的方法。

7.3.6 萬國碼

JavaScript 字串是以 UTF-16 編碼單元（code unit）來表示[5]。每個編碼單元可被用於表示於 [U+0000, U+FFFF] 範圍之間的一個編碼點（code point）—稱為 BMP，也就是基本多語言平面（Basic Multilingual Plane）的縮寫。你可以用 '\u3456' 這樣的語法表示 BMP 平面中的單一編碼點；你也可以用 \x00..\xff 標示來描述在 [U+0000, U+0255] 範圍之間的一個編碼單元。舉例來說，'\xbb' 代表的是 '»'，U+00BB 編碼點，你也可以使用 String.fromCharCode(0xbb) 進行驗證。

5　瞭解更多有關 UCS-2、UCS-4、UTF-16 和 UTF-32（*https://mjavascript.com/out/unicode-encodings*）。

對超過 U+FFFF 的編碼點，你可以用一個替代的配對來表示。也就是說，用兩個連續的編碼單元表示。舉例來說，emoji 小馬符號（🐎）的編碼點是以 '\ud83d\udc0e' 兩個連續的編碼單元代表。在 ES6 的標示法，你也可以使用 '\u{1f40e}' 這樣的標示來代表編碼點（這個範例也是相同的 emoji 小馬符號）。

注意，內部的表示方法並未被改變，因此在該編碼點之後仍然是兩個編碼單元。事實上，'\u{1f40e}'.length 的長度為 2，一個編碼單元的長度為 1。

'\ud83d\udc0e\ud83d\udc71\u2764' 字串，如下面範例，可代表數個 emoji 符號。

```
'\ud83d\udc0e\ud83d\udc71\u2764'
// <- '🐎👱❤'
```

當字串包含了五個編碼單元，我們知道整個字串的長度應該是 3—因為只有三個 emoji 符號。

```
'\ud83d\udc0e\ud83d\udc71\u2764'.length
// <- 5
'🐎👱❤'.length
```

在 ES6 之前，計算編碼點數量是不好處理的，因為在語言中並沒有針對萬國碼這個部分提供很好的協助。以 Object.keys 來說，如下面的案例，它對所輸入的三個 emoji 字串回傳了五個鍵，因為這三個編碼點組共使用了五個編碼單元。

```
Object.keys('🐎👱❤')
// <- ['0', '1', '2', '3', '4']
```

如果使用 for 迴圈，我們會更清楚地看到問題點。在以下的範例，我們想要自 text 字串中擷取出每個 emoji 符號，但結果是取得每一個編碼單元，而不是它們所組成的編碼點。

```
const text = '🐎👱❤'
for (let i = 0; i < text.length; i++) {
  console.log(text[i])
  // <- '\ud83d'
  // <- '\udc0e'
  // <- '\ud83d'
  // <- '\udc71'
  // <- '\u2764'
}
```

幸好在 ES6 中，字串均依循可迭代協議。我們就可以使用字串迭代器來巡訪每個編碼點，即使這些編碼點是由兩個編碼單元組成。

7.3.7 String.prototype[Symbol.iterator]

上一頁所討論使用迴圈僅能輸出編碼單元的問題，若改用字串迭代器則可取得編碼點。

```
for (const codePoint of '🐎👳❤') {
  console.log(codePoint)
  // <- '🐎'
  // <- '👳'
  // <- '❤'
}
```

如之前所看到，若要以 `String#length` 的方式，以編碼點的角度來量測字串長度是做不到的；因為它只能夠計算編碼單元的數量。然而，若我們使用迭代器就可以將字串切出每個編碼點，就如上面 `for..of` 的範例。

我們可以使用展開運算子，它需要配合迭代器協議將字串依編碼點切分，產出一個編碼點陣列；接著就可以自陣列的 `length` 取得正確的編碼點數量，如下所示。

```
[...'🐎👳❤'].length
// <- 3
```

請記得，如果你想要 100% 正確計算字串長度，只將字串切分為編碼點是不夠的。例如：上劃線編碼單元是以 `\u0305` 表示。

```
'\u0305'
// <- '̅'
```

然而，若在它的前方加入其他的編碼點，會呈現出上劃線和其他文字內容全部結合在一起的效果。

```
function overlined(text) {
  return '${ text }\u0305'
}

overlined('o')
// <- 'o?'
'hello world'.split('').map(overlined).join('')
// <- 'h̅e̅l̅l̅o̅ ̅w̅o̅r̅l̅d̅'
```

因此單純想透過計算編碼點數量得到正確字串長度是不夠的，就像是使用 `String#length` 計算編碼點的情境，如下範例。

```
'o̅'.length
// <- 2
[...'o'].length
//<- 2，應該是 1
[...'h̅e̅l̅l̅o̅ ̅w̅o̅r̅l̅d̅'].length
//<- 22，應該是 11
[...'h̅e̅l̅l̅o̅ world'].length
//<- 16，應該是 11
```

如萬國碼專家 Mathias Bynens 指出，只憑編碼點是不足的。不像稍早之前的 emoji 符號的範例是使用連續碼配對的方式，其他的符號集合其編碼方式都未被字串迭代器[6]納入考量。在這些情況下，我們就無法再那麼幸運了，只能回到以正規表示式或工具函式庫的方式，來正確的計算字串長度。

7.3.8 分辨字元符號叢集提案

多種類型的編碼點組合成一個單一的視覺字型已經越來越常見到[7]。目前有一個新的提案正在討論中（處於第二階段），它可對字型符號叢集（grapheme segments）進行一次迭代就可分割出其中不同的符號類型。它引入了 `Intl.Segmenter` 這個內建方法，可於一個可迭代序列中分離出一個字串。

欲使用 `Segmenter` 切割器 API，我們先從建立一個 `Intl.Segmenter` 實例開始，指定語言類型（locale）和解析程度（granularity level）：以字元符號、單字、句子、或行進行切割。切割器的實例會產生一個迭代器，依據指定的 `granularity` 解析程度將輸入的字串進行切割。請注意，切割的演算法依據語言而有所不同，均屬於是 API 的一部分。

下面的範例定義一個 `getGraphemes` 函式，在指定語言和一些文字內容後，會產生一個字元叢集的陣列。

---

6 建議你閱讀 Mathias Bynens 的文章「JavaScript has a Unicode 」（*https://mjavascript.com/out/unicode-mathias*）。在此文中，他分析了 JavaScript 與 Unicode 的關聯。

7 Emoji 符號廣受歡迎的字型圖案有時候由四個編碼點組成。可參考這個列表，整理了由多個編碼點所組成的 emoji 符號（*https://mjavascript.com/out/emoji*）。

```
function getGraphemes(locale, text) {
  const segmenter = new Intl.Segmenter(locale, {
    granularity: 'grapheme'
})
  const sequence = segmenter.segment(text)
  const graphemes = [...sequence].map(item => item.segment)
  return graphemes
}
getGraphemes('es', 'Esto está bien bueno!')
```

按照 Segmenter 切割器（*https://mjavascript.com/out/segmenter*）的提案定義，我們對字串的切割就不會再有問題，即使字串內容含有 emoji 符號或其他連結的編碼單元。

再來看一些 ES6 中與 Unicode 相關的方法。

7.3.9 String#codePointAt

我們可以使用 String#codePointAt 來取得一個字串中指定位置的編碼點其數值表示方式。注意，起始的位置是以編碼單元為單位開始索引，而不是編碼點。在下面的例子中，我們會印出 🐎👴❤ 字串三個圖案的編碼點。

```
const text = '\ud83d\udc0e\ud83d\udc71\u2764'
text.codePointAt(0)
// <- 0x1f40e
text.codePointAt(2)
// <- 0x1f471
text.codePointAt(4)
// <- 0x2764
```

但提供 String#codePointAt 所需的索引值其實不容易，必須由你自己先使用迴圈透過字串迭代器擷取出這些索引。對每一個序列中的編碼點，你可以呼叫 .codePointAt(0)，0 總是一個正確的起始索引。

```
const text = '\ud83d\udc0e\ud83d\udc71\u2764'
for (const codePoint of text) {
  console.log(codePoint.codePointAt(0))
  // <- 0x1f40e
  // <- 0x1f471
  // <- 0x2764
}
```

我們也可以將範例程式縮減至一行敘述，透過展開運算子和 Array#map 的結合運用即可。

```
const text = '\ud83d\udc0e\ud83d\udc71\u2764'
[...text].map(cp => cp.codePointAt(0))
// <- [0x1f40e, 0x1f471, 0x2764]
```

你可以對這些十進位編碼點取十六進位的表示法，並用以建立新的 Unicode 編碼點語法 `\u{codePoint}`。這個語法可允許你表示一些超過 BMP 的 Unicode 編碼點。也就是在 `[U+0000, U+FFFF]` 範圍之外，通常使用 `\u1234` 標示的這些編碼點。

讓我們將範例調整一下，變成可印出我們編碼點的十六進位值。

```
const text = '\ud83d\udc0e\ud83d\udc71\u2764'
[...text].map(cp => cp.codePointAt(0).toString(16))
// <- ['1f40e', '1f471', '2764']
```

我們可以將這些十六進位值包裹於 `'\u{codePoint}'` 格式中：這樣又可以再次取回 emoji 符號。

```
'\u{1f40e}'
// <- '🐎'
'\u{1f471}'
// <- '👱'
'\u{2764}'
// <- '❤'
```

7.3.10 String.fromCodePoint

這個方法可以輸入一個數值並回傳一個編碼點。請注意我們將剛才以 `String#codePoint` 取得的十六進位碼，再加上 `0x` 前置字元作為輸入值。

```
String.fromCodePoint(0x1f40e)
// <- '🐎'
String.fromCodePoint(0x1f471)
// <- '👱'
String.fromCodePoint(0x2764)
// <- '❤'
```

你也可以用十進位碼並取得相同的結果。

```
String.fromCodePoint(128014)
// <- '🐎'
String.fromCodePoint(128113)
// <- '👱'
String.fromCodePoint(10084)
// <- '❤'
```

可以依照你的需要，輸入多個編碼點至 String.fromCodePoint。

```
String.fromCodePoint(0x1f40e, 0x1f471, 0x2764)
// <- '🐎👱❤'
```

舉個單純展示功能的例子，我們也可以將字串映射至對應的編碼點數值，再自取得的結果返回對應的編碼點。

```
const text = '\ud83d\udc0e\ud83d\udc71\u2764'
[...text]
  .map(cp =&gt; cp.codePointAt(0))
  .map(cp =&gt; String.fromCodePoint(cp))
  .join('')
// <- '🐎👱❤'
```

但要返回一個字串有一些潛在的議題。

7.3.11 萬國碼感知的字串返回法

看看以下的程式範例：

```
const text = '\ud83d\udc0e\ud83d\udc71\u2764'
text.split('').map(cp => cp.codePointAt(0))
// <- [55357, 56334, 55357, 56433, 10084]
text.split('').reverse().map(cp => cp.codePointAt(0))
// <- [10084, 56433, 128014, 55357]
```

問題發生於，上述例子是將每一個編碼單元進行字串返回，但我們必須要對編碼點返回才能取得正確結果。所以，我們應該先用展開運算子將字串以編碼點進行切割後，再進行字串返回，這樣才能夠保存編碼點並正確地返回字串。

```
const text = '\ud83d\udc0e\ud83d\udc71\u2764'
[...text].reverse().join('')
// <- '❤👱🐎'
```

用這樣的方式就不會將編碼點破壞。但還要再次提醒，這樣的方式也無法適用於所有的字型符號叢集，如下案例。

```
[...'hello\u0305'].reverse().join('')
// <- `̅olleh`
```

最後一個我們要討論的萬國碼相關的方法是 .normalize。

7.3.12 String#normalize

字串的表示有很多不同的方式，即使表面上看起來都是相同的文字，但背後的編碼點都不同。參考下面的範例，兩個看起來相同的字串，但在 JavaScript 執行環境中卻視為不同。

```
'mañana' === 'mañana'
// <- false
```

這裡到底發生了什麼事？在左方的版本有一個 ñ 字元，而右方的版本則是字元 +˜ 和一個 n。這兩個視覺上看起來是相同的，但是若我們查看它們的編碼點時，會發現原來它們是不同的。

```
[...'mañana'].map(cp => cp.codePointAt(0).toString(16))
// <- ['6d', '61', 'f1', '61', '6e', '61']
[...'mañana'].map(cp => cp.codePointAt(0).toString(16))
// <- ['6d', '61', '6e', '303', '61', '6e', '61']
```

就像是 'hellō' 的範例，第二個字串的長度為 7，即使視覺上看到的是 6 個字元的長度。

```
[...'mañana'].length
// <- 6
[...'mañana'].length
// <- 7
```

如果我們把第二個版本利用 String#normalize 進行正規化，就可以回到與第一個版本相同的編碼點。

```
const normalized = 'mañana'.normalize()
[...normalized].map(cp => cp.codePointAt(0).toString(16))
// <- ['6d', '61', 'f1', '61', '6e', '61']
normalized.length
// <- 6
```

注意，當需要比對兩個字串是否相等時，我們應該將 String#normalize 方法同時套用於兩個字串上。

```
function compare(left, right) {
  return left.normalize() === right.normalize()
}
const normal = 'mañana'
const irregular = 'mañana'
normal === irregular
// <- false
compare(normal, irregular)
// <- true
```

7.4 正規表示式

在本小節中，我們會探討正規表示式在 ES6 中及未來的功能。在 ES6 中新增了多種正規表示式的比對模式（flag）：如 /y，或稱為黏著比對模式；和 /u，或稱為萬國碼比對模式。再來我們會討論在 ECMAScript 規格發展流程於 TC39 的五項功能提案。

7.4.1 黏著比對模式 /y

在 ES6 中所新增的黏著比對模式 y，與全域比對模式 g 的功能類似。就如全域模式的正規表示式，黏著比對模式通常用於在輸入字串中進行多次的目標字串比對，直到輸入字串結束才停止。黏著比對正規表示式會將 lastIndex 移動至最後比對成功的位置，就像是全域模式一樣；唯一不同的是，黏著比對模式必須自上次成功比對後，目標字串出現於剩餘輸入字串的起始位置，才可符合比對；而不像全域模式，當正規表示式無法在剩餘輸入字串任何位置找到符合的字串時，便移動至輸入字串的尾端。

下面的例子說明這兩個模式的差異之處。給定一個輸入字串 'haha haha haha' 和 /ha/ 的正規表示式；在全域模式中會找出每個 'ha' 出現的位置，而在黏著比對模式只會找到前兩個，因為第三次出現的位置並不符合以位置索引 4 起始，而是自索引 5 開始。

```
function matcher(regex, input) {
  return () => {
    const match = regex.exec(input)
    const lastIndex = regex.lastIndex
    return { lastIndex, match }
  }
}
const input = 'haha haha haha'
const nextGlobal = matcher(/ha/g, input)
console.log(nextGlobal()) // <- { lastIndex: 2, match: ['ha'] }
console.log(nextGlobal()) // <- { lastIndex: 4, match: ['ha'] }
console.log(nextGlobal()) // <- { lastIndex: 7, match: ['ha'] }
const nextSticky = matcher(/ha/y, input)
console.log(nextSticky()) // <- { lastIndex: 2, match: ['ha'] }
console.log(nextSticky()) // <- { lastIndex: 4, match: ['ha'] }
console.log(nextSticky()) // <- { lastIndex: 0, match: null }
```

欲驗證黏著比對器是正確運作的，只要我們強制移動 lastIndex 的位置，如下程式碼所示。

```
const rsticky = /ha/y
const nextSticky = matcher(rsticky, input)
console.log(nextSticky()) // <- { lastIndex: 2, match: ['ha'] }
console.log(nextSticky()) // <- { lastIndex: 4, match: ['ha'] }
rsticky.lastIndex = 5
console.log(nextSticky()) // <- { lastIndex: 7, match: ['ha'] }
```

在 JavaScript 加入黏著比對模式，可改善編譯器中語義分析器的效能，分析器相當倚賴正規表示式的使用。

7.4.2 萬國碼比對模式 /u

ES6 中也新增了一個萬國碼比對的 u 模式。u 代表的是 Unicode 萬國碼，但是這個模式也可視為是更嚴格版本的正規表示式。

若未設定為 u 模式，下面的程式有一個正規表示式，包含著一個 'a' 字元且加上一個不必要的跳脫符號。

```
/\a/.test('ab')
// <- true
```

當正規表示式設定 u 模式，若對一個未被保留的字元加上跳脫符號，會產生錯誤，如下程式碼所示。

```
/\a/u.test('ab')
// <- SyntaxError: 無效的字元跳脫： /\a/
```

下面的範例嘗試將 emoji 小馬符號以 \u{1f40e} 表示法的方式，加入至正規表示式中；但是正規表示式卻無法比對出任何的 emoji 小馬符號。若未使用 u 模式，則 \u{…} 這樣的樣板會被解譯為 u 字元接著後續的字串序列的內容，但在 u 字元前方有一個不必要的跳脫符號。

```
/\u{1f40e}/.test('🐎') // <- false
/\u{1f40e}/.test('u{1f40e}') // <- true
```

而透過 u 模式則可支援萬國碼編碼點的跳脫符號，例如：在正規表示式中 \u{1f40e} 的 emoji 小馬符號。

```
/\u{1f40e}/u.test('🐎')
// <- true
```

若不使用 u 模式，使用 . 的句點模板可比對所有在 BMP 平面上的符號，除了行結束符號之外。以下範例測試 U+1D11E MUSICAL SYMBOL G CLEF，有一個星狀的符號無法滿足正規表示式的句點模板比對。

```
const rdot = /^.$/
rdot.test('a') // <- true
rdot.test('\n') // <- false
rdot.test('\u{1d11e}') // <- false
```

若使用 u 模式時，未在 BMP 平面中的 Unicode 符號也可以滿足比對。下方的範例說明，當設定為此模式時，星狀符號是可以被成功比對的。

```
const rdot = /^.$/u
rdot.test('a') // <- true
rdot.test('\n') // <- false
rdot.test('\u{1d11e}') // <- true
```

當設定 u 模式時，在量詞和字元類別中可以看到類似的 Unicode 感知的優化；這兩個部分就可以將 Unicode 的編碼點視為一個單一的符號，而不是只比對第一個編碼點。當 u 模式已設定時，可搭配與大小寫無關的 i 模式，執行 Unicode 大小寫折疊（case folding），以將輸入字串和正規表示式中的編碼點進行正規化[8]。

7.4.3 命名匹配群組

到目前為止，JavaScript 正規表示式已經可以將成功比對的元素歸類至以數字編號的匹配群組（capturing groups）和未匹配群組（noncapturing groups）。在下方的範例，我們會自一些群組中取得鍵和值，這些值是來源於輸入字串中包含的鍵 / 值配對，配對間以 '=' 分隔。

```
function parseKeyValuePair(input) {
  const rattribute = /([a-z]+)=([a-z]+)/
  const [, key, value] = rattribute.exec(input)
  return { key, value }
}
parseKeyValuePair('strong=true')
// <- { key: 'strong', value: 'true' }
```

完成比對後，還會產生未匹配群組，是被捨棄和未出現於最後結果中的元素集合，但是在比對上還是有一些益處。下面的範例可以支援輸入字

8 欲瞭解更多正規表示式 u 模式的細節，可閱讀由 Mathias Bynens 撰寫的「Unicode-aware regular expressions in ECMAScript 6」（*https://mjavascript.com/out/regexp-unicode*）。

串中，鍵/值配對可以 '=' 分隔之外，還能夠以 ' is ' 的方式分隔。

```
function parseKeyValuePair(input) {
  const rattribute = /([a-z]+)(?:=|\sis\s)([a-z]+)/
  const [, key, value] = rattribute.exec(input)
  return { key, value }
}
parseKeyValuePair('strong is true')
// <- { key: 'strong', value: 'true' }
parseKeyValuePair('flexible=too')
// <- { key: 'flexible', value: 'too' }
```

上一個範例中的陣列解構，將程式碼對魔術陣列索引的依賴隱藏起來，而符合條件的元素仍然被放置於一個具順序的陣列。命名匹配群組的提案[9]（至撰稿為止處於第三階段）加入新的語法，如（?<groupName>）至萬國碼感知（Unicode-aware）正規表示式中，利用它就可以為匹配群組進行命名，命名完成的匹配群組會儲存於所回傳的匹配物件中的 groups 特性。當呼叫 RegExp#exec 或 String#match 時，groups 特性就可自結果物件中解構而得。

```
function parseKeyValuePair(input) {
  const rattribute = (
    /(?<key>[a-z]+)(?:=|\sis\s)(?<value>[a-z]+)/
)
  const { groups } = rattribute.exec(input)
  return groups
}
parseKeyValuePair('strong=true')
// <- { key: 'strong', value: 'true' }
parseKeyValuePair('flexible=too')
// <- { key: 'flexible', value: 'too' }
```

JavaScript 正規表示式支援反向參考（backreferences），如此匹配群組便可以再次利用以找出重複的部分。下面的程式碼對第一個匹配群組使用反向參考，以找出在 'user:password' 輸入字串中使用者名稱和密碼均相同的案例。

```
function hasSameUserAndPassword(input) {
  const rduplicate = /([^:]+):\1/
  return rduplicate.exec(input) !== null
}
hasSameUserAndPassword('root:root') // <- true
hasSameUserAndPassword('root:pF6GGlyPhoy1!9i') // <- false
```

9 可參考命名匹配群組提案文件（*https://mjavascript.com/out/regexp-named-groups*）。

命名匹配群組提案也增加了對命名反向參考（named backreferences）的支援，可參考回命名匹配群組。

```
function hasSameUserAndPassword(input) {
  const rduplicate = /(?<user>[^:]+):\k<user>/u
  return rduplicate.exec(input) !== null
}
hasSameUserAndPassword('root:root') // <- true
hasSameUserAndPassword('root:pF6GGlyPhoy1!9i') // <- false
```

`\k<groupName>` 參考可與編號參考（numbered references）配合使用，但是當已使用命名參考時，就最好避免使用編號參考。

最後，命名群組可以被傳遞至 `String#replace` 的替代字串所參考，在下方的程式碼中，我們使用 `String#replace` 和命名群組來將一個美國時間格式的字串轉換為匈牙利格式。

```
function americanDateToHungarianFormat(input) {
  const ramerican = (
    /(?<month>\d{2})\/(?<day>\d{2})\/(?<year>\d{4})/
)
  const hungarian = input.replace(
    ramerican,
    '$<year>-$<month>-$<day>'
)
  return hungarian
}
americanDateToHungarianFormat('06/09/1988')
// <- '1988-09-06'
```

若傳遞至 `String#replace` 的第二個引數是一個函式，便可透過一個新的參數存取命名群組，它的名稱為 `groups`，位於參數串列的最末端。該函式的使用方式為 `(match, ...captures, groups)`。在下面的範例中，請注意我們使用字串樣板的方式，它與上個範例的字串取代有點類似。替代字串會依循 `$<groupName>` 語法而不是 `${ groupName }` 語法，表示著當我們使用字串樣板，可以在替代字串中為群組命名，而不需要依賴跳脫字元符號。

```
function americanDateToHungarianFormat(input) {
  const ramerican = (
    /(?<month>\d{2})\/(?<day>\d{2})\/(?<year>\d{4})/
)
  const hungarian = input.replace(ramerican, (...rest) => {
    const groups = rest[rest.length - 1]
    const { month, day, year } = groups
    return `${ year }-${ month }-${ day }`
```

```
  })
  return hungarian
}
americanDateToHungarianFormat('06/09/1988') // <- '1988-09-06'
```

7.4.4 萬國碼特性跳脫

萬國碼特性跳脫的提案是加入一個新的跳脫字元序列[10]，可在正規表示式的 u 模式中使用。這個提案加入了一個新的跳脫字元序列，可在正規表示式的 u 模式下使用。在提案中以 \p{LoneUnicodePropertyNameOrValue} 的形式加入一個跳脫字符，供二進位萬國碼特性使用；以及 \p{UnicodePropertyName=UnicodePropertyValue}，供非二進位萬國碼特性使用。此外，\P 則是 \p 的否定功能版本。

在萬國碼標準中為每個符號定義了特性。在具有這些特性後，便可以更進階的查詢萬國碼字元。例如，希臘字母中的符號會將 Script 特性設定為 Greek，我們可以使用新的跳脫字元來比對所有的希臘語萬國碼符號。

```
function isGreekSymbol(input) {
  const rgreek = /^\p{Script=Greek}$/u
  return rgreek.test(input)
}
isGreekSymbol('?')
// <- true
```

或是使用 \P，可以比對非希臘語萬國碼符號。

```
function isNonGreekSymbol(input) {
  const rgreek = /^\P{Script=Greek}$/u
  return rgreek.test(input)
}
isNonGreekSymbol('?')
// <- false
```

當需要比對所有的萬國碼小數數值符號時，我們可以使用 \p{Decimal_Number}，而不只是如 \d 模式僅比對 [0-9]，如下範例所示。

```
function isDecimalNumber(input) {
  const rdigits = /^\p{Decimal_Number}+$/u
  return rdigits.test(input)
}
isDecimalNumber('1234567890123456')
// <- true
```

10 可參考萬國碼特性跳脫提案文件（*https://mjavascript.com/out/unicode-property-escapes*）

可參考這份支援的萬國碼特性和特性值詳細概述（*https://mjavascript.com/out/unicode-property-list*）。

7.4.5 左合子樣式

JavaScript 的右合子樣式（lookbehind assertions）功能已經有一段時間了。該功能可讓我們比對一個敘述，但只能在它之後還有另一個敘述的狀況下。這些樣式是以 (?=…) 的方式來表示。而不管右合樣式是否成功匹配，所得到的匹配結果都不使用，且不會使用到輸入字串的任何字元。

以下範例使用右合子樣式來測試所輸入的檔案名稱是否由一連串字母接著 .js 字串所組成；若符合條件，便會回傳檔案名稱但無 .js 副檔名的結果。

```
function getJavaScriptFilename(input) {
  const rfile = /^(?<filename>[a-z]+)(?=\.js)\.[a-z]+$/u
  const match = rfile.exec(input)
  if (match === null) {
    return null
  }
  return match.groups.filename
}
getJavaScriptFilename('index.js') // <- 'index'
getJavaScriptFilename('index.php') // <- null
```

也有右不合子樣式（negative lookbahead assertions），相對於右合子以 (?=…) 表示，右不合子樣式則以 (?!…) 描述。在這個案例中，右合子樣式無法成功匹配的字串便屬於右不合子樣式的範圍。下面的範例使用右不合子樣式，我們可以觀察兩者的不同點：所得到的結果是沒有 '.js' 的檔案名稱會被輸出。

```
function getNonJavaScriptFilename(input) {
  const rfile = /^(?<filename>[a-z]+)(?!\.js)\.[a-z]+$/u
  const match = rfile.exec(input)
  if (match === null) {
    return null
  }
  return match.groups.filename
}
getNonJavaScriptFilename('index.js') // <- null
getNonJavaScriptFilename('index.php') // <- 'index'
```

而左合子樣式的提案[11]（第三階段）也包含了左合子與左不合子樣式，分別以 (?<=…) 和 (?<!…) 描述表示。這些樣式可用以判斷我們想要匹配的字串樣板是否在另一個指定的字串樣板的前方。下面的程式碼使用左合子樣式來比對美元數值，但無法比對歐元。

```
function getDollarAmount(input) {
  const rdollars = /^(?<=\$)(?<amount>\d+(?:\.\d+)?)$/u
  const match = rdollars.exec(input)
  if (match === null) {
    return null
  }
  return match.groups.amount
}
getDollarAmount('$12.34') // <- '12.34'
getDollarAmount('€12.34') // <- null
```

另一方面，左不合子樣式可用於比對出非美元的數值。

```
function getNonDollarAmount(input) {
  const rnumbers = /^(?<!\$)(?<amount>\d+(?:\.\d+)?)$/u
  const match = rnumbers.exec(input)
  if (match === null) {
    return null
  }
  return match.groups.amount
}
getNonDollarAmount('$12.34') // <- null
getNonDollarAmount('€12.34') // <- '12.34'
```

7.4.6 全新的 /s "dotAll" 模式

當使用 . 模板功能時，我們通常是希望要比對每一個字元。然而，在 JavaScript 中，. 敘述是無法比對出星狀符號（但可透過 u 模式比對），也無法比對換行字元。

```
const rcharacter = /^.$/
rcharacter.test('a') // <- true
rcharacter.test('\t') // <- true
rcharacter.test('\n') // <- false
```

這樣的狀況有時會讓開發人員想撰寫其他的敘述，以合成一種可以比對所有字元符號的模板。在下面程式範例的敘述可以比對任何的字元，包含空白字元和非空白字元，以取得我們預期自 . 模板功能所比對的結果。

11 可參考左合子樣式提案文件（*https://mjavascript.com/out/regexp-lookbehind*）。

```
const rcharacter = /^[\s\S]$/
rcharacter.test('a') // <- true
rcharacter.test('\t') // <- true
rcharacter.test('\n') // <- true
```

dotAll 提案[12]（第三階段）增加了一個 s 模式，它可以變更 JavaScript 中正規表示式的 . 模板的行為，以比對所有的字元符號。

```
const rcharacter = /^.$/s
rcharacter.test('a') // <- true
rcharacter.test('\t') // <- true
rcharacter.test('\n') // <- true
```

7.4.7 String#matchAll

當有一個正規表示式設定為全域比對模式或黏著比對模式時，我們通常會想要對匹配群組進行迭代，以取得每一組匹配結果。目前，這樣的操作要產生一個匹配結果串列會有些困難：我們會需要在迴圈中使用 String#match 或 RegExp#exec 方法來蒐集匹配群組，直到正規表示式已無法自輸入字串的 lastIndex 位置開始得到任何匹配結果。在下面的程式碼中，parseAttributes 產生器函式便會對指定的正規表示式進行上述的操作。

```
function* parseAttributes(input) {
  const rattributes = /(\w+)="([^"]+)"\s/ig
  while (true) {
    const match = rattributes.exec(input)
    if (match === null) {
      break
    }
    const [ , key, value] = match
    yield [key, value]
  }
}
const html = '<input type="email"
placeholder="hello@mjavascript.com" />'
console.log(...parseAttributes(html))
// [
//   ['type', 'email']
//   ['placeholder', 'hello@mjavascript.com']
// ]
```

12 可參考 dotAll 模式提案文件（*https://mjavascript.com/out/regexp-dotall*）。

使用這個方法會有一個問題，也就是它是特別為我們的正規表示式和其對應的匹配群組所客製的。我們可以修正這個問題，藉由建立一個 `matchAll` 產生器負責巡訪匹配結果以及蒐集匹配群組集合，如下範例。

```
function* matchAll(regex, input) {
  while (true) {
    const match = regex.exec(input)
    if (match === null) {
      break
    }
    const [ , ...captures] = match
    yield captures
  }
}
function* parseAttributes(input) {
  const rattributes = /(\w+)="([^"]+)"\s/ig
  yield* matchAll(rattributes, input)
}
const html = '<input type="email"
placeholder="hello@mjavascript.com" />'
console.log(...parseAttributes(html))
// [
//   ['type', 'email']
//   ['placeholder', 'hello@mjavascript.com']
// ]
```

容易感到困擾的地方是，`rattributes` 在每次呼叫 `RegExp#exec` 時會改變它的 `lastIndex` 特性，這也是它能夠取得最後一個匹配位置的方式。當沒有比對出任何匹配結果時，`lastIndex` 便會重置為 `0`。此時當我們僅針對輸入字串的一部分，而不是一次迭代出所有的匹配結果時—這樣會將 `lastIndex` 重置為 `0`—接著我們若再以正規表示式針對輸入字串的第二個部分進行比對，則會取得無法預期的結果。

看起來我們的 `matchAll` 函式的實作不會在這種狀況下產生錯誤，若是以手動方式對產生器進行迭代則是可行的；這代表著如果我們重複使用相同的正規表示式，便會遇到麻煩。如下面的程式範例所描述。請注意第二個比對器應該要回傳 `['type', 'text']` 匹配結果，但是卻自從 `0` 之前的索引開始比對，甚至回傳錯誤的結果，將鍵 `'placeholder'` 擷取為 `'laceholder'`。

```
const rattributes = /(\w+)="([^"]+)"\s/ig
const email = '<input type="email"
placeholder="hello@mjavascript.com" />'
const emailMatcher = matchAll(rattributes, email)
const address = '<input type="text"
```

```
placeholder="Enter your business address" />'
const addressMatcher = matchAll(rattributes, address)
console.log(emailMatcher.next().value)
// <- ['type', 'email']
console.log(addressMatcher.next().value)
// <- ['laceholder', 'Enter your business address']
```

一個解決方法是調整 **matchAll** 函式，使得函式回傳後返回到原程式中時，將 **lastIndex** 特性重置為 **0**；但同時於內部持續保存著 **lastIndex** 值，以讓我們可自上次匹配的位置繼續進行比對。

以下的程式碼證明這樣的方式的確可行。而可重複使用的全域比對正規表示式通常可避免這個問題：因此我們不需要擔心每次使用後的 **lastIndex** 重置。

```
function* matchAll(regex, input) {
  let lastIndex = 0
  while (true) {
    regex.lastIndex = lastIndex
    const match = regex.exec(input)
    if (match === null) {
      break
    }
    lastIndex = regex.lastIndex
    regex.lastIndex = 0
    const [ , ...captures] = match
    yield captures
  }
}
const rattributes = /(\w+)="([^"]+)"\s/ig
const email = '<input type="email"
placeholder="hello@mjavascript.com" />'
const emailMatcher = matchAll(rattributes, email)
const address = '<input type="text"
placeholder="Enter your business address" />'
const addressMatcher = matchAll(rattributes, address)
console.log(emailMatcher.next().value)
// <- ['type', 'email']
console.log(addressMatcher.next().value)
// <- ['type', 'text']
console.log(emailMatcher.next().value)
// <- ['placeholder', 'hello@mjavascript.com']
console.log(addressMatcher.next().value)
// <- ['placeholder', 'Enter your business address']
```

String#matchAll 提案[13]（截至撰稿為止處於第一階段）為字串原型引入了一個新的方法，它的功能類似於我們實作的 matchAll 函式，除了所回傳的可迭代物件是 match 物件的序列，而不只是前一個範例的 captures 匹配結果。請注意，String#matchAll 序列包含了全部的 match 物件，而不只是編號的匹配結果；這表示我們可以對序列中每一個 match 物件，透過 match.groups 方法存取命名匹配結果。

```
const rattributes = /(?<key>\w+)="(?<value>[^"]+)"\s/igu
const email = '<input type="email"
placeholder="hello@mjavascript.com" />'
for (const match of email.matchAll(rattributes)) {
  const { groups: { key, value } } = match
  console.log(`${ key }: ${ value }`)
}
// <- type: email
// <- placeholder: hello@mjavascript.com
```

7.5 陣列

在過去數年來，當談到陣列時，函式庫如 Underscore 和 Lodash 的補充了許多的功能特徵。因此，ES5 中也為陣列加入了一群實用的方法：Array#filter、Array#map、Array#reduce、Array#reduceRight、Array#forEach、Array#some 和 Array#every。

ES6 也再增加了一些方法可協助陣列資料的處理、填入和篩選。

7.5.1 Array.from

在 ES6 之前，JavaScript 開發人員通常需要將傳入函式的 arguments 引數轉換為一個陣列。

```
function cast() {
  return Array.prototype.slice.call(arguments)
}
cast('a', 'b')
// <- ['a', 'b']
```

13 可參考 String#matchAll 提案文件（*https://mjavascript.com/out/string-matchall*）。

當我們在第 2 章初次學習其餘運算與展開運算時，已經探討過多種簡便的方法來進行上述的操作；例如，你可以使用展開運算子。無疑地如你所學，展開運算子利用迭代器協議可在任意的物件中產出值的序列；但缺點是，我們想要以展開運算進行型別轉換的物件，必須依循迭代器協議，也就是必須實作 Symbol.iterator。幸好，arguments 在 ES6 中已有依循迭代器協議。

```
function cast() {
  return [...arguments]
}
cast('a', 'b')
// <- ['a', 'b']
```

在這個特殊的案例，使用函式其餘參數會是較好的方式，因為它並不需要使用 arguments 物件，也不需要在函式內容中加入任何的邏輯判斷。

```
function cast(...params) {
  return params
}
cast('a', 'b')
// <- ['a', 'b']
```

你可能也想使用展開運算子將 NodeList 這個 DOM 元件集合轉換型別，這個集合的內容就如 document.querySelectorAll 所回傳的結果。當我們需要使用原生的陣列方法，如 Array#map、Array#filter 時，這樣的轉換對我們非常有幫助。在 ES6 定義了迭代器協議後，DOM 標準已將 NodeList 升級成一個可迭代物件，因此若要轉換為陣列型態是可行的。

```
[...document.querySelectorAll('div')]
// <- [<div>, <div>, <div>, …]
```

若我們試著使用展開運算子將 jQuery 集合轉換型別，會發生什麼事呢？如果你使用現代已實作迭代器協議的 jQuery 版本，展開一個 jQuery 物件是可行的；否則，會產生一個例外錯誤。

```
[...$('div')]
// <- [<div>, <div>, <div>, …]
```

新的 Array.from 方法有些不同。它並不仰賴迭代器協議來取得物件中的值。它支援類陣列的輸入值，與展開運算子不同。下面的程式敘述可在任何版本的 jQuery 中正確執行。

```
Array.from($('div'))
// <- [<div>, <div>, <div>, …]
```

有一項動作你用 Array.from 和展開運算子都無法設定，就是指定一個起始的索引。假設你想要擷取第一個 <div> 之後的每一個 <div>，若使用 Array#slice，可如下列敘述方式進行。

```
[].slice.call(document.querySelectorAll('div'), 1)
```

當然，你也可以在轉換型別之後使用 Array#slice。這樣的敘述會較上面的範例更容易理解一點，因為它在呼叫 slice 方法時較接近我們欲切割陣列的索引值。

```
Array.from(document.querySelectorAll('div')).slice(1)
```

Array.from 可傳入三個引數，雖然只有 input 是必要的，分別如下：

- input－欲進行轉換的類陣列（array-like）資料或可迭代物件
- map－一個映射函式，它會對 input 中的每個項目執行
- context－當呼叫 map 時，與 this 繫結使用

使用 Array.from 你無法進行陣列切割，但是可以轉換。map 函式可以有效率地將某個值轉換為某個項目，當這些值被加入至 Array.from 所產出的陣列時。

```
function typesOf() {
  return Array.from(arguments, value => typeof value)
}
typesOf(null, [], NaN)
// <- ['object', 'object', 'number']
```

此處值得一提的是，在處理 arguments 這個特別的案例時，你也可以結合其餘參數和 Array#map 一起操作。在這個特殊案例下，我們最好可如以下範例程式般進行，它相較於上一個範例是較為簡單的。類似之前看到的 Array#slice 的範例，在下面案例中映射函式的的使用更為明顯清楚。

```
function typesOf(...all) {
  return all.map(value => typeof value)
}
typesOf(null, [], NaN)
// <- ['object', 'object', 'number']
```

當處理類陣列物件時，若物件並未實作 Symbol.iterator，則使用 Array.from 方法是較合理有意義的。

```
const apple = {
  type: 'fruit',
  name: 'Apple',
  amount: 3
}
const onion = {
  type: 'vegetable',
  name: 'Onion',
  amount: 1
}
const groceries = {
  0: apple,
  1: onion,
  length: 2
}
Array.from(groceries)
// <- [apple, onion]
Array.from(groceries, grocery => grocery.type)
// <- ['fruit', 'vegetable']
```

7.5.2 Array.of

Array.of 方法與我們之前討論的 cast 函式功能完全相同。下面的程式便是 Array.of 的向下相容程式版本。

```
function arrayOf(...items) {
  return items
}
```

Array 建構子有兩種多載（overloads）：...items，你欲建立的新陣列所包含的資料項；和 length，陣列的長度數值。你可以將 Array.of 視為 new Array 的另一種形式，只是無法支援 length 陣列長度的指定。在下面的程式範例中，你會看到一些非正常的 new Array 操作以及結果，這歸因於它單一引數 length 多載建構子。如果你在瀏覽器終端介面中看到 undefined x ${ count } 這樣的表示法，感到有些困惑；這表示在陣列中有許多的空位。這樣的陣列也稱為**稀疏陣列**（*sparse array*）。

```
new Array() // <- []
new Array(undefined) // <- [undefined]
new Array(1) // <- [undefined x 1]
new Array(3) // <- [undefined x 3]
```

```
new Array('3') // <- ['3']
new Array(1, 2) // <- [1, 2]
new Array(-1, -2) // <- [-1, -2]
new Array(-1) // <- RangeError：無效的陣列長度
```

相對地，Array.of 有較一致的行為，因為它沒有特別的 length 的情況。若要以一致性程式化建立新的陣列，這會是較好的方式。

```
console.log(Array.of()) // <- []
console.log(Array.of(undefined)) // <- [undefined]
console.log(Array.of(1)) // <- [1]
console.log(Array.of(3)) // <- [3]
console.log(Array.of('3')) // <- ['3']
console.log(Array.of(1, 2)) // <- [1, 2]
console.log(Array.of(-1, -2)) // <- [-1, -2]
console.log(Array.of(-1)) // <- [-1]
```

7.5.3 Array#copyWithin

我們先從 Array#copyWithin 的特徵看起。

```
Array.prototype.copyWithin(target, start = 0, end = this.length)
```

Array#copyWithin 方法可以在一個陣列實體中複製一段陣列資料項序列，再「貼上」至指定的 target 位置。被複製的元件是取自於 [start, end) 的範圍區間。Array#copyWithin 方法會回傳它自己本身的陣列實體。

先從一個簡單的範例開始，看看下面範例的 items 陣列。

```
const items = [1, 2, 3, , , , , , , ]
// <- [1, 2, 3, undefined x 7]
```

在下面範例的函式呼叫會自 items 陣列擷取資料項，並將取得的資料項自第六個位置（自零起始）開始「貼上」。它還指定了需擷取的資料項序列是自第一個位置開始，直到第三個位置為止（不包含此位置的資料項）。

```
const items = [1, 2, 3, , , , , , , ]
items.copyWithin(6, 1, 3)
// <- [1, 2, 3, undefined × 3, 2, 3, undefined × 2]
```

要解釋 Array#copyWithin 方法的運作有點困難，讓我們先將它逐步拆解。

如果想要複製的資料項位於 [start, end) 範圍，那麼我們可以呼叫 Array#slice 來達成這樣的效果。這些資料項是我們想要貼至 target 的位置，可以用 .slice 複製出來。

```
const items = [1, 2, 3, , , , , , , , ]
const copy = items.slice(1, 3)
// <- [2, 3]
```

我們也可以將操作的貼上部分視為是 Array#splice 的進階用法。下面的程式碼就是進行這樣的動作，將欲貼上的位置傳遞至 splice 方法，告訴它需要移除的資料項數量，即我們複製的資料項數量，再將欲貼上的資料項插入至指定的位置。請注意，我們是使用展開運算子操作，所以資料項是逐一插入，與使用陣列的 .splice 方法不同。

```
const items = [1, 2, 3, , , , , , , , ]
const copy = items.slice(1, 3)
// <- [2, 3]
items.splice(6, 3 - 1, ...copy)
console.log(items)
// <- [1, 2, 3, undefined × 3, 2, 3, undefined × 2]
```

現在我們已經瞭解 Array#copyWithin 的內部運作，就可以歸納上面的例子來自訂一個如下的 copyWithin 函式。

```
function copyWithin(
  items,
  target,
  start = 0,
  end = items.length
) {
  const copy = items.slice(start, end)
  const removed = end - start
  items.splice(target, removed, ...copy)
  return items
}
```

以上我們所操作過的範例都可與這個自訂的 copyWithin 函式一同順暢的運作。

```
copyWithin([1, 2, 3, , , , , , , , ], 6, 1, 3)
// <- [1, 2, 3, undefined × 3, 2, 3, undefined × 2]
```

7.5.4 Array#fill

這是一個便利的工具方法，可指定一個 value 值取代陣列中的所有資料項。請注意，稀疏矩陣會被完全填滿，而既有的資料項則會被指定值取代。

```
['a', 'b', 'c'].fill('x') // <- ['x', 'x', 'x']
new Array(3).fill('x') // <- ['x', 'x', 'x']
```

你也可以指定起始和結束索引位置。如下範例，只有在這個範圍的位置才會填入指定的值。

```
['a', 'b', 'c', , ,].fill('x', 2)
// <- ['a', 'b', 'x', 'x', 'x']
new Array(5).fill('x', 0, 1)
// <- ['x', undefined x 4]
```

所指定的 value 填入值可以是任何值，且不僅限於原生型別的值（primitive values）。

```
new Array(3).fill({})
// <- [{}, {}, {}]
```

但你不能夠使用映射函式將 index 參數或其他類似參數，進行轉換後再填入至陣列。

```
const map = i => i * 2
new Array(3).fill(map)
// <- [map, map, map]
```

7.5.5 Array#find 和 Array#findIndex

Array#find 方法對陣列中的每一個資料項都會執行一個 callback 回呼函式，直到有第一個回傳 true 結果才會停止，並將該 item 資料項回傳。這個方法的使用方式是 (callback(item, i, array), context)，這個使用方式也同樣出現在 Array#map、Array#filter 和其他方法。你可以將 Array#find 方法視為 Array#some 之類方法的一種，但它不僅可回傳 true 結果，還有對應的資料項。

```
['a', 'b', 'c', 'd', 'e'].find(item => item === 'c')
// <- 'c'
['a', 'b', 'c', 'd', 'e'].find((item, i) => i === 0)
// <- 'a'
['a', 'b', 'c', 'd', 'e'].find(item => item === 'z')
// <- undefined
```

還有一個 Array#findIndex 方法，它也採用相同的使用方式。Array.findIndex 方法會回傳符合的資料項的索引位置，若未有符合的資料項，則回傳 -1。下面是一些操作範例。

```
['a', 'b', 'c', 'd', 'e'].findIndex(item => item === 'c')
// <- 2
['a', 'b', 'c', 'd', 'e'].findIndex((item, i) => i === 0)
// <- 0
['a', 'b', 'c', 'd', 'e'].findIndex(item => item === 'z')
// <- -1
```

7.5.6 Array#keys

Array#keys 方法會回傳一個迭代器，它會以 yield 產出一個陣列的鍵序列。所回傳的值是一個迭代器，這代表著你可以使用 for..of、展開運算子、或手動地呼叫 .next() 方法對它進行迭代。

```
['a', 'b', 'c', 'd'].keys()
// <- ArrayIterator {}
```

下面是使用 for..of 進行迭代的範例。

```
for (const key of ['a', 'b', 'c', 'd'].keys()) {
  console.log(key)
  // <- 0
  // <- 1
  // <- 2
  // <- 3
}
```

這個方法與 Object.keys 和大多數可對陣列進行迭代的方法不同之處，是它不會忽略掉陣列中沒有資料項的洞（array holes）。

```
Object.keys(new Array(4))
// <- []
[...new Array(4).keys()]
// <- [0, 1, 2, 3]
```

現在我們繼續探討下一個擷取陣列值的方法。

7.5.7 Array#values

Array#values 與 Array#keys() 相同，只是回傳的迭代器是陣列的值序列，而不是鍵序列。實務上，通常你會想要對陣列進行迭代，但是有時取得一個迭代器在操作上會更為便利。

```
['a', 'b', 'c', 'd'].values()
// <- ArrayIterator {}
```

你可以使用 for..of 或其他類似展開運算子的方法，將可迭代序列的值擷取出來。下面的範例對陣列的 .values() 使用展開運算子，來建立一個陣列的複本。

```
[...['a', 'b', 'c', 'd'].values()]
// <- ['a', 'b', 'c', 'd']
```

請注意，若省略呼叫 .values() 方法，仍然可以產出陣列的複本：序列會被迭代並展開至新的陣列。

7.5.8 Array#entries

Array#entries 類似於前兩個方法，只是回傳的是一個迭代器，它是鍵 / 值配對的序列。

```
['a', 'b', 'c', 'd'].entries()
// <- ArrayIterator {}
```

在序列中的每個資料項是一個二維的陣列，包含著該項目在陣列中的鍵和值。

```
[...['a', 'b', 'c', 'd'].entries()]
// <- [[0, 'a'], [1, 'b'], [2, 'c'], [3, 'd']]
```

幹的好，我們只剩下一個方法了！

7.5.9 Array.prototype[Symbol.iterator]

這個方法與 Array#values 方法完全一樣。

```
const list = ['a', 'b', 'c', 'd']
list[Symbol.iterator] === list.values
// <- true
[...list[Symbol.iterator]()]
// <- ['a', 'b', 'c', 'd']
```

下面的範例結合了展開運算子、陣列、和 Symbol.iterator 來迭代出陣列的值，你可以理解這段程式嗎？

```
[...['a', 'b', 'c', 'd'][Symbol.iterator]()]
// <- ['a', 'b', 'c', 'd']
```

讓我們來逐步拆解。首先，有一個陣列如下。

```
['a', 'b', 'c', 'd']
// <- ['a', 'b', 'c', 'd']
```

接著我們取得一個迭代器。

```
['a', 'b', 'c', 'd'][Symbol.iterator]()
// <- ArrayIterator {}
```

最後，我們將迭代器展開為一個新的陣列，建立了一個陣列複本。

```
[...['a', 'b', 'c', 'd'][Symbol.iterator]()]
// <- ['a', 'b', 'c', 'd']
```

第八章

JavaScript 模組

過去幾年來，我們已經看過多種不同的方式，可將程式碼切分為多個可管理的單元。我們使用最久的是模組化的樣板，運用它你可以簡單地將一段程式碼包裹於自我執行函式的敘述中。你需要注意的是，將所有的程式腳本依它們之間的相依性依序排列引用，才能夠正確的執行。

一段時間之後，RequireJS 函式庫誕生了。它提供了一種能夠以程式化的方式定義每個模組之間的相依性，這樣一個相依圖便可以建立出來，且不需要再擔心各個程式腳本之間的順序性。RequireJS 要求你提供一個字串陣列，用以辨識模組間的相依性，並將模組包裹於一個函式呼叫之中，此函式便會接收所傳入的相依性參數。許多其他的函式庫也均依照類似的機制，只是在 API 方法上有些不同。

還有其他複雜的管理機制也出現，例如：在 AngularJS 中的相依性注入機制。在這個機制下你可以使用函式定義命名模組，在函式中可以依序描述與其他命名模組的相依關係。AngularJS 會為你載入定義的相依性注入，所以你只需要為模組命名並描述相依性即可。

CommonJS（CJS）的出現也被視為是 RequireJS 的一種替代方案，後來也在 Node.js 推出後很快的受到歡迎。在本章我們將對 CommonJS 稍作探討，在今日這項技術已被大量的運用；接著也會含括 ES6 中新引入至 JavaScript 的模組系統；最後，再探索 CommonJS 和原生 JavaScript 模組之間的互用性（interoperatibility）— 通常稱為 ECMAScript 模組（ESM）。

8.1 CommonJS

不像其他的模組樣式需要程式化地宣告，在 CommonJS 中，每個檔案都是一個模組。當 `global` 全域作用域需要被明確地存取時，CommonJS 每個模組有內定的本地作用域。CommonJS 模組可以動態地匯出一個公開的介面，與使用者進行互動；CommonJS 也可以動態地匯入模組的相依性，透過 `require` 函式呼叫解決相依性問題。這些 `require` 函式呼叫是同步的，並回傳使用介面給需要的模組。

說明這些模組定義而沒有看看一些程式範例，可能不容易理解。下面的程式碼展示一個可重複使用的 CommonJS 模組檔案。`has` 和 `union` 函式均為本地作用域，僅能在模組中使用；若我們將 `union` 指派給 `module.exports`，就可以將我們的模組變成公開的 API。

```
function has(list, item) {
  return list.includes(item)
}
function union(list, item) {
  if (has(list, item)) {
    return list
  }
  return [...list, item]
}
module.exports = union
```

若取用上述的程式片段儲存為 *union.js*，這樣就可以在其他的 CommonJS 模組中使用 *union.js* 了。我們先稱這個模組為 *app.js*。為了使用 *union.js*，我們會呼叫 `require` 並提供它 *union.js* 的檔案路徑。

```
const union = require('./union.js')
console.log(union([1, 2], 3))
// <- [1, 2, 3]
console.log(union([1, 2], 2))
// <- [1, 2]
```

若副檔名是 *.js* 或 *.json*，我們可以忽略不描述；但是並不鼓勵這樣的用法。

當操作 node CLI 時，因為副檔名對 require 敘述是非必要，我們必須考慮使用模組引用。在 ESM 的瀏覽器實作項目中（*https://html.spec.whatwg.org/multipage/webappapis.html#integration-with-thejavascript-module-system*）並沒有這樣的機制，因為會造成額外的往返確認，才能夠為 JavaScript 模組的 HTTP 資源釐清正確的端點。

我們可以透過 Node.js 的 CLI，node，來執行 _app.js_；如下面指令所示。

```
» node app.js
# [1, 2, 3]
# [1, 2]
```

在安裝完 Node.js 後（*https://mjavascript.com/out/node*），你就可以在終端介面中使用 node 程式。

在 CJS 中的 require 函式可以動態地使用，就像其他的 JavaScript 函式。這個 require 函式的特性經常用於動態地 require 請求不同的模組。我們來建立一個 *templates* 樣板目錄，並提供數種檢視樣板的函式。我們的樣板會需要傳入一個模型，並回傳 HTML 字串。

在下方程式碼的樣板，透過讀取 model 物件中的屬性便可以描述一份商店購買清單中的一個物品項目。

```
// views/item.js
module.exports = model => `<li>
  <span>${ model.amount }</span>
  <span>x </span>
  <span>${ model.name }</span>
</li>`
```

利用 *item.js* 的檢視樣板功能，我們的應用程式便可以輸出一個 <li> 樣板。

```
// app.js
const renderItem = require('./views/item.js')
const html = renderItem({
  name: 'Banana bread',
```

```
  amount: 3
})
console.log(html)
```

圖 8-1 顯示我們的小程式的執行狀況。

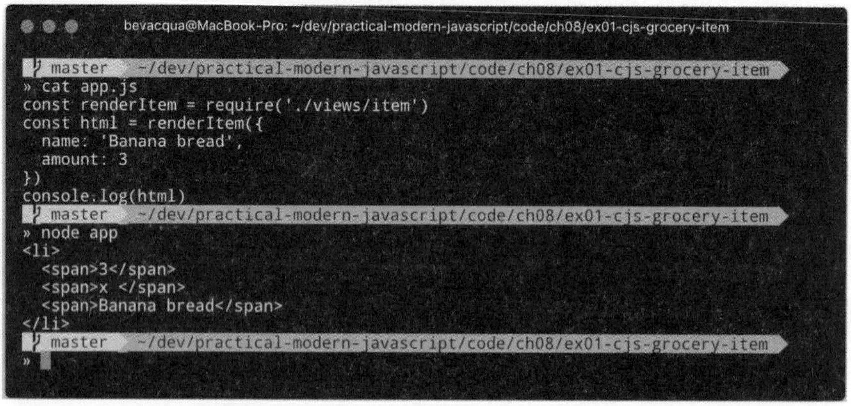

```
bevacqua@MacBook-Pro: ~/dev/practical-modern-javascript/code/ch08/ex01-cjs-grocery-item

 master  ~/dev/practical-modern-javascript/code/ch08/ex01-cjs-grocery-item
» cat app.js
const renderItem = require('./views/item')
const html = renderItem({
  name: 'Banana bread',
  amount: 3
})
console.log(html)
 master  ~/dev/practical-modern-javascript/code/ch08/ex01-cjs-grocery-item
» node app
<li>
  <span>3</span>
  <span>x </span>
  <span>Banana bread</span>
</li>
 master  ~/dev/practical-modern-javascript/code/ch08/ex01-cjs-grocery-item
»
```

圖 8-1　以 HTML 格式描述一個模組就如填入資料至字串模板一樣簡單！

我們下一個要描述的樣板是商店的購買清單。樣板須取得一個物品項目陣列，並重複使用上一個程式範例 *item.js* 樣板將每個物品描述出來。

```
// views/list.js
const renderItem = require('./item.js')

module.exports = model => `<ul>
  ${ model.map(renderItem).join('\n') }
</ul>`
```

我們可以運用 *list.js* 樣板，以類似之前範例的方式進行。但是我們需要調整傳入至樣板的模組，如此才能夠產生一個物品項目集合，而不是只有單一個物品項目。

```
// app.js
const renderList = require('./views/list.js')
const html = renderList([{
  name: 'Banana bread',
  amount: 3
}, {
  name: 'Chocolate chip muffin',
  amount: 2
}])
console.log(html)
```

圖 8-2 顯示我們更新後程式的執行結果。

```
bevacqua@MacBook-Pro: ~/dev/practical-modern-javascript/code/ch08/ex02-cjs-grocery-list

 master  ~/dev/practical-modern-javascript/code/ch08/ex02-cjs-grocery-list
» cat app.js
const renderList = require('./views/list')
const html = renderList([{
  name: 'Banana bread',
  amount: 3
}, {
  name: 'Chocolate chip muffin',
  amount: 2
}])
console.log(html)
 master  ~/dev/practical-modern-javascript/code/ch08/ex02-cjs-grocery-list
» node app
<ul>
  <li>
    <span>3</span>
    <span>x </span>
    <span>Banana bread</span>
  </li>
  <li>
    <span>2</span>
    <span>x </span>
    <span>Chocolate chip muffin</span>
  </li>
</ul>
 master  ~/dev/practical-modern-javascript/code/ch08/ex02-cjs-grocery-list
»
```

圖 8-2　組合各個字串樣板元件就像我們建立這些元件一樣簡單

到目前為止的範例，我們已經撰寫了幾個簡短的模組，它們只專注於將 `model` 物件置入至對應的檢視樣板，以產生一個 HTML 檢視表。一個簡單的 API 可促進重複利用性，這也就是為什麼我們能夠藉由將物品的模組對應至 *item.js* 樣板函式，來快速地描述出一個購買清單中的所有物品，並套用 HTML 的格式呈現。

若檢視樣板都具有類似的 API，均取得一個模組並回傳一個 HTML 字串，那麼我們就可以一致地使用它們。如果想要撰寫一個 `render` 函式是能夠描述任何的樣板，透過 `require` 的動態引用特性，我們應該可以很容易達成。下面的範例顯示我們如何建立樣板模組的路徑。其中一個重要的差異點在於，`require` 函式呼叫不一定要在模組的最頂端進行。呼叫 `require` 函式可以在任何位置，即使是嵌入於其他的函式中。

```
// render.js
module.exports = function render(template, model) {
  return require(`./views/${ template }`.js)(model)
}
```

一旦我們有這樣一個 API，就不需要在使用 `require` 敘述時擔心所引用的樣板路徑是否正確，因為 *render.js* 模組會負責這個部分。而要正確的描述一個樣板，會需要呼叫 `render` 函式並提供樣板名稱，以及該樣板對應的模組，如下範例和圖 8-3 所示。

```
// app.js
const render = require('./render.js')
console.log(render('item', {
  name: 'Banana bread',
  amount: 1
}))
console.log(render('list', [{
  name: 'Apple pie',
  amount: 2
}, {
  name: 'Roasted almond',
  amount: 25
}]))
```

```
bevacqua@MacBook-Pro: ~/dev/practical-modern-javascript/code/ch08/ex03-cjs-dynamic-render

 master  ~/dev/practical-modern-javascript/code/ch08/ex03-cjs-dynamic-render
» cat app.js
const render = require('./render')
console.log(render('item', {
  name: 'Banana bread',
  amount: 1
}))
console.log(render('list', [{
  name: 'Apple pie',
  amount: 2
}, {
  name: 'Roasted almond',
  amount: 25
}]))
 master  ~/dev/practical-modern-javascript/code/ch08/ex03-cjs-dynamic-render
» node app
<li>
  <span>1</span>
  <span>x </span>
  <span>Banana bread</span>
</li>
<ul>
  <li>
    <span>2</span>
    <span>x </span>
    <span>Apple pie</span>
  </li>
  <li>
    <span>25</span>
    <span>x </span>
    <span>Roasted almond</span>
  </li>
</ul>
 master  ~/dev/practical-modern-javascript/code/ch08/ex03-cjs-dynamic-render
»
```

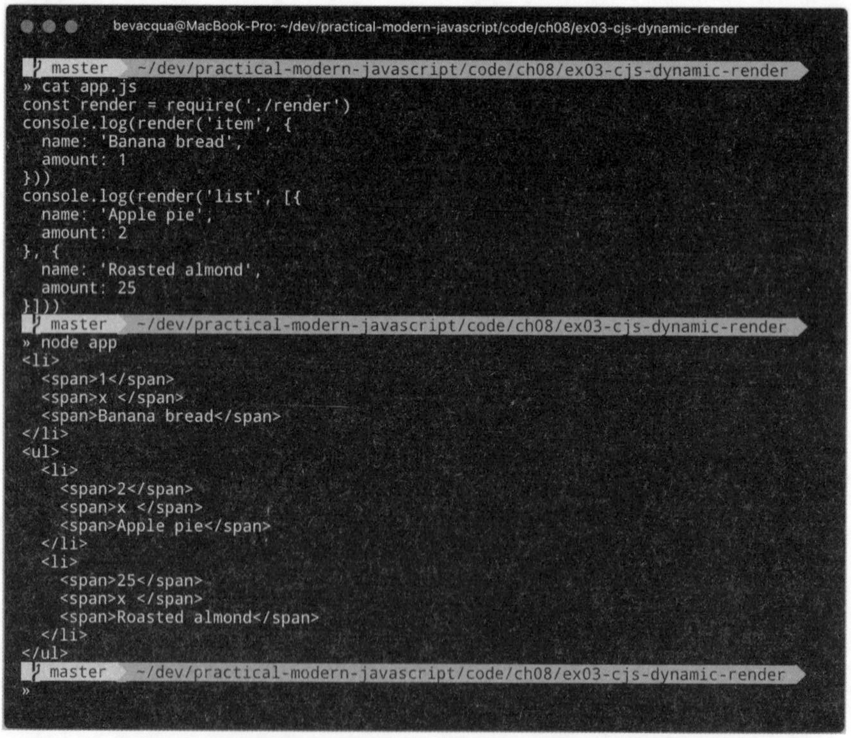

圖 8-3　利用字串樣板能夠簡單地建立一個 HTML 格式的資訊，描述應用程式的輪廓

瞭解的越多，你會注意到 ES6 模組有些許受到 CommonJS 的影響。在下面幾個章節我們會來探討 `export` 和 `import` 敘述，並學習 ESM 如何與 CJS 一同運作。

8.2 JavaScript 模組

當開始探索 CommonJS 模組系統後，你可能已經注意到它所提供的 API 使用上相當簡單，但是卻威力強大且富有彈性。ES6 模組也提供更簡便的 API，功能也相當強大但在彈性上有部分取捨。

8.2.1 嚴格模式

在 ES6 模組系統，嚴格模式（strict mode）是預設的模式。嚴格模式不允許語言中的錯誤部分[1]，並會將一些未說明的隱性錯誤（silent errors）轉為拋出清楚說明的顯性例外（loud exceptions）。將這些不允許的部分納入考量，編譯器就可以進行優化調整，使得 JavaScript 執行環境更快且更安全。

- 變數必須宣告
- 函式參數必須是唯一的名稱
- 禁止使用 `with` 敘述
- 對唯讀的特性指派特性值會拋出錯誤
- 八進位數值如 `00740` 會產生語法錯誤
- 企圖以 `delete` 刪除不可刪除的特性，會拋出錯誤
- `delete prop` 是一個語法錯誤，而不是預期的 `delete global.prop`
- `eval` 不會將新的變數加入至它周圍的作用域
- `eval` 和 `arguments` 無法被繫結或指派
- `arguments` 不能夠追蹤方法參數的變更調整
- `arguments.callee` 已不再支援，會拋出 `TypeError`
- `arguments.caller` 已不再支援，會拋出 `TypeError`

1 可於 Mozilla 的 MDN 上閱讀這份有關於嚴格模式的詳細說明文件（*https://mjavascript.com/out/strict-mode*）。

- 在執行方法時所傳入作為 this 的資訊不會被「封裝」至 Object 物件中
- 無法再使用 fn.caller 和 fn.arguments 來存取 JavaScript 堆疊
- 保留字（如：protected、static、interface 等）無法被繫結

再來深入的探討 export 敘述。

8.2.2 export 輸出敘述

在 CommonJS 模組，你可以利用 module.exports 將值輸出提供外部使用。你可以將任何東西，從值的型別、物件、陣列、至函式均可輸出，如下面的操作範例所示。

```
module.exports = 'hello'

module.exports = { hello: 'world' }

module.exports = ['hello', 'world']

module.exports = function hello() {}
```

ES6 模組的檔案可透過 export 敘述將 API 提供外部使用。在 ESM 中宣告的作用域僅及於區域模組，就如我們在 CommonJS 的觀察一樣。在模組中宣告的變數無法被其他模組使用，除非它們是模組 API 的一部分已被清楚地輸出提供公開使用，並讓需要使用它們的模組載入。

輸出預設的繫結

你可以將 module.exports 以 export default 敘述取代，模仿剛才討論的 CommonJS 程式碼功能。

```
export default 'hello'

export default { hello: 'world' }

export default ['hello', 'world']

export default function hello() {}
```

在 CommonJS 中，`module.exports` 可被動態地進行指派。

```
function initialize() {
  module.exports = 'hello!'
}
initialize()
```

和 CJS 相反，ESM 中的 `export` 敘述只能放置於模組的最頂端。「僅允許頂端置入」的 `export` 輸出敘述是一個好的限制規範，這樣就不會有其他的理由需要於方法呼叫時，定義與輸出 API 的使用。這樣的限制也使得編譯器和靜態分析工具能夠解析 ES6 模組。

```
function initialize() {
  export default 'hello!' // SyntaxError
}
initialize()
```

在 ESM 中，除了以 `export default` 敘述將 API 輸出提供使用，也還有其他方式可操作。

命名輸出

當你希望自 CJS 模組中輸出多個值時，並不需要一一將物件中這些值都清楚地撰寫輸出敘述。你只要將需輸出的特性加入至隱性的 `module.exports` 物件。下方的範例可輸出兩個不同的值，兩者均以物件的特性進行輸出。

```
module.exports.counter = 0
module.exports.count = () => module.exports.counter++
```

我們也可以在 ESM 中複製這樣的行為，透過命名輸出的語法。在 ES6 中你可以宣告欲進行 `export` 輸出的繫結，而不是如同 CommonJS 的方式，將欲輸出的特性加入至 `module.exports` 物件中。如下程式碼所示。

```
export let counter = 0
export const count = () => counter++
```

請注意，最後一行程式敘述無法將變數宣告單獨拆解出來，再傳遞給 `export` 作為命名輸出，這樣會產生語法錯誤。

```
let counter = 0
const count = () => counter++
export counter // SyntaxError
export count
```

藉由嚴謹的模組宣告語法，ESM 偏向於犧牲一些彈性但著重於靜態分析。增加彈性無疑地也會增加複雜度，這也是為什麼不要提供過於彈性的介面的原因之一。

輸出串列

ES6 模組允許你以 export 輸出命名最高階層的成員串列，如下程式碼所述。輸出資料串列的語法很容易解析，並為上一節最後的程式範例問題提供了一個解決方式。

```
let counter = 0
const count = () => counter++
export { counter, count }
```

如果你想要輸出一個繫結，但希望給予它另一個不同的名稱，可以使用別名語法：export { count as increment }。以此方式操作，就可以將 count 繫結至本地作用域輸出作為公開方法，並以 increment 作為別名，如下程式碼所示。

```
let counter = 0
const count = () => counter++
export { counter, count as increment }
```

最後，當我們使用命名成員串列語法時，可以指定一個預設的輸出。下面的程式碼使用 as default 來定義一個預設的輸出，同時也是在列舉出所有的命名輸出。

```
let counter = 0
const count = () => counter++
export { counter as default, count as increment }
```

下面的程式碼功能與上述相同，儘管看起來稍微複雜一些。

```
let counter = 0
const count = () => counter++
export default counter
export { count as increment }
```

很重要的一點要記得的是，我們所輸出的是繫結，不僅只是值而已。

繫結，而不是值

ES6 模組所輸出的是繫結，而不是值或參考。這表示一個名稱為 fungible 的繫結自模組中輸出，仍然與模組中的 fungible 變數連結在一起。而它的值也會隨著 fungible 變數的內容調整而變更。當模組在載入之後卻無預警地變更模組的公開介面時，就會造成混亂；但在一些特殊情況下可能會派得上用場。

在下面的範例中，我們模組所匯出的 fungible 繫結被指定一個物件，且會在五秒後被變更為一個陣列。

```
export let fungible = { name: 'bound' }
setTimeout(() => fungible = [0, 1, 2], 5000)
```

使用這個 API 的模組會在五秒後看到 fungible 內容的變化。參考以下程式碼，每兩秒鐘會將我們所使用的繫結內容輸出。

```
import { fungible } from './fungible.js'

console.log(fungible) // <- { name: 'bound' }
setInterval(() => console.log(fungible), 2000)
// <- { name: 'bound' }
// <- { name: 'bound' }
// <- [0, 1, 2]
// <- [0, 1, 2]
// <- [0, 1, 2]
```

這類型的行為適合使用於計數器和旗標；但除非有非常明確的目的，最好還是避免使用。因為它的操作行為會令人困惑，且使用者無法預期 API 介面會被變更。

JavaScript 模組系統也提供 export..from 的輸出語法，利用它就可以輸出另一個模組的介面。

自另一個模組輸出

於 export 敘述中加入一個 from 子句，我們可以輸出另一個模組的命名輸出。這個繫結不需要載入至本地作用域：我們的模組就像將另一個模組的繫結傳遞出去，而不需要直接對它們進行存取。

```
export { increment } from './counter.js'
increment()
// ReferenceError：increment 未定義
```

你可以給予命名輸出另一個新的名稱，當它們進入至模組時。如果下面範例中的模組被給予另一個 aliased 別名，那麼使用者可以 import { add } from './aliased.js' 這樣的語法來取得 counter 模組的 increment 繫結參考。

```
export { increment as add } from './counter.js'
```

一個 ESM 的模組也可以將另一個模組的每一個命名輸出都再次的公開，透過如下面範例使用萬用字元的方式。注意，這並不會包含 counter 模組預設輸出的繫結。

```
export * from './counter.js'
```

當我們想要公開另一個模組的 default 預設繫結，必須要使用命名輸出並加上一個別名。

```
export { default as counter } from './counter.js'
```

到目前為止，我們已經含括了 ES6 中可以公開 API 的所有方法。接下來會進行 import 敘述的討論，它可幫助我們使用其他的模組。

8.2.3 import 載入敘述

利用 import 敘述，我們可以載入一個模組。模組載入的方式則隨著實作的方式而不同；也就是說，在文件規格上並沒有特別的定義。聰明的開發人員若能夠瞭解瀏覽器處理模組的方法，就可以自行撰寫符合 ES6 規格的程式碼。

編譯器，例如 Babel，能夠透過模組系統的協助來結合各個模組，如 CommonJS 一般。這意味著，在 Babel 編譯器中的 import 敘述大部分的程式語義均依循 CommonJS 的 require 敘述。

假設我們在 *./counter.js* 模組中包含以下的程式內容。

```
let counter = 0
const increment = () => counter++
const decrement = () => counter--
export { counter as default, increment, decrement }
```

下方的程式敘述可用以載入 counter 模組至我們的 app 模組中。它並不會在 app 作用域中建立變數。這個敘述會執行 counter 模組中的所有最上層的程式碼，包含該模組擁有 import 敘述的部分。

```
import './counter.js'
```

與 export 敘述相同，import 敘述只允許放置於程式中模組定義的最頂端。這樣的限制除了可以幫助編譯器簡化它的模組載入機制，也可以協助其他靜態分析工具來解析你的程式。

載入預設的輸出

CommonJS 模組可讓你利用 require 敘述載入其他模組。當我們需要能夠參考至預設的輸出時，所需要做的就是將它指定給一個變數。

```
const counter = require('./counter.js')
```

欲自 ES6 模組中載入已公開的預設繫結，我們會需要給它一個名稱。語法和程式語義有點不同於變數的宣告；因為我們是載入一個繫結，而不僅是將值指派給一個變數。這樣的差異也使得靜態分析工具和編譯器較容易解析我們的程式碼。

```
import counter from './counter.js'
console.log(counter)
// <- 0
```

除了預設的輸出之外，你也可以載入命名的輸出，並給定它們別名。

載入命名的輸出

以下的程式敘述，說明我們如何自 counter 模組載入 increment 方法。載入命名的輸出的語法需包裹於大括號中，也令人聯想到解構賦值。

```
import { increment } from './counter.js'
```

欲載入多個繫結，可用逗號將它們分隔。

```
import { increment, decrement } from './counter.js'
```

語法和程式語義還是和解構賦值有些不同。解構賦值使用冒號來建立別名，而 import 敘述則是使用 as 關鍵字來建立別名，與 export 敘述相同。下面的程式敘述會將 increment 方法載入，成為名稱為 add 的方法。

```
import { increment as add } from './counter.js'
```

你可以將預設輸出與命名輸出結合在一起，只要在它們之間以逗號分隔即可。

```
import counter, { increment } from './counter.js'
```

你也可以明確地為需要別名的 default 預設繫結指定一個名稱。

```
import { default as counter, increment } from './counter.js'
```

以下的範例說明 ESM 語義與 CJS 不同之處。請記得：我們正在做的是輸出與載入繫結，而不是直接參考。為了實務上的使用，你可以將下方範例的 counter 繫結視為是特性擷取器，它可以進入到 counter 模組並回傳它的區域變數 counter。

```
import counter, { increment } from './counter.js'
console.log(counter) // <- 0
increment()
console.log(counter) // <- 1
increment()
console.log(counter) // <- 2
```

最後，還有名稱空間的載入功能。

萬用字元載入敘述

我們可以利用萬用字元來載入模組的命名空間。不需要載入命名輸出或預設值，它就可以一次將所有的繫結載入。注意，* 萬用字元必須接著一個別名，所有載入的繫結均會置於此變數中。若有一個 default 預設輸出，則也會置於此名稱空間的繫結中。

```
import * as counter from './counter.js'
counter.increment()
counter.increment()
console.log(counter.default) // <- 2
```

8.2.4 動態 import()

截至撰稿為止，動態進行 import() 載入的提案規格草稿（*https://mjavascript.com/out/dynamic-import*）已進入 TC39 提案審核流程的第三階段。與 import 敘述不同，它是靜態地被編譯器分析和連結；而 import() 函式是在執行期間載入模組，並在擷取、解析和執行所需求的模組和其相依模組之後，回傳一個 Promise 物件以操作該模組名稱空間物件。

模組描述處可以填入任何字串，就如使用 import 敘述一樣。需記住的是，import 敘述只允許靜態地定義單純的字串作為模組描述的值。相反的，我們能夠使用字串樣板，或任何有效的 JavaScript 運算式，來產生模組描述的值，提供 import() 函式使用。

想像一下，你希望能夠基於使用者的語言，提供國際化的應用程式。你可能可以靜態地匯入 localizationService，接著依據指定的語言，動態地以 import() 載入該國的資料；並使用字串樣板插入 navigator.language 內容值來組成模組描述，如下範例所示。

```
import localizationService from './localizationService.js'
import(`./localizations/${ navigator.language }.json`)
  .then(module => localizationService.use(module))
```

注意，撰寫這樣的程式並不是一個好主意，原因如下：

- 這對編譯器的靜態分析是一項挑戰；若靜態分析於建置階段就被執行，那麼將很難或甚至不可能參考到如 ${ navigator.language } 這樣的插入值。
- 不容易被 JavaScript 包裹器打包起來，這表示模組或許會以非同步方式載入，但應用程式的各個區塊均已載入完成。
- 無法利用一些如 Rollup 的工具程式，移除程式碼中未被引用的模組程式－因此也從未被使用－減少需包裹的程式碼以增進效能。
- 無法利用 eslint-plugin-import 或類似工具來幫助判斷模組匯入敘述中的檔案是否存在。

如同 import 敘述，擷取模組的機制並未被定義，留給由執行環境來自行實作。

在提案中還說明，當模組載入完成時，Promise 物件會進入已實現狀態並附帶指定的名稱空間物件。也定義當模組載入失敗時，Promise 物件則為已拒絕狀態。

以非同步的方式載入非關鍵（noncritical）模組且不需要阻擋頁面內容載入，這是可行的；且在模組載入失敗時，能夠和緩地（gracefully）處理錯誤情況，如下面範例所描述。

```
import('./vendor/jquery.js')
  .then($ => {
    // 使用 jquery
  })
  .catch(() => {
    // 無法載入 jquery
  })
```

我們可以利用 Promise.all 以非同步的方式載入多個模組。下面範例將載入三個模組，並利用解構賦值，在 .then 子句中直接參考使用。

```
const specifiers = [
  './vendor/jquery.js',
  './vendor/backbone.js',
  './lib/util.js'
]
Promise
  .all(specifiers.map(specifier => import(specifier)))
  .then(([$, backbone, util]) => {
    // 使用模組
  })
```

類似的方式，你可以利用同步迴圈或 async/await 來載入模組，如下範例。

```
async function load() {
  const { map } = await import('./vendor/jquery.js')
  const $ = await import('./vendor/jquery.js')
  const response = await fetch('/cats')
  const cats = await response.json()
  $('<div>')
    .addClass('container cats')
    .html(map(cats, cat => cat.htmlSnippet))
    .appendTo(document.body)
}
load()
```

使用 await import() 讓動態載入模組的操作看起來像是靜態的 import 敘述。但我們需要注意和提醒自己，這些模組是以非同步的方式一個一個載入。

請記得，import 只是類似函式，語法與一般函式不同：import 不是一個函式定義，它無法被延伸，也無法被指定特性，也無法進行解構賦值。在這個觀念下，import() 則類似 super() 這類的函式，可在類別建構子中使用。

8.3 ES 模組操作的實務考量

當使用一個模組系統時，我們能夠具備清楚地指定公開 API 的能力，並將不需公開使用的部分保留於區域作用域中。完美的資訊隱藏能力是在之前很難重製出來的特性：你要對 JavaScript 的變數作用域規則非常瞭解，或者就盲目依循一個可隱藏資訊的模板就好。在以下的案例中，我們建立一個 `random` 模組，其中有一個僅於區域中作用的 `calc` 函式，它可運算出一個介於 `[0, n)` 範圍中的亂數；以及一個公開的 API 為 `range` 方法，它可運算出一個介於 `[min, max]` 範圍中的亂數。

```
const random = (function() {
  const calc = n => Math.floor(Math.random() * n)
  const range = (max = 1, min = 0) => calc(max + 1 - min) + min
  return { range }
})()
```

比較下方的程式碼，使用於一個名稱為 `random` 的 ESM 模組。立即函式（IIFE）包裹器的技巧被移除，以及模組的名稱也消失了，變成以檔案名稱存在。當需要 HTML 的 `<script>` 標籤中撰寫 JavaScript 程式碼時，我們重新找回了程式的簡便性。

```
const calc = n => Math.floor(Math.random() * n)
const range = (max = 1, min = 0) => calc(max + 1 - min) + min
export { range }
```

當我們不再有將模組包裹於 IIFE 立即函式的問題時，仍然必須注意每個模組應如何被定義、測試、文件記錄、以及操作的細節。

要決定如何構成一個模組不是一件簡單的事。有很多的因素需要考量，以下我們用問題的形式，將需考量的重點列出：

- 是否非常複雜？
- 是否非常大？
- 它的 API 詳盡定義的程度？
- API 操作是否有詳細的文件記錄說明？
- 是否容易測試模組功能？
- 要新增一個特徵的難度如何？
- 要移除既有的函式是否困難？

以程式的複雜度來評估，會比用程式的長度為佳。一個模組可以是好幾千行的程式，但是非常的簡單，例如：字典程式僅需要將識別符對應至指定語言的單字；或有時程式僅數十行，但是程式邏輯非常複雜而很難推演，例如：包含商業邏輯和專業領域驗證的資料模組。複雜度的評估可透過將程式切分為數個較小的模組，分別只專注於解決方案中的一個層面。只要程式不要過於複雜，評估大的模組程式並不會是一個太大的問題。

具有一個良好定義的 API 且能夠有適當仔細的文件說明，是高效率模組應用程式設計的重要關鍵。一個模組的 API 必須專注於一個議題，並能夠遵守資訊隱藏的規範。也就是說：只提供使用者進行互動所需要的資訊。在不暴露模組的內部運作邏輯，這部分也因未被公開文件化故容易變更，我們就可以維持簡單的程式介面並盡可能避免無法預期的操作行為。而藉由對公開 API 詳細的文件記錄，不管是註解於程式中或以自身可編製文件（self-documenting）進行，我們可以大幅降低使用者操作的門檻。

而測試的方法只需要針對模組的公開介面進行即可，模組內部的運作邏輯則視為不需要關注的實作細節。測試必須要含括模組的公開 API 介面的不同層面，但是內部實作的調整變更不會影響測試的涵蓋範圍，只要 API 介面的輸入和輸出維持相同即可。

模組中新增和移除功能的便利性是另一項評估標準：

- 欲新增一項特徵功能的困難度如何？
- 是否需要為了實作一些功能而必須修改多個模組？
- 是否是一個重複性的過程？也許你可以將一個較高階層的模組下的變更要點抽取出來，讓高階層的模組可將實作的複雜性隱藏起來；而這樣的方式通常會增加一些間接迂迴的流程，使得接下來的程式碼更難閱讀，但只得到一點點好處或調校。
- 從光譜的另一端來檢視，API 的功能應該鑽研到多深入？
- 要移除模組的一部分是否容易？ 完全地刪除模組，或用其他功能取代呢？
- 若模組已變得太互相依賴，那麼當程式碼持續增長、變更後，要編輯它們會變得困難。

我們將在這系列的後續三本書籍中針對合適模組設計、高效率模組互動、以及模組測試的幾個議題有更深入的探討。

瀏覽器才剛開始使用原生 JavaScript 模組很表面的功能，截至撰稿為止，一些瀏覽器已經實作完成 `import` 和 `export` 敘述了。而部分瀏覽器也已實作 `<script type='module'>`，當指定腳本型別為 `module` 時，便可讓瀏覽器使用模組所提供的功能。模組載入器的規格尚未完成，而你可以持續追蹤它目前的進展（*https://mjavascript.com/out/loader*）。

在此同時，Node.js 尚未提出在 JavaScript 模組系統的可行實作方法。若 JavaScript 的周邊協同工具需依賴 node 模組時，目前也不清楚如何達成模組之間的相容性。而延遲整個實作的議題是，不知道應該如何判斷檔案是在 CJS 或 ESM 中所寫入。有一個提案是可以推論出檔案是否由 ESM 所產出，方法是依據是否至少有一個 `import` 或 `export` 敘述被中止；而目前看來可能的方式，是導入一個 ESM 模組專用的新副檔名。在各種使用案例中也還存在很多細節差異；而 Node.js 所運作的平台也很難讓這些差異找到一個可行的解決方案，並讓各種案例的操作都還能保有優雅、有效率的、以及正確的語言特性。

瞭解上述的議題後，讓我們進入最後一個章節，來瞭解如何有效率地使用所有新的語言特徵和語法。

第九章

實務操作的考量

JavaScript 是一個逐步發展的語言。在這幾年來，它的發展節奏有些不同的速度；在 ES5 推出之後，就開始進入高速成長的階段。至目前為止，本書已經教導你 ES6 中各種的語言特徵和語法調整，還有一些是未來在 ES2016 與 ES2017 才會推出的功能。

將這些新特徵功能和既有所學習的 ES5 知識經驗整合在一起運用，看起來是一項困難的工作：什麼特徵功能可讓我們受惠？要如何達成？當我們正考量是否使用某個指定的 ES6 特徵功能而不知如何決定時，本章期望能夠提出一些合理的原因來協助判斷。

我們將會看看一些不同的特徵，在哪些使用案例中能夠發揮其效用；以及哪些情境適合使用語言中原有的功能。讓我們依個別案例來進行討論。

9.1 變數宣告

當進行軟體開發時，我們大多數的時間都花費在閱讀程式碼，而非撰寫程式碼。ES6 提供了 `let` 和 `const` 敘述作為新的變數宣告方法，在這些敘述中的值，有些部分能夠顯示出一個變數是如何被使用的。當閱讀一段程式碼時，其他人從這樣的標示就可以得到線索，以更瞭解在程式中我們執行的動作。類似這樣的線索可減少其他程式開發人員理解程式碼的時間，因此我們必須盡可能的嘗試使用這些敘述。

let 敘述表示一個變數在它宣告之前是無法被使用的，因為暫時性死區（Temporal Dead Zone）規範。這不是一個慣例，而是一個事實：如果我們嘗試在變數宣告之前就存取變數，那麼應用程式會發生錯誤。這些敘述是屬於區塊作用域，而不是函式作用域；這代表著完全瞭解 let 變數如何使用，我們需閱讀的程式碼相對較少。

const 敘述也是屬於區塊作用域，且依循 TDZ 規範。優點是 const 繫結只能夠在宣告時指派內容值。

請注意，這代表變數繫結無法被變更，但並不表示變數的內容值無法被改變或屬於常數。一個參考至一個物件的 const 繫結，無法在後續變更為參考其他值，但是這底層的物件的確是可以變更的。

除了 let 所提供的訊息之外，const 關鍵字傳達的訊息是該變數繫結是無法被重新指派的。這是一個強烈的訊息。你可以預期該變數值應該會是什麼；你可以預期該繫結無法被包含它的區塊以外的敘述存取，因為它屬於區塊作用域；而且你知道該繫結無法在宣告之前被存取使用，因為 TDZ 的語義規範。

只要讀到 const 宣告敘述，你就可以預期到這些狀況，而不需要再搜尋其他與該變數關聯的參考了。

像這些 let 和 const 敘述所提供的限制，是一個很有效的方式讓程式碼易於被理解。請試著將這些約束限制盡可能多加入至你所撰寫的程式中。應用越多宣告的限制，可限制片段的程式碼功能，也就使得後續其他程式開發人員可以更容易更快閱讀、解析、和理解程式。

誠然，在 const 宣告敘述可套用的限制規則比 var 敘述更多：有區塊作用域、TDZ、宣告時才可指派、不允許重新指派；反之，var 敘述僅有函式作用域的規範。然而，限制規則數量多寡並無法提供更深一層的見解，應該以複雜度的層面來評量這些規則：例如，規則是否會增加，或減少複雜度？以 const 這個案例來說，區域作用域所代表的是較窄的作用範圍，相較於函式作用域；而 TDZ 表示我們不需要自宣告處再回頭尋找變數的使用；指派規則意味著繫結均會一直保有相同的參考。

敘述能帶來越多的限制，程式碼就會變得越簡單。當我們將限制規則加入後，程式的結果就較好預期了。一般來說，這也就是為什麼靜態地輸入完成的應用程式，會較動態地擷取輸入的應用程式來的好理解。靜態輸入完成的程式套用了一個很大的限制在程式開發人員上，也套用很大的限制於程式被解譯的方式，也就使得程式很容易被理解。

謹記著這些理由，一般均會推薦你盡可能的使用 const 敘述，因為這樣的敘述會讓你不需要考慮太多可能發生的情況。

```
if (condition) {
  // 在宣告敘述之前無法存取 `isReady`
  const isReady = true
  // `isReady` 繫結無法被重新指派
}
// 無法存取 `isReady`，因為位於包含該繫結的區塊作用域之外
```

若因為變數在後續使用上需要被重新指派，使得無法將 const 敘述納入使用，我們可以退而求其次使用 let 敘述。運用 let 敘述可帶著 const 敘述的所有優點，除了變數可被重新指派之外。為了在程式中累加計數器、變更布林旗標、或進行初始化，這樣的特性是必要的。

參考下面的範例，我們會接收一個以百萬位元組為單位的量值，並回傳一個字串如 1.2 GB。程式中會使用 let，因為若條件符合時，數值會被變更。

```
function prettySize(input) {
  let value = input
  let unit = 'MB'
  if (value >= 1024) {
    value /= 1024
    unit = 'GB'
  }
  if (value >= 1024) {
    value /= 1024
    unit = 'TB'
  }
  return `${ value.toFixed(1) } ${ unit }`
}
```

加入對千兆位元組單位的支援，會需要在 return 敘述前增加一個 if 判斷敘述。

```
if (value >= 1024) {
  value /= 1024
  unit = 'PB'
}
```

如果想要讓 prettySize 函式能夠更容易延伸出新的單位，我們可以考慮實作一個 toLargestUnit 函式，讓它依據給定的 input 值和目前的單位，來計算和 value 值和 unit 單位。這樣就可以在 prettySize 函式中使用 toLargestUnit 來回傳格式化的字串。

下面的程式碼實作了這個函式。它需要一個所支援單位的串列，而不是對每一個單位均使用一個新的條件判斷。當所輸入的 value 值大於等於 1024，且仍有更大的單位可以支援使用，則我們就將輸入值除以 1024，並移動至下一個單位。接著我們呼叫 toLargestUnit 並搭配更新後的數值；這樣的操作會以遞迴的方式持續進行，直到值夠小或是已使用到最大的單位為止。

```
function toLargestUnit(value, unit = 'MB') {
  const units = ['MB', 'GB', 'TB']
  const i = units.indexOf(unit)
  const nextUnit = units[i + 1]
  if (value >= 1024 && nextUnit) {
    return toLargestUnit(value / 1024, nextUnit)
  }
  return { value, unit }
}
```

原本新增一個千兆位元組單位會需要加入一個新的 if 條件判斷，並重複相同的邏輯敘述；但現在只要加入一個 'PB' 字串至 units 陣列的尾端即可。

prettySize 函式變為只專注於結果字串的呈現，當它可以將運算的部分移轉至 toLargestUnit 函式後。在此處，關注點分離的原則對產出容易閱讀理解的程式碼，也發生了很好的效用。

```
function prettySize(input) {
  const { value, unit } = toLargestUnit(input)
  return `${ value.toFixed(1) } ${ unit }`
}
```

當程式碼中具有需要被重新指派的變數時，我們必須花幾分鐘思考是否有更好的方式能夠解決相同的問題，但可以不需要進行重新指派。雖然這不總是可行，但是大多數的狀況是可以的。

一旦找到了一個不同的解決方式，可以與你之前所運用的方法比較。要確認程式碼的可讀性確實能夠提升，且實作出來的結果仍然是正確的。

在這個考量下，單元測試（unit tests）是有幫助的，因為這項測試可確保你不會遇到相同的缺點兩次。如果調整後的程式碼在可讀性和可延伸性都更差，就可以仔細的評估是否回復到之前的解決方式。

來看看下面的範例，我們使用陣列結合來產生一個 `result` 陣列。此處我們也做了一個簡單的調整，將 `let` 改為 `const` 敘述。

```
function makeCollection(size) {
  let result = []
  if (size > 0) {
    result = result.concat([1, 2])
  }
  if (size > 1) {
    result = result.concat([3, 4])
  }
  if (size > 2) {
    result = result.concat([5, 6])
  }
  return result
}
makeCollection(0) // <- []
makeCollection(1) // <- [1, 2]
makeCollection(2) // <- [1, 2, 3, 4]
makeCollection(3) // <- [1, 2, 3, 4, 5, 6]
```

我們可以將重新指派的操作，以 `Array#push` 方法取代，它可以一次接收多個值。如果有一個動態的串列，我們則可以使用展開運算子將所有資料項以 `...items` 的方式放入陣列中。

```
function makeCollection(size) {
  const result = []
  if (size > 0) {
    result.push(1, 2)
  }
  if (size > 1) {
    result.push(3, 4)
  }
  if (size > 2) {
    result.push(5, 6)
  }
  return result
}
makeCollection(0) // <- []
makeCollection(1) // <- [1, 2]
makeCollection(2) // <- [1, 2, 3, 4]
makeCollection(3) // <- [1, 2, 3, 4, 5, 6]
```

當需要使用 Array#concat 方法時，你可能會偏好使用 [...result, 1, 2] 的方式代替，這可使得程式碼較簡短。

最後一個要探討的案例是重構（refactoring）。有時候，我們會撰寫如下方的程式碼，通常會存在一個大型的函式之中。

```
let completionText = 'in progress'
if (completionPercent >= 85) {
  completionText = 'almost done'
} else if (completionPercent >= 70) {
  completionText = 'reticulating splines'
}
```

在這些案例中，將邏輯抽取出來置入至一個單純的功能函式中是很合理的。以這種方式，我們可以減少在大型函式中頂端初始化的複雜性，避免將所有的運算文字結果的邏輯處理集中在一處。

以下的程式碼說明，我們如何將文字運算結果的邏輯抽取出來，並放置於屬於它自己的函式中。接著我們可以移動 getCompletionText 函式至其他位置，從可讀性的角度來看，可使得程式碼更為直覺。

```
const completionText = getCompletionText(completionPercent)
// …
function getCompletionText(progress) {
  if (progress >= 85) {
    return 'almost done'
  }
  if (progress >= 70) {
    return 'reticulating splines'
  }
  return 'in progress'
}
```

9.2 字串樣板

在過去很長一段時間，JavaScript 使用者需要求助於工具函式庫來將字串格式化，因為在語言中一直未支援這個部分，直到現在。建立一個多行字串也是一件麻煩事，也需要對單引號或雙引號進行字元跳脫—依據你所選用的引號格式而定。字串樣板則不同，它可以修正過去使用的這些不便利的方式。

運用字串樣板，你可以使用運算式插值，它允許你將變數放置於內文中、函式呼叫、或字串中任何的 JavaScript 運算式，而不需要依賴字串連接。

```
'Hello, ' + name + '!' //ES6 之前
`Hello, ${ name }!` //ES6 之後
```

如下面範例的多行文字，會涉及到一或多個陣列結合、字串結合、或明確的 `\n` 換行符號。在 ES6 之前，這樣的程式碼是很基本的 HTML 格式內容範例。

```
'<div>' `
  '<p>' `
    '<span>Hello</span>' `
    '<span>' + name + '</span>' `
    '<span>!</span>' `
  '</p>' `
'</div>'
```

若使用字串樣板，我們可以避免所有多餘的引號和連接號，只需要專注於文字內容。字串插值功能確實在這類的樣板提供很大的幫助，讓多行文字成為字串樣板最有用的功能之一。

```
`<div>
  <p>
    <span>Hello</span>
    <span>${ name }</span>
    <span>!</span>
  </p>
</div>`
```

當談論到了引號，' 和 " 比起 ` 在字串中更常被使用。對一般的英文句子來說，通常較少使用反引號，單引號和雙引號則較常使用。這意味著反引號的使用較不需要進行跳脫[1]。

```
'Alfred\'s cat suit is "slick".'
"Alfred's cat suit is \"slick\"."
`Alfred's cat suit is "slick".`
```

1 印刷術的愛好者很快會告訴你單純引號（straight quotes）是印刷上的錯誤，意味著我們應該使用 “ ” ‘ ’，這樣就不需要進行跳脫了。實務上我們在程式碼中使用單純的引號只是因為它們較容易輸入。同時，印刷的美化工作通常已轉移給工具函式庫，或編輯的步驟之一，例如：在 Markdown 編譯器中進行。

如我們在第 2 章所討論，還有其他的特徵功能，如標籤樣板，它可使字串插值運算式的處理更為簡單。但標籤樣板並不像多行文字支援、字串插值運算、或省略跳脫操作所帶來廣泛的效益。

這些特徵的結合使得字串樣板成為預設字串處理方法，取代單引號或雙引號的字串處理方式。當字串樣板成為預設的字串方法時，有些議題便會浮現出來。我們將會瞭解每一種問題並分別提出解決方法，你可以再自己決定如何使用。

在開始之前，先建立一個每個人都認可的初始前提：當運算式必須被安插於字串中，使用字串樣板相較於以引號標示的字串連接方法為佳。

效能通常會是一個考量點：在程式中到處使用字串樣板是否會造成效能不佳？當使用的編譯器，如 Babel，字串樣板會被轉換為引號標示的字串，而被安插的運算式結果會再與這些字串連接起來。

看看下面字串樣板的範例。

```
const suitKind = `cat`
console.log(`Alfred's ${ suitKind } suit is "slick".`)
// <- Alfred's cat suit is "slick".
```

如 Babel 的編譯器會將我們的範例轉換為類似下方程式碼，使用引號標示字串。

```
const suitKind = 'cat'
console.log('Alfred\'s ' + suitKind + ' suit is "slick".')
// <- Alfred's cat suit is "slick".
```

就可讀性的觀點來看，我們已經同意字串插值運算式會比引號標示的字串連接方法為佳。而編譯器將字串插值運算式均轉換為引號標示字串連接，可擴大瀏覽器的支援度。

當談到了 `suitKind` 變數，一個字串樣板中沒有插入運算式、沒有換行、且沒有標籤，那麼編譯器會將它轉換為一個單純的引號標示字串。

一旦我們停止將字串樣板向下相容轉換為引號標示字串，我們預期優化後的編譯器能夠直譯字串樣板，而稍稍減低的效能是幾乎可以忽略不考慮的。

另一個經常被提及的考量點是語法：截至撰稿為止，我們還無法在 JSON 字串、物件的鍵、`import` 宣告敘述、或嚴格模式指令中使用反引號。

下面程式範例的第一行敘述，說明了一個序列化的 JSON 物件無法使用反引號表示字串。而在第二行敘述中顯示，我們確實可以使用字串樣板宣告一個物件，並接著將物件序列化為 JSON 格式。當執行 `JSON.stringify` 時，字串樣板就被轉換為一個引號標示字串。

```
JSON.parse('{ "payload": `message` }')
// <- SyntaxError
JSON.stringify({ payload: `message` })
// <- '{"payload":"message"}'
```

一旦討論到物件的鍵時，我們就沒有這麼幸運了。若企圖使用字串樣板則會造成語法錯誤。

```
const alfred = { `suit kind`: `cat` }
```

物件特性鍵可接受實值型別（value types），它們會再被轉換為字串型別；但是字串樣板並非實值型別，因此不可能使用它們作為特性鍵。

你可能還記得在第 2 章，ES6 導入了運算取得的特性名稱功能，如下面程式範例。在運算取得的特性鍵，我們可以使用任意的運算式來產生需求的特性鍵，運算式的使用也包含字串樣板。

```
const alfred = { [`suit kind`]: `cat` }
```

上述的方法也還未臻理想，因為它冗長的敘述並不好運用。在這些案例，最好的方式還是使用一般的引號標示字串。

因此，在運用上並不一定就是「字串樣板就是最好的選項」，應該由你自己依需求做最好的決定；如果所建議的通則在你的案例中並不是非常適合，那麼稍微違反這些規則也無妨。規則通常就是定義好並提供參考，但是規則對某些人適用並非就適合每一個人。這也就是為什麼現代的檢測工具定義每項規則都是非必要的：我們所使用的規則應該被執行，但是並非每項規則都適用於每一種工作任務。

也許某天我們會有一種運算取得的特性鍵，它不需要依賴方括號來使用字串樣板，使得在使用字串插值時可以少輸入一些字元符號。在可預期的未來，下面的程式碼會造成語法錯誤。

```
const brand = `Porsche`
const car = {
  `wheels`: 4,
  `has fuel`: true,
  `is ${ brand }`: `you wish`
}
```

企圖以字串樣板匯入一個模組也會造成語法錯誤。這個案例也是我們期望能夠使用字串樣板的情境之一，但在目前還是不能夠以此方式操作。

```
import { SayHello } from `./World`
```

嚴格模式指令必須是以單引號或雙引號標示的字串。截至撰稿為止，並沒有任何提案可允許字串樣板運用於 `'use strict'` 指令。下面的程式碼不會造成語法錯誤，但是它也無法啟用嚴格模式。當廣泛地運用字串樣板功能時，這是一個最大的阻礙。

```
'use strict' // 啟用嚴格模式
"use strict" // 啟用嚴格模式
`use strict` // 無任何動作發生
```

最後，有些人認為，將既有的以單引號標示字串的程式碼轉換為使用字串樣板，容易發生錯誤且浪費時間，倒不如將這些時間用於發展新功能或修正臭蟲；這樣的意見也持續在爭論中。

幸運的是，我們有 `eslint` 在提案之中，如第 1 章所討論。要將我們的程式碼改為預設使用反引號，可以建立一個 *.eslintrc.json* 的設定檔，它看起來會類似下方的範例。注意此處我們如何設定 `quotes` 規則，意義為程式碼中的引號標示，若不使用反引號便會產生錯誤。

```
{
  "env": {
    "es6": true
  },
  "extends": "eslint:recommended",
  "rules": {
    "quotes": ["error", "backtick"]
  }
}
```

有了這項設定後，我們可以加入一個 `lint` 程式腳本至 *package.json*，如下面的範例。這個 `--fix` 設定值可確保檢測工具所發現的任何樣式錯誤，例如：使用單引號而非反引號，都可被自動修正。

```
{
  "scripts": {
    "lint": "eslint --fix ."
  }
}
```

一旦我們執行下面的指令，就可以開始嘗試預設使用反引號來標示字串的程式了！

```
» npm run lint
```

總結，當使用字串樣板時，有許多的優缺點的取捨需要考量。歡迎你使用反引號優先的方法，並評估它所帶來的好處；評估上總是先以便利性為優先，其次是慣例性，最後是設定的配置。

9.3 簡化語法與物件解構賦值

在第 1 章我們看到了簡化語法的概念。當我們想要加入一個新的特性，且在作用域中已有一個相同名稱的繫結時，我們要避免名稱重複。

```
const unitPrice = 1.25
const tomato = {
  name: 'Tomato',
  color: 'red',
  unitPrice
}
```

這個特徵功能在資訊隱藏和函式內文中特別有用。在下面的範例，我們使用物件解構自一個商品項目取得一些資訊，並回傳一個包含該商品項目總價資訊的模組。

```
function getGroceryModel({ name, unitPrice }, units) {
  return {
    name,
    unitPrice,
    units,
    totalPrice: unitPrice * units
  }
}
getGroceryModel(tomato, 4)
/*
{
  name: 'Tomato',
```

```
  unitPrice: 1.25,
  units: 4,
  totalPrice: 5
}
*/
```

這裡請注意簡化語法如何與物件解構賦值一前一後搭配使用。如果你將解構賦值視為自一個物件中擷取特性的一種方式，那麼你可以將簡化語法也當成類似的方式，它可將特性置入至物件中。下面的範例說明我們如何使用 getGroceryModel 函式來擷取一個商品項目中的 totalPrice 資訊，當我們已經知道客戶購買的商品數量時。

```
const { totalPrice } = getGroceryModel(tomato, 4)
```

首先，不如預期，於函式參數中使用解構賦值會變成一個不方便又隱藏限制的解決方案，因為我們已經知道 getGroceryModel 的第一個參數會是一個物件，且物件包含 name 和 unitPrice 特性。

```
function getGroceryModel({ name, unitPrice }, units) {
  return {
    name,
    unitPrice,
    units,
    totalPrice: unitPrice * units
  }
}
```

反過來說，若是將一個函式的輸出進行解構賦值，會給予讀者一個立即的感受是，在輸出的資訊中有哪些是感興趣的。下面的範例，我們只會使用商品名稱和總價，這些就是自輸出結果進行解構賦值所取得的資訊。

```
const { name, totalPrice } = getGroceryModel(tomato, 4)
```

將上述例子與下方的敘述進行比較，在下方的敘述我們不使用解構賦值。而是將輸出結果與 model 變數繫結。這兩者的主要差異是，下方的敘述並不會明顯地將感興趣的資訊指定出來：必須要更深層的瞭解程式碼才能夠知道這個模型變數如何被使用。

```
const model = getGroceryModel(tomato, 4)
```

當需要使用物件中多個特性時，解構賦值可以避免重複撰寫的物件名稱。

```
const summary = `${ model.units }x ${ model.name }
($${ model.unitPrice }) = $${ model.totalPrice }`
// <- '4x Tomato ($1.25) = $5'
```

然而，這裡也需要做個取捨：當需要使用物件的特性時，我們可以避免重複撰寫物件名稱；但是在解構賦值的宣告敘述中會需要先撰寫特性名稱，並於後續重複使用。

```
const { name, units, unitPrice, totalPrice } = model
const summary = `${ units }x ${ name } ($${ unitPrice }) =
$${ totalPrice }`
```

當有多次參考至相同特性時，使用解構賦值可避免重複參考至該特性的歸屬物件，使程式較為清楚易理解。

當只有單一個參考，指向單一個特性時，就不要使用解構賦值的方式，因為這樣反而容易混淆。

```
const { name } = model
const summary = `This is a ${ name } summary`
```

在 summary 程式敘述中，用 model.name 直接取用該特性較容易理解。

```
const summary = `This is a ${ model.name } summary`
```

當我們有兩個特性需要被解構時（或兩次參考至一個特性），事情就有點不同了。

```
const summary = `This is a summary for ${ model.units }x
${ model.name }`
```

在這個案例中，解構賦值的確發生效用。它減少了在 summary 宣告敘述的字數，且明確地指出我們要使用的是 model 物件的特性。

```
const { name, units } = model
const summary = `This is a summary for ${ units }x ${ name }`
```

如果我們有兩次參考至相同的特性時，也是類似的情況。在下一個範例中，與未使用解構賦值的方式比較，我們在對 model 的參考少了一次，對 name 的參考則多了一次。這個案例套用兩種方式均可，但套用解構賦值的方式，可以明確地宣告未來會使用 name 的內容值，這對程式碼是較直覺易懂的。

```
const { name } = model
const summary = `This is a ${ name } summary`
const description = `${ name } is a grocery item`
```

解構賦值對減少物件的參考次數是很有效的，但是對特性的參考次數則效果不大，因為在解構賦值的宣告敘述處就增加了重複性。總之，解構賦值是一個很好的功能，但運用上不一定總是讓程式碼能夠更易讀。審慎地使用它，特別是在沒有太多對物件的參考的情況。

9.4 其餘與展開運算

正規運算式所找到的匹配結果會儲存於陣列中。輸入字串中符合的部分會被置於第一個位置，而每一個匹配群組則放置於陣列的後續資料項中。通常，我們會對指定的匹配較有興趣，也就是第一個位置的結果。

在下面的範例中，陣列解構賦值可以幫助我們忽略整個匹配，並將一個數值的 `integer` 整數和 `fractional` 小數部分放置於對應的變數中。用這樣的方式，我們可以避免使用魔術數字（magic numbers）來指向至匹配群組在陣列中的索引。

```
function getNumberParts(number) {
  const rnumber = /(\d+)\.(\d+)/
  const matches = number.match(rnumber)
  if (matches === null) {
    return null
  }
  const [ , integer, fractional] = number.match(rnumber)
  return { integer, fractional }
}
getNumberParts('1234.56')
// <- { integer: '1234', fractional: '56' }
```

展開運算子可用以擷取每個匹配群組，它們也是 `.match` 的結果解構賦值的一部分。

```
function getNumberParts(number) {
  const rnumber = /(\d+)\.(\d+)/
  const matches = number.match(rnumber)
  if (matches === null) {
    return null
  }
  const [ , ...captures] = number.match(rnumber)
  return captures
}
```

```
getNumberParts('1234.56')
// <- ['1234', '56']
```

當我們需要連接多個串列時，可以使用 .concat 來建立一個新的陣列。展開運算子可以改善程式碼的可讀性，可從程式碼明顯地看出我們建立一個集合，其中包含每個輸入的串列，同時保有宣告式將新資料加入至陣列中的簡易性。

```
administrators.concat(moderators)
[...administrators, ...moderators]
[...administrators, ...moderators, bob]
```

相同的，在第 75 頁第 3.3.1 節「運用 Object.assign 延伸物件」所介紹的物件展開特徵功能[2]，允許我們將多個物件合併為一個新的物件。看看下面的程式敘述，此處我們建立一個新的物件，包含基本的 defaults、使用者提供的 options、和一些重要的覆寫特性可修改掉之前的特性。

```
Object.assign({}, defaults, options, { important: true })
```

將它與一個使用宣告式物件展開的程式碼比較，我們有物件實字、需展開的 defaults、options 和 important 特性。不使用 Object.assign 函式可大幅改善我們程式的可讀性，甚至可以將 important 特性於物件實字宣告中直接描述。

```
{
  ...defaults,
  ...options,
  important: true
}
```

能夠將物件展開視為是一個 Object.assign 的能力，是有助於將這些特徵運作的方式內部化。在下方的範例，我們將 defaults 和 options 變數以物件實字取代。因為物件的展開需使用的操作，與 Object.assign 對每項特性進行的操作相同，我們可以觀察 options 實字如何覆寫值為 3 的 speed 鍵；且為何 important 仍然為 true，即便 options 實字企圖將它覆寫，原因是優先性。

```
{
  ...{ // defaults
    speed: 1,
    type: 'sports'
  },
```

2　目前處於 ECMAScript 標準發展流程的第三階段。

```
    ...{ // options
      speed: 3,
      important: false
    },
    important: true
  }
```

當我們需處理無法變更的結構，希望建立一個新的物件而非修改既有的物件，此時物件展開遲早會派得上用場。看看以下的例子，我們有一個 `player` 物件，和一個函式呼叫，此函式可以轉換療癒咒語並回傳一個新的、更健康的 `player` 物件。

```
const player = {
  strength: 4,
  luck: 2,
  mana: 80,
  health: 10
}
castHealingSpell(player) // 使用 40 個 mana 點數，補充 110 健康點數
```

以下的程式碼說明 `castHealingSpell` 函式的實作，在函式中我們建立一個新的 `player` 物件，而不變更原有的 `player` 參數。在原始的 `player` 物件中所有的特性均會複製到新的物件，有需要時我們可以在新的物件上變更。

```
const castHealingSpell = player => ({
  ...player,
  mana: player.mana - 40,
  health: player.health + 110
})
```

如第 3 章所討論，當對物件解構時，可以使用物件其餘特性。在其他的運用案例，例如：列出未知的特性，物件其餘運算可用於建立一個物件的淺層複製（shallow copy）。

在下面的程式碼，我們將會看看在 JavaScript 中建立一個物件的淺層複製的三種最簡單的方法。第一個方法使用 `Object.assign`，將 `source` 物件的每個特性指派給一個空物件，後續再將此物件回傳；第二個方法使用物件展開，與使用 `Object.assign` 的功能相同，但較好閱讀理解；最後一個方法則仰賴對其餘參數的解構。

```
const copy = Object.assign({}, source)
const copy = { ...source }
const { ...copy } = source
```

有時候我們需要建立一個物件的複本，但在複本物件中可以省略掉一些特性。例如：我們想要建立一個 person 物件的複本，但不需要它的 name 特性，只需要保留它的描述資料（metadata）。

有一個方法可用單純的 JavaScript 辦到，也就是將 name 特性解構賦值，同時將其他的特性利用其餘運算子放置於 metadata 物件中。即使我們不需要使用 name 特性，以這樣的方式我們可以很快的自 metadata 物件將該特性「剔除」，使得它僅包含 person 物件中剩下的特性。

```
const { name, ...metadata } = person
```

在以下的程式敘述，我們將一個串列的人，映射至一個串列的 person 模組，排除一些個人辨識資料如：姓名、社會安全碼，同時將其他的資料均放置於 person 其餘參數中。

```
people.map(({ name, ssn, ...person }) => person)
```

9.5 探究各類函式宣告方法

在 ES6 之前，JavaScript 已經提供數種方式來宣告函式。

函式宣告是 JavaScript 函式最重要的部分。函式宣告不會被提升（hoisted）的機制，意味著我們可以將它們任意排列順序以增進可讀性，而不需要依照它們被執行的順序來排列順序。

下面的程式範例示範三種函式宣告的方式，以能讓程式更易讀懂的方式排列函式的宣告順序。

```
printSum(2, 3)
function printSum(x, y) {
  return print(sum(x, y))
}
function sum(x, y) {
  return x + y
}
function print(message) {
  console.log(`printing: ${ message }`)
}
```

相反的，函式運算式必須在我們執行它之前，就指派給一個變數。這代表著我們必須將所有的函式運算式先宣告完成之後，才能夠在程式中使用它們。

下面的程式碼使用函式運算式。請注意，如果我們將 printSum 的函式呼叫放置於三個函式運算式宣告之前，程式碼便會發生錯誤，因為變數尚未被初始化。

```
var printSum = function (x, y) {
  return print(sum(x, y))
}
var sum = function (x, y) {
  return x + y
}
// `printSum()` 敘述會失敗：print 尚未被定義
var print = function (message) {
  console.log(`printing: ${ message }`)
}
printSum(2, 3)
```

因此，最好將函式運算式以 LIFO（last-in-first-out）堆疊的方式排序：將最後被呼叫的函式置於第一個函式宣告位置，倒數第二個被呼叫的函式置於第二個位置，依此類推。重新排列後的程式碼如下所示。

```
var sum = function (x, y) {
  return x + y
}
var print = function (message) {
  console.log(`printing: ${ message }`)
}
var printSum = function (x, y) {
  return print(sum(x, y))
}
printSum(2, 3)
```

很明顯可以看出，我們無法在函式運算式指派給變數之前，就先呼叫 printSum 函式，但這樣程式碼的可讀性便稍微差了一些。在上一個程式碼範例，無法這麼明顯的表現出來，因為我們尚未遵循 LIFO 規則。

函式運算式為了遞迴使用，可以指定一個名稱，但是這個名稱無法被外部作用域所存取。下方的範例顯示，一個被命名為 sum 的函式運算式，並指派給一個名稱為 sumMany 的變數。sum 名稱會於內部作用域中參考使用，若外部企圖使用則會產生錯誤。

```
var sumMany = function sum(accumulator = 0, ...values) {
  if (values.length === 0) {
    return accumulator
  }
  const [value, ...rest] = values
  return sum(accumulator + value, ...rest)
```

```
}
console.log(sumMany(0, 1, 2, 3, 4))
// <- 10
console.log(sum())
// <- ReferenceError：sum 未被定義
```

箭頭函式，在第 24 頁第 2.2 節「箭頭函式」所探討的，與函式運算式類似。它在使用上將關鍵字 function 移除，使得語法較短。在箭頭函式中，當函式只有單一個參數，且此參數並非解構賦值也不是其餘參數時，參數兩邊標示的小括號是可以省略的。箭頭函式也可以隱性地回傳 JavaScript 運算式結果，而不需要定義一個大括號區塊敘述。

下面的範例示範四種操作，第一個箭頭函式展示如何在一個區塊敘述中回傳一個運算式結果；第二個箭頭函式不使用關鍵字 return，隱性地回傳運算結果；第三個箭頭函式在單一的參數下省略小括號的標示；第四個箭頭函式使用一個大括號區塊，但並未回傳值。

```
const sum = (x, y) => { return x + y }
const multiply = (x, y) => x * y
const double = x => x * 2
const print = x => { console.log(x) }
```

箭頭函式可以用簡單的運算式回傳陣列。下方的第一個範例，它隱性地回傳一個陣列，其中包含兩個資料項；而第二個範例捨棄不使用第一個參數，而將剩下的參數都以其餘運算子打包起來，並回傳其餘的參數值陣列。

```
const makeArray = (first, second) => [first, second]
const makeSlice = (discarded, ...items) => items
```

隱性回傳一個物件實字則比較困難，因為它是以區塊的方式描述定義，而這也是包含於大括號中；我們還必須於物件實字之外再加上小括號，才能夠將它轉換為一個運算式。要使用這些間接的方式才足夠清楚表達，並告知 JavaScript 語法解析器，它們正在處理的是一個物件實字。

參考下方範例，在這裡我們隱性地回傳一個物件運算式。如果沒有小括號的標示，語法解析器會將我們的程式碼解譯為一個大括號區塊敘述，包含一個標籤和一個字串 'Nico'。

```
const getPerson = name => ({
  name: 'Nico'
})
```

為箭頭函式清楚地指定一個名稱在語法上是不可行的。然而，若一個箭頭函式是宣告在一個變數或特性宣告的右方，那麼此名稱就成為箭頭函式的名稱。

箭頭函式運算式必須在使用前先被指派完成，因此也會遇到與一般函式運算式相同的順序問題。除此之外，因為箭頭函式無法被命名，使得它們必須繫結於一個變數上，才能夠在遞迴的情境下參考使用。

預設使用函式宣告是較推薦的方式。這樣函式就比較不會因為它們被排序的方式、參考的方式、和執行的方式而受到使用上的限制，並且會有較好的程式可讀性和易維護性。在未來的調整中，我們也將不需要為了害怕相依性鏈中斷或 LIFO 表示法，而要擔心函式宣告的順序要保持相同。

這也就是說，箭頭函式是一個簡短但是具威力的函式宣告方法。當函式越小，就越值得使用箭頭語法，因為它可以避免撰寫一堆比函式內容還多的制式格式。當函式越大時，箭頭函式就失去了吸引力，因為前面所提到的順序和名稱因素。

當在一些情境中，例如：撰寫測試案例、傳遞給 `new Promise()` 和 `setTimeout` 的函式、或陣列映射函式，我們會選擇宣告一個匿名函式運算式，此時就沒有使用箭頭函式的必要。

來看看下面的範例，我們使用一個非阻斷式，且名稱為 `wait` 的 Promise 物件，以在五秒鐘後輸出一段文字敘述。`wait` 函式接收一個以毫秒為單位的 `delay` 參數，並回傳一個 `Promise`，它在經過 `setTimeout` 指定的時間之後，便會進行狀態解析。

```
wait(5000).then(function () {
  console.log('waited 5 seconds!')
})

function wait(delay) {
  return new Promise(function (resolve) {
    setTimeout(function () {
      resolve()
    }, delay)
  })
}
```

當轉換為箭頭函式時，必須繼續遵守將 wait 函式宣告置於頂端的規範，這樣我們就不需要將它提升至作用域的頂端。我們可以將每個其他的函式都轉換為箭頭函式，以增加可讀性；這樣的方式可移除許多重複的 function 關鍵字，專注於函式內容的描述。

下面的程式碼展示，使用箭頭函式的程式碼其外觀樣貌。在調整過後，許多 function 關鍵字都被移除了，就容易瞭解 wait 函式的 delay 參數和 setTimeout 函式第二個引數之間的關聯性。

```
wait(5000).then(
  () => console.log('waited 5 seconds!')
)

function wait(delay) {
  return new Promise(resolve =>
    setTimeout(() => resolve(), delay)
  )
}
```

使用箭頭函式另一個很大的優點，在於它們的語法作用域；在它的作用域中不會變更 this 或 arguments 的內容。如果我們需要複製 this 至一個暫存變數時一通常命名為 self、context、或 _this一我們可能會想要在程式中使用一個箭頭函式來取代這個動作。看看以下的例子。

```
const pistol = {
  caliber: 50,
  trigger() {
    const self = this
    setTimeout(function () {
      console.log(`Fired caliber ${ self.caliber } pistol`)
    }, 1000)
  }
}
pistol.trigger()
```

在上面的範例中，若我們嘗試直接使用 this，則會取得 undefined 的結果。然而，利用箭頭函式，我們可以避免使用 self 這類的暫存變數。我們不只可以移除 function 關鍵字；還可以因為語法作用域的影響，取得正確的功能性的值。在這個案例中，我們就不需要為了語言先天上的限制，而進行一些修補性的操作。

```
const pistol = {
  caliber: 50,
  trigger() {
    setTimeout(() => {
      console.log(`Fired caliber ${ self.caliber } pistol`)
    }, 1000)
  }
}
pistol.trigger()
```

大致上的原則，就是預設將所有的函式視為是函式宣告。如果函式不需要一個有意義的名稱、不需要多行程式碼、不需要進行遞迴，那麼就可以考慮使用箭頭函式。

9.6 類別與代理器

大部分現代的程式語言的類別以兩種形式之一存在。JavaScript 類別是在原型繼承之上的語法糖。運用類別可將原型轉換成較符合語言習慣的方式，也使得靜態分析工具較容易解析。

當以原型為基礎的（prototype-based）方式撰寫類別時，類別建構子就是函式本身，而定義方法則需要套用一點樣板程式碼，如下範例程式。

```
function Player() {
  this.health = 5
}
Player.prototype.damage = function () {
  this.health--
}
Player.prototype.attack = function (player) {
  player.damage()
}
```

相反的，類別則將 `constructor` 正規化為像是一個實例的方法；因此可以較清楚說明建構子的執行是為了產生新的實例。同時，方法也可以被內建於 `class` 實字中，且語法與物件實字均有一致性。

```
class Player {
  constructor() {
    this.health = 5
  }
  damage() {
    this.health--
```

```
  }
  attack(player) {
    player.damage()
  }
}
```

將實例的方法聚集於一個物件實字中，可確保類別的宣告不會散佈於多個檔案中，統一於單一位置描述它所有的 API。

相較於動態地將方法注入（injecting）至類別，於 `class` 類別實字中宣告 `static` 靜態方法有助於將 API 的知識定義匯集。將這些定義匯集於單一位置可提升程式碼可讀性，因為程式開發人員閱讀較少的程式碼就可以學習 `Player` 類別的 API。同時，當我們於 `class` 實字中宣告實體和靜態方法時，開發人員就不需要浪費時間尋找其他動態注入的方法。相同的概念也可套用於特性擷取器和設定器，這我們也會定義於 `class` 實字中。

```
class Player {
  constructor() {
    Player.heal(this)
  }
  damage() {
    this.health--
  }
  attack(player) {
    player.damage()
  }
  get alive() {
    return this.health > 0
  }
  static heal(player) {
    player.health = 5
  }
}
```

類別也提供 `extends`，於原型繼承之上的語法糖。再次地，這也較以原型為基礎的方式更為便利好用。使用 `extends` 延伸，我們就不需要擔心所選擇的函式庫或動態方法是繼承自另一個類別。

```
class GameMaster extends Player {
  constructor(...rest) {
    super(...rest)
    this.health = Infinity
  }
  kill(player) {
    while (player.alive) {
```

```
      player.damage()
    }
  }
}
```

使用相同的語法，類別可以延伸自原生的內建功能，例如：`Array` 或 `Date`，而不需要依賴一個 `<iframe>` 或淺層複製。以下方程式碼的 `List` 類別為例，它略過了預設的 `Array` 建構子，以避免掉經常造成困擾的單一參數函式的多載（overload）。它也說明我們如何將自訂的方法實作於原生的 `Array` 原型之上。

```
class List extends Array {
  constructor(...items) {
    super()
    this.push(...items)
  }
  get first() {
    return this[0]
  }
  get last() {
    return this[this.length - 1]
  }
}
const number = new List(2)
console.log(number.first)
// <- 2
const items = new List('a', 'few', 'examples')
console.log(items.last)
// <- 'examples'
```

JavaScript 的類別比起它以原型為基礎的類別來得簡單。因此，類別的語法糖是非常受歡迎的一項改善。而談到使用 JavaScript 類別的優點，則視情況而定。即使改善後的類別語法很吸引人使用，但只有語法糖是無法就立刻將類別推廣於各類型的使用情境。

靜態輸入語言一般會提供並強制使用類別[3]。相反地，因為 JavaScript 高動態的特性，類別則並非必要。幾乎在每種需要類別的情境都可以用單純物件（plain object）滿足。

3　對大多數的函式程式語言（functional programming languages）會產生例外。

單純物件比類別更為簡單，它不需要一個像建構子的方法，它唯一的初始化只能在宣告時進行。它很容易透過 JSON 進行序列化，且更容易互相操作。它很少用於繼承，但是若有需要的話，我們可以轉換為類別；或堅持使用單純物件和 `Object.create` 方法。

代理器可以運用於之前許多無法使用的情境，但是我們必須小心謹慎。牽涉到 `Proxy` 物件的解決方案也許可以使用單純物件和函式進行實作，而不需要依靠一個物件；這就像是使用魔法一樣奇妙。

有很多的案例情境使用 `Proxy` 代理器是有原因的，特別是當程式開發人員於開發環境撰寫開發工具時，在環境中高度的程式碼自識（code introspection）能力是需要的，而複雜度則可將其隱藏於開發工具的程式碼中。於應用程式階層使用 `Proxy` 代理器，就可以避免寫出難以理解的程式碼。

可讀性就是讓程式碼可以清楚地顯示目的。宣告式的程式碼是易讀的：在閱讀程式碼時，很清楚就可以知道什麼是即將使用的。相反地，使用間接的方式，例如：在物件之上使用 `Proxy` 代理器，則會產生高度複雜的存取規則，使得閱讀程式碼時難以推敲理解。這並不是說，有 `Proxy` 代理器就無法理解，而是指需要閱讀更多程式碼並仔細思考，才能夠瞭解 `Proxy` 代理器層面運作的原由。

如果我們正在考慮使用代理器，那麼或許底層對應的物件並不是我們想要達成解決方案的一項工具。除了直接採用一個 `Proxy` 代理器間接操作層之外，也可以思考是否用一個簡單的函式來達成這樣的間接操作，而不要造成該物件與其他在 JavaScript 中一般的單純物件有操作上的不一致性。

因此，我們總是過於期望無趣、靜態、和宣告式的程式碼要更聰明、更優雅的抽象化。無趣的程式碼相較於使用抽象化的程式可能更顯得高重複性，但它也更為簡單、容易理解，在短期間是較安全的選擇。

抽象化則耗費成本。一旦使用了抽象化，通常很難回頭不使用，也很難刪除。若抽象化太早採用，可能無法含括所有的常用案例，結果可能會是經常需要對未納入的特殊案例分別處理。

當我們選擇無趣的程式碼方式，隨著程式不斷地調整，樣板會逐漸且自然地豐富起來。一旦產生一個樣板，那麼我們就可以決定是否採用抽象化，並調整我們的程式來應用它。一個經過時間驗證且正確運用的抽象化是可能含括比預期更多的使用案例，如果我們有兩或三個可運用比較的程式碼，就可以進行抽象化了。

9.7 非同步程式流程

在第 4 章我們討論過數種不同的方法，來管理非同步操作的複雜度，以及使用它們的方式。例如：回呼函式、事件、Promise、產生器、非同步函式和非同步迭代器、外部函式庫、和串列等等。現在你應該都很熟練它們的運用操作，但是何時是使用的最佳時機呢？

回呼函式是最基本的解決方案。它只需要基礎的 JavaScript 知識即可使用，使得以回呼函式為基礎的程式碼是最容易理解的方案之一。回呼函式必須小心地操作，特別是當一連串的操作牽涉到一段很長的相依串鏈；這樣的話，一系列的深層巢狀非同步操作很容易造成回呼地獄（callback hell）。

當談到了回呼函式，函式庫，如 async，有助於降低複雜度，特別是當我們有三個或更多相關的工作任務必須以非同步的方式執行[4]。函式庫的另一個正面影響，就是它們能夠暗地用單純的回呼函式插入，當我們有許多複雜的流程需要透過函式庫進行抽象化時，這非常有效。

事件是一個簡單的方法可於程式碼流程中增加延伸性，不管是非同步流程或其他方面。然而，使用事件是無法良好的控管非同步工作的複雜性。

以下的例子說明，如果我們想要利用事件來處理非同步工作，程式碼會變得非常複雜。有一半以上的程式敘述均用來定義程式流程，而且流程非常難以理解。這意味著我們可能在這個案例上選擇了錯誤的解決方式。

```
const tracker = emitter()
tracker.on('started', multiply)
tracker.on('multiplied', print)
start(256, 512, 1024)
```

4 一個熱門的流程控制函式庫，你可以在 GitHub 上尋找 async（*https://mjavascript.com/out/async-library*）。

```
function start(...input) {
  const sum = input.reduce((a, b) => a + b, 0)
  tracker.emit('started', { sum, input })
}
function multiply({ sum, input }) {
  const message = `The sum of ${ input.join('`') } is ${ sum }`
  tracker.emit('multiplied', message)
}
function print(message) {
  console.log(message)
}
```

在 TC39 決定將 Promise 帶入至核心 JavaScript 語言之前，Promise 也早就於使用者的函式庫中推出了一段時間。它們的功能目的與回呼函式庫類似，提供撰寫非同步程式流程的另一種解決方案。

從委派的角度來看，Promise 的成本較回呼函式為高，因為 Promise 鏈結會關聯到很多 Promise 物件，所以它們很難用回呼函式介入。同時，你也不會希望在 Promise 與以回呼函式為基礎的程式碼混用，因為這會產生一個複雜的應用程式。對任何指定的程式碼部分，很重要的一點，就是選擇一個適合的模型並堅持使用它。只使用單一模型所產生的程式碼，就不會如工作處理的程式碼關注太多的機制而複雜。

堅持使用 Promise 並不會是個錯誤，只是你需要知道所需花費的成本為何。當越來越多的網頁平台都將 Promise 視為基礎的建構元件，它只會變得更好。Promise 是產生器、非同步函式、非同步迭代器、和非同步產生器的基礎。

我們使用這些建構元件越多，我們的應用程式就變得越能夠協同合作。而部分言論認為回呼函式於本質上已經具備協同合作的能力，那是因為尚未與非同步函式的威力和完全以 Promise 為基礎的解決方案相互比較，而這些功能現在已是 JavaScript 語言原生的一部分。

當我們決定要使用 Promise 時，有各種可解決一般流程控制問題的多元類型工具，已可媲美回呼函式為基礎的函式庫。唯一不同點是，大部分情況下 Promise 不需要任何函式庫，因為它是語言的原生部分了。

我們可以使用迭代器來描述序列，此序列不一定要是有限量的。此外，它們在非同步的應用上，可以用於描述頻外（out-of-band）處理的序列；例如：`GET` 請求、產生資料項。這些序列可用 `for await..of` 迴圈來操作，將它們非同步本質的複雜性隱藏起來，使操作更為方便。

迭代器應用於描述將物件迭代產製一個序列的情境，是一個非常有效的方式。而當描述的資料項不是物件時，便可以使用產生器。例如：欲描述一個 Movie 物件的迭代內容時，使用迭代器是最理想的方法，也許還可以使用 Symbol.asyncIterator 擷取電影中每個演員的資料和角色。然而，即便 Movie 物件沒有包含的這些具內容關聯性的資料，這個迭代器會比產生器在使用上更為合理有意義。

另一個案例是，無限量序列適合用產生器進行操作。參考下方的迭代器程式碼，用於產生一個無限量的整數串流。

```
const integers = value => ({
  value,
  [Symbol.iterator]() {
    return {
      next: () => ({
        value: this.value++
      })
    }
  }
})
```

你可能還記得，產生器本來就是可迭代的；這意味著它依循著迭代器協議，而不需要再提供一個迭代器。現在我們可以將可迭代的 integers 物件，與下方程式碼相同功能的產生器函式進行比較。

```
function* integers(value = 0) {
  while (true) {
    yield value++
  }
}
```

產生器函式的程式碼不僅較簡短，而且更具可讀性。因為使用 while 迴圈，使得它產製無限量序列的功能更能夠明顯理解。運用可迭代物件時，我們需要先確認序列是無限量的，因為程式碼中並不會回傳 done: true 這樣的訊號。設定一個 value 種子值是很適合的；若要將物件包裹於一個需接收初始參數的函式中，也不會有任何關聯或影響。

原本 Promise 因可作為回呼函式地獄的解決方案而受到歡迎。但當我們有深度巢狀的非同步流程時，程式若高度依賴 Promise 則還是會落入回呼地獄的窘境。使用非同步函式是這個問題的一個好的解決方案，因為在其中我們可以使用 await 敘述，來描述相同功能的以 Promise 為基礎撰寫的程式碼。

來看看以下的程式碼。

```
Promise
  .resolve(2)
  .then(x => x * 2)
  .then(x => x * 2)
  .then(x => x * 2)
```

當我們使用 await 運算式，在運算式右方會強制轉換為一個 Promise 物件。當觸及一個 await 運算式時，非同步函式會暫停執行，直到 Promise 物件—被強制轉換完成或其他方式—已確認狀態為止。當 Promise 物件為已實現狀態時，非同步函式才會恢復執行；但是如果 Promise 物件為已拒絕狀態，那麼這個訊息會向上傳遞至非同步函式所回傳的 Promise 物件，除非這個已拒絕訊息被 catch 處理器隱藏起來。

```
async function calculate() {
  let x = 2
  x = await x * 2
  x = await x * 2
  x = await x * 2
  return x
}
```

async/await 運算式的美感，在於它可以修正 Promise 的問題，也就是無法簡單地將同步程式碼插入於流程之中。同時，非同步函式可讓你使用 try/catch，這在回呼函式中是無法使用的。而且 async/await 運算式可以設法於底層與 Promise 物件溝通合作，只要能夠讓非同步函式永遠回傳 Promise 物件，並強制將 await 運算式轉換為 Promise 物件。除此之外，在將非同步程式碼轉換為外觀類似同步程式碼（synchronous-looking）時，非同步函式還是可以達成以上所有的操作。

當使用 await 運算式可以優化程式碼，在一連串的非同步程式碼中降低複雜性時；但是當 Promise 物件被 async/await 運算式取代後，也會使得同時進行的非同步程式碼流程變得難以推論理解。透過 await Promise.all(tasks) 的方式可以紓解這個問題，而這些工作任務必須在 await 運算式觸及之前，就已經被同時地觸發。然而，非同步函式並未針對這個使用案例優化，閱讀這樣的程式碼也會感到困惑，所以這也是需要留意的地方。如果我們的程式碼會高度地被同時執行，可能需要考慮以回呼函式為基礎的解決方案。

再次地，這又引導我們到了一個批判思考的關鍵點。新的語言特徵並不一定對所有使用案例都適合。持續依循傳統方法也是很重要的，這樣我們的程式碼便可以維持一致性，且不需要耗費許多時間，僅針對程式的一小部分來決定優化與否。在新與舊之間取得平衡也是很重要的思考。

若我們不願再多花費時間，探討什麼樣的功能或流程樣式是最適合使用於程式碼時，我們則無法區分問題的差異性，並選擇正確的解決方法。針對問題選擇適合的工具，相較於執著在傳統規範與既定規則，則是更重要的觀念。

9.8 複雜性、抽象化與規範

選擇正確的抽象化是困難的：我們想要藉由引入所使用的建構元件背後的複雜性，來降低程式碼流程的複雜性。非同步函式借用產生器的基礎原則，產生器物件是可迭代的，非同步迭代器使用 Promise，迭代器利用符號實作，Promise 則使用回呼函式。

當論及程式碼的可維護性，一致性是一個重要的主題。一個應用程式可能大部分使用回呼函式，或者大部分用 Promise；這兩者都可以減低程式流程中的複雜性。然而，若它們混合使用，必須確認我們的頭腦不需要進行內容置換；也就是說，開發人員在閱讀不同段落的程式碼時，還需要切換至不同的知識觀念才能夠理解它。

這就是為什麼規範存在的原因。一個強而有力的規範，例如：「盡可能使用 Promise 物件」的觀念已經持續了很長一段時間，幫助在程式碼中增加一致性。規範，比起其他方式更具效果，能夠驅使程式碼中可讀性和可維護性的增長。畢竟，程式碼是一種用以傳遞訊息的溝通工具。這個訊息不僅與電腦執行程式碼相關，更重要的是讓開發人員能夠隨著時間持續閱讀程式碼、維護和改善應用程式。

沒有有力的規範，溝通則會崩解，且開發人員無法理解程式運作的方式，最終造成生產力降低的結果。

作為一個軟體開發成員，大部分的時間都花費在程式碼的閱讀。這只是邏輯上的理解，後續我們也要專注於如何以最適合的方式撰寫程式碼，來增加程式的可讀性。

索引

※提醒您：由於翻譯書排版的關係，部份索引名詞的對應頁碼會和實際頁碼有一頁之差。

符號

A

B

C

D

E

F

J

K

L

M

N

O

P

Q

R

S

T

U

V

W

關於作者

Nicolás Bevacqua 是《*JavaScript Application Design*》（Manning 出版）一書的作者。他是一位 JavaScript 駭客，居住於阿根廷的布宜諾斯艾利斯；也是一位熱衷寫作的作者、和開放原始碼的貢獻者，於 Elastic 公司擔任 UI 工程師。你可以在 ponyfoo.com 找到他撰寫網頁技術相關的文章。

他喜愛至世界各地旅遊，並參加技術論壇發表主題演說。

現代 JavaScript 實務應用

作　　者：Nicolás Bevacque
譯　　者：謝銘倫
企劃編輯：蔡彤孟
文字編輯：王雅雯
設計裝幀：陶相騰
發 行 人：廖文良

發 行 所：碁峰資訊股份有限公司
地　　址：台北市南港區三重路 66 號 7 樓之 6
電　　話：(02)2788-2408
傳　　真：(02)8192-4433
網　　站：www.gotop.com.tw
書　　號：A551
版　　次：2018 年 05 月初版
建議售價：NT$480

國家圖書館出版品預行編目資料

現代 JavaScript 實務應用 / Nicolás Bevacque 原著；謝銘倫譯. -- 初版. -- 臺北市：碁峰資訊, 2018.05
面；　公分
譯自：Practical Modern JavaScript
ISBN 978-986-476-788-5(平裝)
1.JavaScript(電腦程式語言)
312.32J36　　107004671

讀者服務

- 感謝您購買碁峰圖書，如果您對本書的內容或表達上有不清楚的地方或其他建議，請至碁峰網站：「聯絡我們」\「圖書問題」留下您所購買之書籍及問題。(請註明購買書籍之書號及書名，以及問題頁數，以便能儘快為您處理)
http://www.gotop.com.tw
- 售後服務僅限書籍本身內容，若是軟、硬體問題，請您直接與軟體廠商聯絡。
- 若於購買書籍後發現有破損、缺頁、裝訂錯誤之問題，請直接將書寄回更換，並註明您的姓名、連絡電話及地址，將有專人與您連絡補寄商品。
- 歡迎至碁峰購物網
http://shopping.gotop.com.tw
選購所需產品。